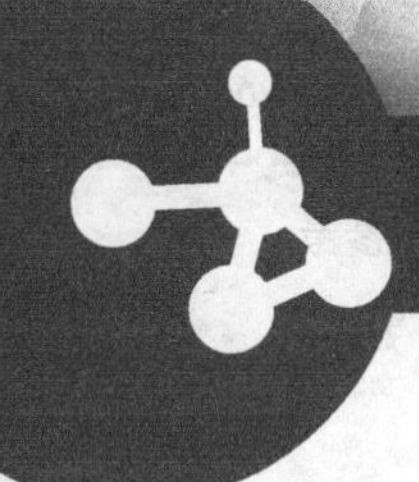

高等院校化学实验新体系系列教材

现代化学基础实验

石晓波　杜建中　沈戮　等编

XIANDAI HUAXUE JICHU SHIYAN

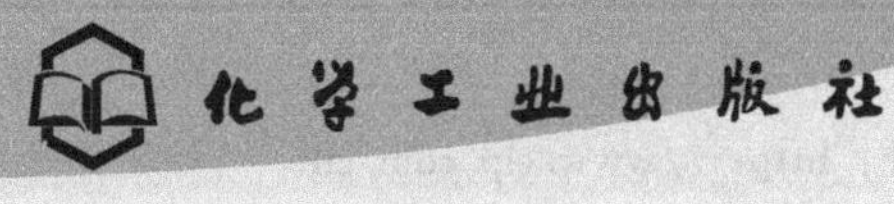

·北京·

本书立足于课程的整体性和基础性，着重于培养学生的综合素质和创新能力，将原来彼此独立、条块分割的无机化学、分析化学、有机化学实验进行整合，形成一套全新的、与后续课程紧密联系的大学化学实验课程体系。内容包括绪论（化学实验的基础知识）、基本操作实验、物质基本性质实验、物质的分析实验、综合设计性实验和附录等部分，按照实验的类别共编排了50个实验，适合于150～200实验时数的教学。

本书可作为化学、应用化学、化工、制药、生物、环境等专业的教材，亦可供相关人员参考。

图书在版编目（CIP）数据

现代化学基础实验/石晓波等编．—北京：化学工业出版社，2009.8(2022.8重印)
（高等院校化学实验新体系系列教材）
ISBN 978-7-122-05886-7

Ⅰ．现…　Ⅱ．石…　Ⅲ．化学实验-高等学校-教材　Ⅳ．O6-3

中国版本图书馆CIP数据核字（2009）第091805号

责任编辑：宋林青　　文字编辑：陈　雨
责任校对：顾淑云　　装帧设计：史利平

出版发行：化学工业出版社（北京市东城区青年湖南街13号　邮政编码100011）
印　　装：涿州市般润文化传播有限公司
787mm×1092mm　1/16　印张12¾　字数331千字　2022年8月北京第1版第7次印刷

购书咨询：010-64518888　　售后服务：010-64518899
网　　址：http：//www.cip.com.cn
凡购买本书，如有缺损质量问题，本社销售中心负责调换。

定　　价：26.00元

前　言

实验教学是高等院校化学教育中培养科学的思维与方法、创新意识与能力，全面推进素质教育最基本的教学形式，实验教学有其自身的系统性与教学规律，其作用是理论教学所无法取代的。如何保持实验自身的独立性和系统性，充分发挥它在人才培养中的巨大作用，是目前实验课程改革的研究方向。为此我们开展了“化学实验课程体系改革和实验内容创新研究”（广东省高等教育教学改革工程项目）课题的研究工作。本书的编写正是我们经过大量调查、分析研究，并借鉴其他高校在实验教学改革方面的经验，结合多年的教学实践经验，边研究、边实践、边探索、边修正的结果。

本书立足于课程的整体性和基础性，着重于培养学生的综合素质和创新能力，将原来彼此独立、条块分割的无机化学、分析化学、有机化学实验进行整合，形成一套全新的、与后续课程紧密联系的大学化学实验课程体系。内容包括绪论（化学实验的基础知识）、基本操作实验、物质基本性质实验、物质的分析实验、综合设计性实验和附录等部分，按照实验的类别共编排了50个实验，适合于150～200实验时数的教学。本书在编写中力求体现以下特色：

1. 创新模式。改变化学实验完全遵循知识结构、多为验证性的传统模式，根据现代化学实验的目的、特点，重新编排实验目录和实验内容，减少单纯验证性实验，突出能力培养主线，注重科学素质与环境意识的教育。

2. 强化基础。本书将化学实验的基础知识、基本技术、常用仪器的使用等内容分散到各个相关实验中去介绍和学习，使之融贯在整个实验中，力争从多个角度对学生进行化学基础知识和基本技术的教育。实验中选用大量常规经典仪器，有利于学生基本技能训练，为今后专业实验、综合设计实验、毕业论文实验奠定基础。在编排的每一个实验中，均增补了“预习内容”这一条目，加强了学生实验前的预习，为顺利完成实验提供了保证。

3. 注重综合。本书不仅单独编排了一章综合、设计性实验供选择，而且在其他章节的实验中，也编排了一定的综合、设计性实验内容，使学生在完成一定的验证性实验的基础上，能得到进一步的延伸和提高，有利于培养学生的综合实践能力和应用能力。

4. 展示先进。适当增加新内容、新方法、新技术，开阔学生视野，努力提高学生的实验兴趣，注重培养创新意识。

参与本书编写的成员有石晓波、杜建中、沈戮、陈静等，初稿在化学专业学生中试用后，课题组成员对本书再次进行了研讨并进一步作了修改，最后由石晓波教授统稿并定稿。

由于时间和编者水平有限，书中难免存在缺点和不足之处，敬请读者批评指正。

编　者

2009年3月

目　录

1 绪 论

化学是一门中心学科。这是因为一方面化学学科本身迅猛发展，另一方面化学在发展过程中为相关学科的发展提供了物质基础，可以说化学当今正处于一个多边关系的中心。

化学离不开实验，因为化学实验是进行化学研究最基本的手段。它是通过实验活动，对具体的化学问题进行实际的操作、观察、测试、分析和评价，寻找其化学的本质，给出其变化规律和应用信息的科学。纵观化学发展的历史，化学实验的重要性主要表现在三个方面。第一，化学实验是化学理论产生的基础。许多化学概念、规律的揭示，都是建立在化学家们大量的实验研究基础之上的。迄今几千万种新物质、新材料的问世和应用，都离不开专业人员反复不断的科学实验。第二，化学实验也是检验化学理论正确与否的唯一标准。所谓"分子设计"化学合成，其方案是否可行，最终将由实验来检验，并且通过实验技术来完成。第三，化学学科发展的最终目的是发展生产力。据估计，在21世纪，化学化工产品在国际市场上将成为仅次于电子产品的第二大类产品，而化学实验正是化学学科与生产力发展的基本点。因此，我们要在化学领域有所作为、有所发现、有所创造，就必须具有丰富、扎实的本专业实验技术和技能。

所以，在化学专业人才的培养中，化学实验课是必不可少和十分重要的课程。无论是准备成为优秀中学化学教师的师范专业学生还是打算从事化学工业的非师范专业学生，如果没有经过正规、系统的化学实验训练，掌握一定的化学实验技能和具有独立进行化学实验的能力，就不可能胜任所从事的职业和工作。

1.1 化学实验教学的目的和要求

1.1.1 化学实验教学的目的

已故著名化学家、中国科学院院士戴安邦教授对实验教学作了精辟的论述：实验教学是实施全面化学教育的有效形式。

强调实验教学，这是因为实验教学在化学教学方面起着课堂讲授不能代替的特殊作用。通过化学实验教学，不仅要传授化学知识，更重要的是培养学生的能力和优良的素质，掌握基本的操作技能、实验技术，培养分析问题、解决问题的能力，养成严谨的实事求是的科学态度，树立勇于开拓的创新意识。因此，作为化学及其相关专业入学后的第一门化学实验课《化学基础实验》，在教学中，要达到以下目的：

① 培养学生掌握化学实验的基本操作、基本技能和基本知识，加深对《无机化学》、《定量化学分析》及《有机化学》等理论课内容的理解，并能灵活运用所学理论知识指导实验。

② 培养学生独立操作实验的能力、细致观察和记录现象的能力、正确处理数据的能力，培养自我获取知识、提出问题、分析问题、解决问题的能力，具有一定的科学研究和创新意识。

③ 培养学生实事求是的科学态度、勤俭节约的优良习惯、认真细致的工作作风、相互

协作的团队精神。

④ 熟悉实验室的各项规则、实验工作的基本程序以及一般事故的处理方法。

化学基础实验课还为学习后续专业实验课程、参与实际工作和科学研究奠定良好的基础。

1.1.2 做好化学实验的基本要求

实验课的学习是以学生为主，教师的作用仅是引导和启发学生自主地实践与学习。因此在化学实验教学中，要求抓好实验预习、实验操作和实验报告三个环节。

(1) 实验预习

实验前必须进行充分的预习和准备，并根据要求写出预习报告，做到心中有数，这是做好实验的前提。学生通过对实验教材的仔细阅读和查阅相关文献资料，要求明确实验的目的与要求，理解实验原理及方法，了解实验仪器装置及操作要领，拟定实验操作步骤。

(2) 实验操作

通过具体的实验操作，训练学生的基本操作技能和观察分析能力。要求学生按拟定的实验操作步骤或方案，进行仪器的选用、安装，试剂的配制，实验条件的控制，完成实验操作内容、实验现象和数据的观测与记录。在实验过程中，做到轻（动作轻、讲话轻），细（细心观察、细致操作），准（试剂用量准、结果及其记录准确），洁（使用的仪器清洁，实验桌面整洁，实验结束把实验室打扫清洁）。在实验全过程中，应集中注意力，独立思考解决问题。自己难以解释时可请教老师解答。

(3) 实验报告

实验报告是分析、总结实验结果的书面材料。做完实验后，要求及时对实验现象作出解释并得出结论，或根据实验数据进行计算和处理，完成实验报告。实验报告的内容主要包括：实验目的与要求、实验原理、实验仪器装置与药品、操作步骤及实验现象、原始数据及数据处理（含误差原因及分析）、实验结果讨论、思考题解答等。其中实验结果讨论是报告的重要部分，通过对实验现象的分析与解释，实验方法和结果的评价与讨论，一方面可提高和加深对涉及的化学原理和知识的理解，另一方面可据自己的实践，评估该实验在方法选择和条件控制上的合理性，同时总结自己在实验活动中的收获与体会。做到通过一次实验的实践，在能力和技能上都有所收获。

由于《化学基础实验》是在大学一年级开设的，具有一定的启蒙性，因此，教师必须按教学大纲的要求，在每个实验中认真、负责、严格地要求学生。特别要重视实验工作能力的培养和基本操作的训练，并贯穿于各个具体实验之中。每个实验既要有完成具体实验内容的教学任务，也要进行基本操作训练方面的要求。要看到实验教学对人才的培养是全面的，既有实验知识的传授，又有操作技能技巧的训练；既有逻辑思维的启发和引导，又有良好习惯、作风和科学工作方法的培养。因此，教师既要耐心、细致地言传身教，又要认真、严格地要求学生；既不能操之过急，包办代替，也不能不闻不问，放任自流。

1.1.3 化学实验室工作规则

化学实验室工作规则是学生实验正常进行的保证，学生进入实验室必须遵守以下规则：

① 进入实验室，须遵守实验室纪律和制度，听从老师指导与安排，不准吃东西，大声说话等。

② 未穿实验服、未写实验预习报告者不得进入实验室进行实验。

③ 进入实验室后，要熟悉周围环境，熟悉防火及急救设备器材的使用方法和存放位置，遵守安全规则。

④ 实验前，清点、检查仪器、明确仪器规范操作方法及注意事项（老师会给予演示），否则不得动手操作。

⑤ 使用药品时，要求明确其性质及使用方法后，据实验要求规范使用。禁止使用不明确药品或随意混合药品。

⑥ 实验中，保持安静，认真操作，仔细观察，积极思维，如实记录，不得擅自离开岗位。

⑦ 实验室公用物品（包括器材、药品等）用完后，应归放回原指定位置。实验废液、废物按要求放入指定收集器皿（实验前拿若干烧杯放于桌面，废液全放于一杯中）。

⑧ 爱护公物，注意卫生，保持整洁，节约用水、电、气及器材。

⑨ 实验完毕后，要求整理、清洁实验台面，检查水、电、气源，打扫实验室卫生。

⑩ 实验记录经教师签名认可后，方可离开实验室。

1.2 化学实验室的安全和三废处理

进行化学实验时，要严格遵守关于水、电、煤气和各种仪器、药品的使用规定。化学药品中，很多是易燃、易爆、有毒和有腐蚀性的。因此，重视安全操作，熟悉一般的安全知识是非常必要的。

1.2.1 实验室安全守则

① 不要用湿的手、物接触电源。要及时关好水、电、煤气。点燃的火柴用后立即熄灭，不得乱扔。

② 严禁在实验室内饮食、吸烟，或把食具带进实验室。实验完毕，必须洗净双手。

③ 绝对不允许随意混合各种化学药品，以免发生意外事故。

④ 取用金属钠、钾和白磷时，要用镊子。一些有机溶剂（如乙醇、乙醚、丙酮、苯等）极易引燃，使用时必须远离明火、热源，用毕立即盖紧瓶塞。

⑤ 对于一些易爆物品，如含氧气的氢气、银氨溶液、氯酸钾、硝酸钾等，使用时必须特别小心。

⑥ 倾注药剂或加热液体时，容易溅出，不要俯视容器。稀释酸、碱时（特别是浓硫酸），应将它们慢慢倒入水中，而不能反向进行，以避免迸溅。加热试管时，切记不要使试管口向着自己或别人。

⑦ 不要俯向容器去嗅放出的气味。能产生有刺激性或有毒气体（如 H_2S、HF、Cl_2、CO、NO_2、SO_2、Br_2 等）的实验必须在通风橱内进行。

⑧ 有毒药品（如重铬酸钾、钡盐、铅盐、砷的化合物、汞的化合物，特别是氰化物）不得进入口内或接触伤口。剩余的废液也不能随便倒入下水道，应倒入废液缸或教师指定的容器里。

⑨ 金属汞易挥发，人吸收后会引起中毒。所以做金属汞的实验时应特别小心，不得把金属汞洒落在容器外。一旦洒落，必须尽可能收集起来，并用硫黄粉盖在洒落的地方，使金属汞转变成不挥发的硫化汞。

⑩ 实验室所有药品不得带出室外。用剩的有毒药品应交还给教师。

1.2.2 实验室事故的处理

① 创伤　伤处不能用手抚摸，也不能用水洗涤。若是玻璃创伤，应先把碎玻璃从伤处挑出。轻伤可涂以紫药水（或红汞、碘酒）或贴创可贴，必要时撒些消炎粉或敷些消炎膏，用绷带包扎。

② 烫伤　不要用冷水洗涤伤口。伤处皮肤未破时，可涂擦饱和碳酸氢钠溶液或用碳酸氢钠粉调成糊状敷于伤处，也可抹烫伤膏；如果伤处皮肤已破，可涂些紫药水或1%高锰酸钾溶液。

③ 受酸腐蚀致伤　先用大量水冲洗，再用饱和碳酸氢钠溶液（或稀氨水、肥皂水）洗，最后再用水冲洗。如果酸液溅入眼内，用大量水冲洗后，送医院诊治。

④ 受碱腐蚀致伤　先用大量水冲洗，再用2%乙酸溶液或饱和硼酸溶液洗，最后用水冲洗。如果碱液溅入眼内，用硼酸溶液洗。

⑤ 受溴腐蚀致伤　用苯或甘油洗灌伤口，再用水洗。

⑥ 受磷灼伤　用1%硝酸银，5%硫酸铜或浓高锰酸钾溶液洗灌伤口，然后包扎。

⑦ 吸入刺激性或有毒气体　吸入氯气、氯化氢气体时，可吸入少量酒精和乙醚的混合蒸气解毒。吸入硫化氢或一氧化碳气体而感到不适时，应立即到室外呼吸新鲜空气。但应注意氯气、溴中毒不可进行人工呼吸，一氧化碳中毒不可施用兴奋剂。

⑧ 毒物进入口内　将5～10mL稀硫酸铜溶液加入一杯温水中，内服后，用手指伸向咽喉部，促使呕吐，吐出毒物，然后立即送医院。

⑨ 触电　首先切断电源，然后在必要时进行人工呼吸。

⑩ 起火　起火后，要立即一面灭火，一面防止火势蔓延（如采取切断电源，移走易燃药品等措施）。灭火的方法要针对起因选用合适的方法和灭火设备（见表1-1）。一般的小火可用湿布、石棉布或沙子覆盖燃烧物，即可灭火。火势大时可使用泡沫灭火器。但电器设备所引起的火灾，只能使用二氧化碳或四氯化碳灭火器灭火，不能使用泡沫灭火器，以免触电。实验人员衣服着火时，切勿惊慌乱跑，赶快脱下衣服，或用石棉布覆盖着火处。

表1-1　实验室常用的灭火器及其适用范围

灭火器类型	药液成分	适用范围
酸碱式	H_2SO_4 和 $NaHCO_3$	非油类和电器失火的一般初期火灾
泡沫灭火器	$Al_2(SO_4)_3$ 和 $NaHCO_3$	适用于油类起火
二氧化碳灭火器	液态 CO_2	适用于扑灭电器设备、小范围油类及忌水的化学物品的失火
四氯化碳灭火器	液态 CCl_4	适用于扑灭电器设备、小范围的汽油、丙酮等失火。不能用于扑灭活泼金属钾、钠的失火，因 CCl_4 会强烈分解，甚至爆炸。电石、CS_2 的失火，也不能使用它，因为会产生光气一类的毒气
干粉灭火器	主要成分是碳酸氢钠等盐类物质与适量的润滑剂和防潮剂	扑救油类、可燃性气体、电器设备、精密仪器、图书文件和遇水易烧物品的初期火灾
1211灭火剂	CF_2ClBr 液化气体	特别适用于扑灭油类、有机溶剂、精密仪器、高压电气设备的失火

⑪ 伤势较重者，应立即送医院抢救。

附：实验室急救药箱的配备

为了对实验室意外事故进行紧急处理，实验室应配备急救药箱，常备药品清单如下：

(1) 红药水	(2) 碘酒 (3%)	(3) 烫伤膏
(4) 碳酸氢钠溶液 (饱和)	(5) 饱和硼酸溶液	(6) 乙酸溶液 (2%)
(7) 氨水 (5%)	(8) 硫酸铜溶液 (5%)	(9) 氯化铁溶液 (止血剂)
(10) 甘油	(11) 消炎粉	(12) 高锰酸钾晶体 (需要时再制成溶液)

另外，消毒纱布、消毒棉（均放在玻璃瓶内，磨口塞紧），剪刀、氧化锌橡皮膏、棉花棍等，也是不可缺少的。

1.2.3 实验室三废的处理

实验中经常会产生某些有毒的气体、液体和固体，都需要及时排弃，特别是某些剧毒物质，如果直接排出就可能污染周围空气和水源，损害人体健康。因此，对废液和废气、废渣要经过一定的处理，才能排弃。下面介绍一些常见的处理方法。

① 产生少量有毒气体的实验应在通风橱内进行，通过排风设备将少量毒气排到室外，以免污染室内空气。产生毒气量大的实验必须备有吸收或处理装置，如 NO_2、SO_2、Cl_2、H_2S、HF 等可用导管通入碱液中使其大部分被吸收后排出。

② 实验产生的废渣、废药品应存放于指定的地点，由专业人员做回收、焚烧、掩埋等处理。

③ 实验中产生的废液不能随便倒入下水道，必须倒入指定的废液装置。一般的酸碱废液可中和后排出。废铬酸洗液可以用高锰酸钾氧化法使其再生，重复使用。少量的废铬酸洗液可加入废碱液或石灰使其生成氢氧化铬(Ⅲ)沉淀，将此废渣埋于地下。氰化物是剧毒物质，含氰废液必须认真处理。对于少量的含氰废液，可先加氢氧化钠调至 $pH>10$，再加入几克高锰酸钾使 CN^- 氧化分解。大量的含氰废液可用 Fe^{2+}、Fe^{3+} 盐处理，使其生成铁的氰化物而回收利用；或使用碱性氯化法处理，即在 $pH>10$，用漂白粉氧化，使 CN^- 氧化分解为二氧化碳和氮气。含重金属离子或汞盐的废液应先调 pH 值至 8～10，然后，加过量的硫化钠处理，使其毒害成分转变成难溶于水的氢氧化物或硫化物而沉淀分离，上清液达环保排放标准后方可排出。

④ 有机类实验废液对实验室环境和安全有极大的威胁，应引起高度重视。主要注意事项如下：

a. 尽量回收溶剂，回收的溶剂在对实验结果没有影响的情况下可反复使用。

b. 甲醇、乙醇、乙酸之类的溶剂能被细菌作用而分解，这类溶剂的稀溶液经大量水稀释后即可排出。

c. 其他各类不易回收利用或不易被细菌分解的有机溶剂，由实验室回收后进行处理。

1.3 化学实验中的一般方法

1.3.1 实验现象的观察、分析和判断的方法

(1) 现象

现象是化学反应发生的信息，是反应过程最重要的表现。颜色的变化、沉淀的生成与溶解、气体产生、热效应、气味（嗅味）、发光（或荧光）等现象的变化提示某种过程（化学的或物理的）进行。或是作用物质的性质消失、生成物性质的出现，或是反应过程中某种形式的能量转换。由现象看本质是科学工作者必须具有的能力，由现象分析有无反应发生、有

什么反应发生、有什么化合物生成等是从事化学工作必须具有的能力。

当我们要知道两种物质在水溶液中会不会发生反应时，最简单的办法是把它们的溶液在试管里混合，看一看有无颜色变化、沉淀出现、气体放出等。但是没有现象不能说没有反应，而有某种现象出现又未必能说明一定有化学反应进行（例如把氯化钠水溶液和乙醇混合，既有白色沉淀生成，又有热放出，不过没有化学反应）。怎样才能由现象作出正确的判断呢？

① 在比较中才能观察到现象。我们所以能察觉到某种现象，比如颜色变化，都是从比较中得来的。在含 Fe^{3+} 的溶液中加入 KSCN 时，看到的现象是由原来淡黄色变成血红色。在含 SO_4^{2-} 的溶液中加入 $BaCl_2$ 溶液，看到的现象是原来澄清的溶液中出现白色浑浊或沉淀。如果溶液中含很少很少的 SO_4^{2-}，那么生成的白色浑浊就很少很少。在这种若有若无的情况下，更需要把加 $BaCl_2$ 前与加 $BaCl_2$ 后比较，否则就看不出现象来。所以做任何实验，都要先观察反应前的情况，再把反应后的情况和它比较。反应愈不明显，愈需要比较。

② 现象在经常变动中，所以要在变动中观察现象。比如有的反应速率比较慢，现象是慢慢出现的，那就要做较长时间的比较。有时两种化合物间的作用和它们两个的比例有关。如在含 Ag^+ 溶液中加氨水时，当氨加得不多时生成 Ag_2O 棕色沉淀，加入的氨水过量时，就生成无色的$[Ag(NH_3)_2]^+$。因此，我们在 $AgNO_3$ 溶液中逐渐加入氨水时，可以看到先生成棕色沉淀，后又溶解的现象。假如反过来在氨水里加 $AgNO_3$ 时，可见局部生成沉淀，但马上就溶解。而在 $AgNO_3$ 加得足够多，使氨与 Ag^+ 的摩尔比不很大时，则出现 Ag_2O 持久沉淀，再加 $AgNO_3$ 时不能溶解。

又比如在含 Fe^{2+} 溶液中加入氢氧化钠溶液，如果仔细观察，就可看到生成的胶状沉淀颜色是在不断变化的，它历经白色、绿色、墨绿以至于溶液表面呈红棕色，最后整个沉淀变成红棕色。这种颜色的变化正是反应经历了如下过程的反映：

$$Fe^{2+} + 2OH^- \longrightarrow Fe(OH)_2 \downarrow$$

$$4Fe(OH)_2 + O_2 + 2H_2O \longrightarrow 4Fe(OH)_3 \downarrow$$

③ 现象不只是定性的，也具有定量的意义。例如当对 Na_2SO_3 与 Na_2SO_4 进行鉴别试验时，如果取出少量检品，溶于水后先加入稀盐酸酸化，然后再加入 $BaCl_2$ 试液，这时如果出现少量浑浊，能作出被检品就是 Na_2SO_4 的结论吗？当然，白色浑浊是现象，说明有 SO_4^{2-} 的存在，但是实验不是出现大量沉淀，而只是少量的浑浊，这就说明不存在大量的 SO_4^{2-}，如果检品是 Na_2SO_4 的话，那么就应有大量白色沉淀生成，故只能作出检品是 Na_2SO_3 而不是 Na_2SO_4，其所以出现少量白色沉淀正说明有少量 SO_3^{2-} 被空气氧化成 SO_4^{2-} 的缘故。由此可见，我们不只要看到，而要善于从现象在量上的表现强弱与多少去判断反应的实质。

(2) 观察现象的实验方法

伴随一个反应产生的现象，有时是明显的、易于观察的，但也可能是不够明显、不容易被观察到的。当我们不是靠仪器，而是靠肉眼来捕捉现象及其变化时，由于受到人眼睛视力灵敏度的限制，对于弱变化来说，如果不掌握正确的观察方法，容易被漏掉或产生判断的错误。在化学实验里，我们常常采用一些比较方法，以观察和发现物质的变化。

① 空白试验　在研究某种金属离子是否能与 SO_4^{2-} 发生沉淀反应时，如果在把它与 SO_4^{2-} 溶液混合时，溶液似乎有不易察觉的浑浊，此时应与金属离子溶液比较，以便确定有无沉淀生成。即所谓空白试验。

空白试验时除没有含被测物质外，其他条件均与含有被测物质的相同。这样有利于区分现象的来源。尤其当现象不明显而不容易作出结论之时，空白试验提供了一个比较判断的标准。

② 对照实验　当我们研究一个溶液里是否含有 Fe^{3+} 时，在其中加入 KSCN 时，看到出现橙红色，并不能确定是否含有 Fe^{3+}。因为这种颜色不是通常所知的血红色。可能不是 Fe^{3+}，也可能是低浓度的 Fe^{3+}。这时可以用含 Fe^{3+} 的稀溶液做同样的实验，与要研究的溶液比较。这种实验叫做对照实验。

③ 背景　能否较明显地观察现象的发生和变化与观察的背景有关。尤其当现象不够明显时，合适的观察背景会大大有利于观察。例如黑色的沉淀在白色背景中会显得更清楚，而微量的白色浑浊在黑色背景中也会较清楚地显示出来。

④ 反应条件的影响　由于现象往往会伴随反应条件（如温度、浓度、时间等）的改变而发生相应的变化。也就是说，任何反应都是受条件影响的。因此在研究化学变化时都应该重视条件的控制。而且为了深入揭露反应的实质和外界条件对反应的影响，我们常常需要用不同反应条件，通过现象随条件的变化来研究其化学变化。

例如我们在研究 $AgNO_3$ 与氨水的作用时，如果在一滴 $AgNO_3$ 溶液中加一滴浓氨水，可能没有看到任何变化。但如果我们在 1mL $AgNO_3$ 溶液中逐滴加入较稀的氨水就可以看到随 NH_3 浓度和 OH^- 浓度的增加，先出现白色沉淀以至于土黄色沉淀（AgOH 及失水形成的 Ag_2O），后来沉淀再溶解生成 $[AgNH_3]^+$、$[Ag(NH_3)_2]^+$ 配离子。

(3) 分析与判断

① 思考能力的自觉锻炼　符合实际的实验设计、正确的实验操作、严谨的观察、合乎逻辑的思维方法、对比、联想、去粗取精和去伪存真的分析、总结、概括和判断，这些构成科学工作的基本方法。一个优秀科学工作者的快速成长就是要善于自觉地培养自己的独立思考能力，掌握科学工作的基本方法。

② 分析判断的几个基本原则

a. 是或非的判断　许多化学实验室工作的目的在于鉴定在样品中有无某种物质的存在，或鉴别样品中所含的一种物质是什么。例如在糖尿病诊断中，利用还原糖能使 Cu^{2+} 在碱性溶液中还原成砖红色的 Cu_2O 沉淀来鉴定病人尿中有没有还原糖。在确定某一尿结石是草酸钙还是磷酸铵镁时，把尿样放在显微镜下观察结晶形状。要想得到正确结论，首先要有正确的实验方法，这个方法对被测对象是专一的，也就是说样品中不会有别的物质和被鉴定的对象有同样的表现（如尿中除还原糖外没有其他能把 Cu^{2+} 还原成 Cu_2O 的东西）。但是，除了正确的实验方法外，还应有正确的判断方法。

例如在一个中性溶液中加入 $BaCl_2$ 时，如无白色浑浊或沉淀，可以作出没有 SO_4^{2-} 存在的结论；如有白色沉淀，并不能得到一定有 SO_4^{2-} 存在的结论，因为 CO_3^{2-}、SO_3^{2-} 等都可以生成白色钡盐沉淀。但是由于这些钡盐都溶于盐酸，如果先在溶液中加 HCl 后再加 $BaCl_2$，则有白色沉淀，就可以认为有 SO_4^{2-} 了。对于多种物种共存的情况，除了注意反应的专一性外，还要注意现象的掩盖和判断上的逻辑错误。例如 Fe^{3+} 与 Zn^{2+} 共存溶液中，加入 NaOH 试液，如若只看到红棕色沉淀就认为只有 Fe^{3+} 而没有 Zn^{2+}，显然这种推断是错误的，因为当加入少量 NaOH 时，生成的 $Zn(OH)_2$ 白色沉淀会被 $Fe(OH)_3$ 沉淀的红棕色所掩盖；而当 NaOH 过量，$Zn(OH)_2$ 沉淀就要溶解，此时更是不可能见到白色沉淀。再如在上述含 Fe^{3+} 和 Zn^{2+} 的溶液中，如果一次加入较浓的 NaOH 试液，没见到任何沉淀的生成，这时不能得出没有 Fe^{3+} 和 Zn^{2+} 存在，而只能得出没有 Fe^{3+} 存在的判断。因为 $Zn(OH)_2$ 是两性的，而 $Fe(OH)_3$ 不是两性的。这就是说，Fe^{3+} 和 Zn^{2+} 的共性是都能与 NaOH 反应生成沉淀，但个性的区别在于前者是红棕色沉淀，不溶于过量的碱，后者则是白色沉淀，两性，可溶于过量的碱。此外，在作是与非判断时，还应注意观察现象的强度和现象表现的限度。因为现象的强度反映化学过程和有关物质的量，而现象的表现限度反映反应的条件。例如当鉴别一瓶硝酸盐是不是硝酸银时，如果在其浓水溶液中加入盐酸或氯化钠，立即出现少量白色沉淀，加氨水沉淀又立即溶解，以上结果并不能得出此瓶物质就是硝酸银的结论，更合理的结论是此瓶物质不是硝酸银而可能含有银盐的杂质。因为被检物如果是硝酸银，那么溶于水后溶液中 Ag^+ 浓度是大的，加入 Cl^- 后应立即出现大量白色沉淀而不应是少量沉淀。现象的强度弱，反映了 Ag^+ 存在量的少，因此只能作出是某物质含有少量 Ag^+ 杂质的结论而已。但是如果在被检物水溶液中加入浓盐酸，立即出现大量的白色沉淀，如果加入过量浓盐酸，沉淀又溶解，此时将作何结论呢？这里生成大量的白色沉淀的现象是有限度的，即不能加太过量的试剂，说明生成的沉淀可能与过量试剂产生配合作用而溶解，故被检物可能是硝酸铅。

b. 分类的判断　我们经常把化学物质分类，也经常把化学反应分类。分类的目的是帮助我们掌握共性，举一反三。化学物质和化学反应为数极多，任何人都不能一个一个地去学去记，而应该通过个别反应的研究，认识一类化学物质或化学反应。例如在含 Zn^{2+} 溶液中加入 NaOH 时，先产生白色 $Zn(OH)_2$ 沉淀，再加 NaOH 时，沉淀又溶解，形成 $[Zn(OH)_4]^{2-}$。Al^{3+}、Sn^{2+}、Pb^{2+} 等离子也是这样。这一现象代表了两性金属的共性。因此，看到类似现象，就应首先想到两性金属。不过，我们绝不能只根据现象分类。如果我们把在一个金属离子溶液中加入另一物质，先生成沉淀，后溶解这一现象当做金属是两性的标志就完全错了。例如在含 Zn^{2+} 溶液中加入氨水时，也有这种现象；在含 Hg^{2+} 溶液中加 KI，也有类似现象。但这些现象与金属是否是两性毫无关系。

在含 SO_3^{2-} 溶液里加入酸性的高锰酸钾溶液时，MnO_4^- 的紫色消失。我们说 SO_3^{2-} 是还原剂，把 MnO_4^- 还原成 Mn^{2+}。有了这个经验，以后再遇到能使酸性高锰酸钾褪色的物质时，就首先想到它可能是还原剂。不过要注意作出分类判断总是有限度的。当我们用使 $KMnO_4$ 褪色作为判据来决定它是否是还原剂时，应该知道，还有不少还原性物质，由于还原能力弱或反应速率慢实际上不能使 MnO_4^- 褪色。所以能使 $KMnO_4$ 褪色可以作出它可能是还原剂的估计，但并不能根据不能使 $KMnO_4$ 褪色而认定它不是还原剂。

c. 反应和反应产物的确定　例如在 $CuSO_4$ 溶液中加入 KI 时，生成白色沉淀和棕色溶液。如何判断它们之间发生了什么反应呢？遇到这种情况，我们先要根据现象，运用知识，想一想有什么可能，可以再做些实验，查一查书核对想法是否正确。而看到现象，不假思索而靠查书解决问题是不利于能力的提高的。例如对 $CuSO_4$ 与 KI 间的可能发生的反应可以先作出许许多多的设想。如果认为白色沉淀是 K_2SO_4，棕色的是 CuI_2。先查一下手册，颜色、溶解性等对不对。比如查得 K_2SO_4 确是无色的，但是它在水中溶解度比较大，看一看你做实验用的溶液浓度是否大到足以使 K_2SO_4 沉淀呢？如果为了进一步检验，也可以把沉淀滤出，加水试验其能否溶解，如果不溶就不是 K_2SO_4。实际上这一白色沉淀是不能溶于水的 CuI，而溶液的棕色是 I^- 被氧化成 I_2 的现象。Cu 由二价变成一价，I^- 由负一价变成零价。这些变化也可以做一些实验来证明。另一回答上述现象的办法是查工具书。可以查到这个反应：

$$2Cu^{2+} + 4I^- \xlongequal{\quad} 2CuI + I_2$$

查书固然不失为一个好的解决问题的方法，不过更好的方法是把思考、实验与查书相结合。

1.3.2 提高测量结果准确度的方法

在化学实验中，经常需要量取或者测量物质的各种物理量和参数（如质量、体积、压力、熔点、沸点、酸碱度、氧化还原性质、光学性质等)。常见的测量方法可以归纳为直接测量法和间接测量法两类。使用各种量器量取物质和使用某种仪器直接测出物理量的结果都称为直接测量。直接测量是最基本的测量操作,例如用量筒量取某液体的体积、用温度计测量反应温度等。某些物理量需要进行一系列直接测量后,再根据化学原理、计算公式或图表经过计算才能得到结果,如平衡常数、反应速率、定量分析结果等都属于间接测量。

在测量实践中,一个结果是经过多次测量(如称量质量或测量体积)或一系列的操作步骤而获得的。被测对象本身应存在一个客观值,称为真实值。由于测试方法本身的局限性,使用的测量仪器不可能绝对精密,试剂也不是绝对纯净,加之环境条件和个人操作技术的限制,因此测定结果和真实值之间总是存在差值,这个差值称为误差。即使是技术很熟练的分析工作者,用最成熟的方法、最精密的仪器对同一样品进行多次测定,测量结果也不可能与真实值完全一致,且各测量值之间也有微小的差异。这表明在测量过程中,误差是客观存在的、不可避免的,技术的提高只能使分析结果更接近真实值,而不能达到真实值。因此了解误差的大小及其产生的原因,有助于我们采取相应的对策减免误差,不断提高测量结果的准确度。

(1) 误差的分类与减免

根据误差的性质和产生的原因,将误差分为系统误差和随机误差两大类。

① 系统误差　系统误差是由某些经常的、固定的原因所引起的误差,如实验方法、所用仪器、试剂、实验条件的控制以及实验者本身的一些主观因素造成的。它对分析结果的影响比较固定,在同一条件下重复测定时会重复出现,误差的正负、大小一定,具有重复性和单向性。若能找出原因,并设法加以测定,就可以消除,因此也称可测误差、恒定误差。

产生系统误差的主要原因及校正方法如下。

a. 方法误差:指分析方法本身所造成的误差。如重量分析中,沉淀的溶解,共沉淀现象,滴定分析中反应进行不完全,滴定终点与化学计量点不符等,都会系统地影响测定结果,使其偏高或偏低。选择其他方法或对方法进行校正可克服方法误差。

b. 仪器误差:来源于仪器本身不够准确。如天平砝码长期使用后质量改变,容量仪器体积不准确等。可对仪器进行校准,来克服仪器误差。

c. 试剂误差:由于试剂或蒸馏水不纯所引起的误差。通过空白试验及使用高纯度的水等方法,可以克服试剂误差。

d. 操作误差:由于操作人员主观原因造成,如对终点颜色敏感性不同,总是偏深或偏浅。通过加强训练,可减小此类误差。

② 随机误差　随机误差是由一些不易预测的偶然因素所引起的误差,因此也叫偶然误差。如天平及滴定管读数的不确定性,电子仪器显示读数的微小变动,操作中温度、湿度、气压的变化,灰尘、空气扰动,电压电流的微小波动等,都会引起测量数据的波动。实验中这些偶然因素的变化对测量结果的影响不固定,时大时小,时正时负,难以预测和控制,所以又叫不可测误差。因而随机误差是必然存在的。

表面看来,随机误差的出现虽然无法控制,似乎没有规律可循,但如果在消除系统误差以后,对同一试样进行多次重复测定,便会发现它的出现有一定规律。

a. 大小相等的正、负误差出现的概率相等。

b. 小误差出现的概率大,大误差出现的概率小,特大误差出现的概率更小。

由于偶然误差的出现服从统计规律,所以可以通过增加测定次数予以减小。也可以通过统计方法估计出偶然误差值,并在测定结果中正确表达。

应该指出,系统误差和随机误差的划分不是绝对的,它们有时能够相互转化。如玻璃器皿对某些离子的吸附，对常量组分的分析影响很小，可以看作随机误差，但如果是微量或痕量分析，这种吸附的影响就不能忽略，应该视为系统误差，就应进行校正或改用其他容器。

"过失"不同于上述两种误差，它是由于实验人员粗心大意或违反操作规程所产生的错误，如溶液溅失、沉淀穿滤、加错试剂、读错刻度、记录错误等，这些都是不应有的过错，不属于误差讨论的范畴。只要实验人员加强责任感，严格遵守操作规程，认真仔细地进行实验，做好原始记录，反复核对，这些过失是完全可以避免的。若一旦出现过失，不论该次测量结果如何，都应在实验记录上注明，并舍弃不用。

(2) 误差的表示方法

① 真实值　真实值是一个客观存在的真实数值，但又不能直接测定出来。如一个物质中的某一组分含量，应该是一个确切的真实数值，但又无法直接确定。由于真实值无法知道，往往都是进行许多次平行实验，取其平均值或中位值作为真实值，或者以公认的手册上的数据作为真实值。

② 准确度与误差　准确度是指测定值（X_i）与真实值（简称真值）（T）之间符合的程度。准确度用误差来表示，测定值与真值之差称绝对误差（E）：

$$E=X_i-T$$

误差除用绝对误差表示外，也可用相对误差来表示。相对误差（E_r）是指绝对误差与真值的比值：

$$E_r=\frac{X_i-T}{T}\times100\%$$

误差小，说明测定结果与真值接近，测定准确度高；误差大，说明测定结果准确度低。若测定值大于真值，误差为正值；反之，误差为负值。

③ 精密度与偏差　精密度是指在相同条件下多次测量结果互相吻合的程度，表现了测定结果的再现性。精密度用"偏差"来表示，偏差愈小，说明测定结果的精密度愈高。

偏差分绝对偏差（d）和相对偏差（d_r）。绝对偏差是某个测定值（X_i）与多次测定结果的平均值（$\overline{X}$）之差：

$$d_i=X_i-\overline{X}$$

相对偏差则是绝对偏差占平均值的百分数：

$$d_r=\frac{d_i}{\overline{X}}\times100\%$$

绝对偏差和相对偏差都是表示单次测量结果对平均值的偏差。为了衡量一组数据的精密度，可用平均偏差。平均偏差是指各次偏差的绝对值的平均值：

$$\overline{d}=\frac{|d_1|+|d_2|+|d_3|+\cdots+|d_n|}{n}=\frac{\sum_{i=1}^{n}|d_i|}{n}$$

相对平均偏差则是平均偏差占平均值的百分数：

$$\overline{d_r}=\frac{\overline{d}}{\overline{X}}\times100\%$$

在一系列测定结果中，总是小偏差占多数，大偏差占少数，如果按总的测定次数求平均偏差，所得结果会偏小，大偏差得不到应有的反映。为了更好地说明数据的分散程度，就应采用标准偏差（或标准差、均方差）来衡量精密度：

$$S=\sqrt{\frac{\sum_{i=1}^{n}(X_i-\overline{X})^2}{n-1}}=\sqrt{\frac{\sum_{i=1}^{n}d_i^2}{n-1}}$$

用标准偏差更能反映测定结果的精密度。因为将各次测定的偏差平方以后，较大的偏差更显著地反映出来。因而能更清楚地说明数据的离散度。

准确度和精密度是两个不同的概念，它们是实验结果好坏的主要标志。在工作中，最终的要求是测定准确，要做到准确，首先要做到精密度好，没有一定的精密度，也就很难谈得上准确。但是，精密度高的不一定准确，这是由于可能存在系统误差。控制了随机误差，就可以使测定的精密度好，只有同时校正了系统误差，才能得到既精密又准确的实验结果。

(3) 提高测量结果准确度的方法

在测量过程中，提高准确度的关键是尽可能地减少系统误差。系统误差总是以相同的符号出现，在相同的条件下重复实验无法消除。可以通过选择合适的方法，测量前对仪器进行校正，使用标准样品，或修正计算公式来消除。

① 选择合适的实验　根据对实验结果准确度的要求，选择不同的实验方法。例如，化学合成与制备实验经常使用化学纯试剂；对准确度要求不高时，可以使用普通度量仪器。物质的分析和理化常数的测定实验要求实验结果有很高的准确度，因此对实验方法的选择有很高的要求。例如在分析化学中，依据试样中有效成分含量的高低，要选择不同的分析方法。通常试样的含量大于1%时，可以选用容量分析法和重量分析法，这些方法的准确度可以达到相对误差≤0.1%；当试样的含量小于1%时，采用仪器分析方法，准确度可以达到相对误差大约为±2%。

② 减小测量误差　容量分析方法的主要误差来源是称量误差和滴定误差。尽可能减小称量误差和滴定误差，就能提高容量分析法的准确度。减小称量误差和滴定误差，保证容量分析方法有足够的准确度（即相对误差≤0.1%），要求试样的称样量或者试液的滴定消耗体积不得低于一个最小值。

对于滴定误差，读取一个体积，至少产生±0.02mL的误差，因此，滴定所消耗的最小体积是：

$$\frac{\pm 0.02\text{mL}}{V_{\min}}\times 100\% \leqslant \pm 0.1\% \qquad V_{\min}\geqslant 20\text{mL}$$

对于称量误差，读取一个质量，至少产生±0.0002g的误差，因此，称量所需的最小质量为：

$$\frac{\pm 0.0002\text{g}}{m_{\min}}\times 100\% \leqslant \pm 0.1\% \qquad m_{\min}\geqslant 0.2\text{g}$$

由此可知，容量分析中，称样量不得少于0.2g，滴定消耗体积不得低于20mL，才能保证分析误差小于0.1%。

③ 校准仪器　仪器不准引起的误差，可通过校准仪器来减免。如移液管和容量瓶的相对校准，滴定管的体积校准，砝码的质量校准等。一般情况下，准确度要求不高时（允许相对误差≥±1%），正常工作的仪器、器具的精度能够满足我们的要求，可不必校准。但是对于有特殊要求的实验及准确度要求较高的测量，要对选用的仪器，如天平及砝码、滴定管、移液管、容量瓶、温度计等进行校正。

④ 空白试验　在不加待测组分的情况下，按分析方法所进行的试验称为空白试验。空白试验所测得的值叫空白值。空白试验可以检验和减免由试剂、蒸馏水不纯，或仪器带入的杂质所引起的误差。从试样的分析结果中扣除空白值，就可以得到比较准确的结果。空白值一般不应很大，否则应采用提纯试剂或改用适当试剂和选用适当仪器的方法来减小空白值。

⑤ 对照实验　常用已知准确含量的标准试样代替试样，在完全相同的条件下进行测定，从而估计分析方法的误差，同时引入校正系数来校正分析结果。

也可用国家颁布的标准方法或公认的经典方法与所拟定的方法进行对照，或不同实验室、不同分析人员分析同一试样来进行对照。

校正系数=标准试样含量/标准试样分析结果

⑥ 增加平行测定次数 由随机误差的性质可知，在减免了系统误差的情况下，平行测定的次数越多，则分析结果的算术平均值越接近真实值。因此，随机误差可以用多次测定取平均值的方法来减免。在定量分析中，通常要求平行测定3～4次。

利用空白、对照实验是消除系统误差的主要办法，也是解决分析实验中出现问题的主要方法。而严格遵守操作规程和娴熟的实验技能是消除随机误差的关键。

1.3.3 实验数据记录与有效数字

在化学实验中，为了得到准确的测量结果，不仅应认真规范地进行实验操作，精确地测量各项数据，还应正确记录测得数据和计算、表达分析结果，必要时还应对数据进行统计处理，因为分析结果不仅表示试样中被测组分含量高低或某项物理量的大小，还反映出测量结果的准确程度。同时，实验结束后，应根据实验记录进行整理，及时认真地写出实验报告，这是培养学生分析、归纳能力以及严谨细致科学作风的重要途径。

(1) 实验记录的基本要求

① 实验者应准备专门的实验记录本，标上页码，不得撕去任何一页。不得将文字或数据记录在单页纸或小纸片上，或随意记录在其他任何地方。

② 应清楚、如实、准确地记录实验过程中所发生的重要实验现象，所用的仪器及试剂，主要操作步骤，测量数据及结果。记录中切忌掺杂个人主观因素，绝不能拼凑和伪造数据。对实验中出现的异常现象，更应及时、如实记录。

③ 实验记录应用钢笔、圆珠笔、签字笔等书写，不得用铅笔，不得随意涂改实验记录。遇有读错数据、计算错误等需要修正时，应将错误数据用线划去，在旁边重新写上正确数据，并加以说明。

(2) 有效数字

实验中，所使用仪器的精确度是有限的，因而能读出数字的位数也是有限的。例如，用最小刻度为1mL的量筒测量出液体的体积为24.5mL，其中24直接由量筒的刻度读出，而0.5则是用肉眼估计的，它不太准确，称为可疑值。可疑值并非臆造，也是有效的，记录时应该保留。24.5这三位数字是有效数字。有效数字就是实际能够测量到的数字。它包括准确的几位数和最后不太准确的一位数。

物理量的测量中应保留几位有效数字，要根据测量仪器的精度和观察的准确度来决定。常用仪器的测量精度见表1-2。

表1-2 常用仪器的测量精度

项目	台秤	分析天平	量筒	移液管	容量瓶	滴定管	温度计	气压计
精度	±0.1g	±0.0001g	±0.1mL	±0.01mL	±0.01mL	±0.01mL	±0.1℃	±0.1kPa
示例	12.1g	5.2354g	15.8mL	10.00mL	50.00mL	25.84mL	37.5℃	101.3kPa
有效数字	3位	5位	3位	4位	4位	4位	3位	4位

例如，台秤上称量某物体的质量为5.6g，由于台秤可称准到0.1g，所以该物体的质量为(5.6±0.1)g。5.6中的最后一位是不太准确的，这时有效数字是两位。不能写成5.60g，因为这样写就超出了仪器的准确度。同理，若在万分之一的天平上称量某物体的质量为5.6000g，由于天平可以称到0.0001g，所以该物体质量可表示为(5.6000±

0.0001)g，其有效数字是五位。不能写成 5.6g，或 5.60g、5.600g，因为这样写不能表示仪器的准确度。

值得指出，“0”在数字中有时是有效数字，有时不是。这与“0”在数字中的位置有关。

①“0”在数字前，仅起定位作用，不是有效数字。因为“0”与所取的单位有关。例如体积记为 0.0025 L 与 2.5mL，准确度完全相同，两者都是两位有效数字。

②“0”在数字的中间或在小数的数字后面，则是有效数字。例如 2.05、0.200、0.250 都是三位有效数字。

③ 以“0”结尾的正整数，它的有效数字的位数不确定。例如 25000，这种数应根据实际有效数字情况改写成指数形式。如果为两位有效数字，则改写成 2.5×10^4；如果为三位有效数字，则写成 2.50×10^4。

(3) 有效数字的运算规则

① 加减运算　在进行加减运算时，所得结果的小数点后面的位数应与各加减数中小数点后位数最少者相同。例如：

$$0.254+21.2+1.23=22.7$$

21.2 是三个数中小数点后位数最少者，该数有±0.1 的误差，因此运算结果只保留到小数点后一位。这几个数相加的结果不是 22.684，而是 22.7。

② 乘除运算　在进行乘除运算时，所得结果的有效数字位数应与原数中最少的有效数字位数（相对误差最大的那个数）相同，而与小数点的位置无关。例如：

$$2.3\times0.524=1.2$$

其中 2.3 的有效数字位数最少（相对误差最大），因此，结果应保留两位有效数字。

③ 对数运算　对数值的有效数字位数仅由尾数的位数决定，首数只起定位作用，不是有效数字。对数运算时，对数尾数的位数应与相应的真数的有效数字的位数相同。例如：$c(H^+)=1.8\times10^{-5}mol\cdot L^{-1}$，它有两位有效数字，所以，$pH=-\lg c(H^+)=4.74$，其中首数“4”不是有效数字，尾数 74 是两位有效数字，与 $c(H^+)$ 的有效数字位数相同。又如，由 pH 值计算 $c(H^+)$ 时，当 pH=2.72，则 $c(H^+)=1.9\times10^{-3}mol\cdot L^{-1}$，不能写成$c(H^+)=1.91\times10^{-3}mol\cdot L^{-1}$。

(4) 有效数字的修约

在运算时，按一定规则舍去多余的尾数，称为数字修约。修约规则为：

① 四舍六入五成双。即被修约数≤4 时舍弃，被修约数≥6 时进位。等于 5 且 5 后无非 0 数字时，若进位后末位数为偶数，则进位；若进位后末位数为奇数，则舍弃。若 5 后还有任何不为 0 的数字，则进位。如，下列数字修约为四位有效数字时：

4.4135 修约为 4.414（因进位后，末位为偶数，则进位）；

4.4105 修约为 4.410（因进位后，末位为奇数，则舍弃）；

4.412501 修约为 4.413（因为 5 后有非 0 数字，故不论进位后末位是奇数还是偶数均进位）。

② 应一次修约到所需位数，不能分次修约。如 4.41349 修约为 4.413；不能先修约为 4.4135，再修约为 4.414。

在取舍有效数字位数时，应注意：

a. 化学计算中常会遇到表示分数或倍数的数字以及一些物理常数（如 π、e、R 等），这些数字可看作是任意位有效数字。

b. 若某一数据的第一位有效数字大于或等于 8，则有效数字的位数可多取一位。例如

8.25，虽然只有三位有效数字，但可看作是四位有效数字。

c. 在计算过程中，可以暂时多保留一位有效数字，待得到最后结果时，再根据四舍五入的原则弃去多余的数字。

d. 误差一般只取一位有效数字，最多不超过两位。

有效数字可以指导我们如何适当地选用仪器。例如，用伏安法测量电阻时，如果使用的安培计只能读出两位有效数字，则在测量相应的电压时，只要使用一般的伏特计，能读出二三位有效数字就已足够。因为通过计算，能得出电阻的有效数字最多是两位。即使使用精密的伏特计也不能提高实验结果的准确度。与此相反，如果使用一般仪器去代替精密仪器进行测量时，所得结果准确度将会降低。又如，配制 $0.1mol \cdot L^{-1}$ 的硫酸铜溶液 100mL，可称取 $CuSO_4 \cdot 5H_2O$ 晶体 12.5g，不必准确称取 12.4840g。选用仪器时只需选台秤和量筒，而不必选用分析天平和容量瓶。

(5) 实验数据记录

应严格按照有效数字的保留原则记录测量数据。例如，用感量为万分之一克的分析天平称量时，应记录至小数点后第四位。如称量某份试样的质量为 0.1220g，该数值中 0.122 是准确的，最后一位数字“0”是欠准的，可能有正负一个单位的误差，即该试样的实际质量是 (0.1220 ± 0.0001)g 范围内的某一数值。若将上述称量结果写成 0.122g，则意味着该份试样的实际质量是 (0.122 ± 0.001)g 范围内的某一数值，这样，就将测量的精确程度降低了 10 倍。常量滴定管和移液管的读数应记录至小数点后第二位。如某次滴定中消耗标准溶液体积为 20.50mL，即实际消耗的滴定剂体积是 (20.50 ± 0.01)mL 范围内的某一数值。若写成 20.5mL 则意味着实际消耗的滴定剂体积是 (20.5 ± 0.1)mL 范围内的某一数值，同样将测量精度降低了 10 倍。

总之，有效数字位数反映了测量结果的精确程度，数据记录时绝不能随意增加或减少数值位数。

1.3.4 实验数据的整理与表达方法

取得实验数据后，为了表示实验结果和分析其中的规律，需要将实验数据进行整理、归纳，并以准确、清晰、简明的方式进行表达。化学实验数据的表示方法通常有列表法、图示法和数学方程表示法，可根据具体情况选用。

(1) 列表法

这是表达实验数据的最常用的方法。把实验数据列入简明合理的表格中，使得全部数据一目了然，便于进一步的处理、运算与检查。具有简明直观、形式紧凑的特点，可在同一表格内同时表示几个变量间的变化情况，便于分析比较。原始实验数据多采用列表法记录。作表格时要注意以下几点：

① 每一完整的数据表必须有表的序号、名称、项目、说明及数据来源，原始数据表格，应记录包括重复测量结果的每个数据，表内或表外适当位置应注明温度、大气压、日期与时间、仪器与方法等条件。叙述简明扼要。

② 表格的横排称为“行”，竖排称为“列”。每个变量占表中一行，一般先列自变量，后列因变量。每一行的第一列应写出变量的名称和量纲。自变量的选择有一定灵活性。通常选择较简单的变量，如：温度、时间、浓度等作为自变量。自变量要有规律的递增或递减，最好为等间隔。

③ 每一行（列）的数据，有效数字的位数要一致，且符合测量的准确度，并将小数点对齐。数据应按自变量递增或递减的次序排列，以显示出变化规律。

④ 表中数据应化为最简形式，不可用指数或对数等形式表示，对于小数位数多或以$n\times 10^m$表示的，可将行（列）名写为物理量$\times 10^{-m}$，表格中只写 n 的数值，即把指数放入行（列）名中，并把正负异号。如 HAc 的 $K_a=1.75\times 10^{-5}$，行名写为 $K_a\times 10^5$，表格中只写 1.75 即可。

⑤ 原始数据和处理结果可以并列在同一表格中，但应把数据处理的方法、运算公式等在表下注明或举例说明。

例如实验测得某种水生植物的光合作用速度（按每升含该植物的天然水在 14h 内放出的 O_2 的毫升数计）与水中磷酸盐浓度（P 加入量 $\mu g\cdot L^{-1}$）的关系可列表如下：

P 加入量/$\mu g\cdot L^{-1}$	0	4	8	20	38
O_2 释放量/$mL\cdot L^{-1}$	0.2	1.0	1.6	2.3	2.7

列表法虽然简单但不能表示出各数值间连续变化的规律及取得实验值范围内任意自变量和因变量的对应值。像上面的数据告诉我们水中磷酸盐浓度愈高，光合作用愈快。若要把这一个定性的结论提高到定量的水平，就必须找出它们之间的函数关系。故实验数据常用图示法表示。

(2) 图示法

化学实验为了达到揭示或验证某自变量和因变量之间的函数关系的目的，用图示法表示实验数据，能直观显示出自变量和因变量间的变化关系。从图上易于找出所需数据，还可用来求实验内插值、外推值、曲线某点的切线斜率、极值点、拐点以及直线的斜率、截距等。因此作图正确与否直接影响实验结果。最常用的作图纸是直角毫米坐标纸，其他如对数坐标纸、半对数坐标纸和三角坐标纸有时也会用到。这里主要介绍用直角毫米坐标纸作图的一般方法。

① 选取坐标轴　用直角坐标纸作图时，习惯上以横坐标表示自变量，纵坐标表示因变量。纵、横坐标不一定由“0”开始，应视实验具体数值范围而定。坐标轴旁应注明所代表变量的名称及单位。坐标轴比例尺的选择需遵守以下规则：

a. 坐标的标度要能表示出实验测量的全部有效数字，使图中得出的精度与测量值的精度相匹配。一般来说，坐标最小分度应与仪器最小分度一致。例如滴定管分度值是 0.1mL，即体积读数在小数点后第一位是精确值，那么坐标上每格也应相当于 0.1mL。要注意不要在坐标上随意夸大或缩小测量的精度。如果测量值很小，例如测得 $[H^+]$ 在 $10^{-14}\,mol\cdot L^{-1}\sim 10^{-1}\,mol\cdot L^{-1}$间的变化，要在坐标上反映此变化是有困难的，这时可以把氢离子浓度取负对数，即用 pH 来作图。

b. 所选定的坐标标度应便于从图上读出任一点的坐标值。通常单位坐标格子所代表的变量为 1、2、5 的倍数，而不用 3、7、9 的倍数。

c. 充分利用坐标纸全部面积，使全图分布均匀合理，不要使图形太小，只偏于一角。若作直线求斜率，则比例尺选择应使直线倾角接近 45°，这样可使待求斜率的误差最小。若作曲线求特殊点，则比例尺的选择应使特殊点表现明显。

② 点、线的描绘

a. 点的描绘　在一张图上如有数组不同的测量值时，代表各组读数的点应该分别用○、□、△、◇、×、● 等不同符号表示，以便区别。这些符号的中心位置即为读数值，标记的面积应有足够大小，用以表明测量的误差范围。图上的点要点清楚，而且点大小也要反映测量数值的精度。

b. 线的描绘　画出各代表点后，用曲线尺作出尽可能接近于各实验点的曲线或直线。

作线应连续、光滑、均匀、细而清晰。由于实验误差，各点难免有偏离理论值的情况，所以作线不必通过所有点，但未在曲线或直线上的点应在曲线或直线两旁均匀分布，两边的点在数量上应近似相等。这样描出的曲线或直线就能近似地表示出被测物理量的平均变化情况。

③ 求直线的斜率　如果纵轴和横轴所代表的变量是直线关系，即符合 $y=kx+b$，则斜率为 $k=(y_2-y_1)/(x_2-x_1)$。

用上述作图法绘出该直线后，可以在直线上任取两点，并将两点的坐标值 $M(x_1,y_1)$ 和 $N(x_2,y_2)$ 代入上式斜率计算公式，则可求得斜率 k 值。然后将两点中任意一点的坐标代入斜截式方程 $y=kx+b$，可得截距 b。为使相对误差尽量小些，所取的点必须是直线上的点，而不能是实验中所测得的两组数据（除非这两组数据代表的点正好在直线上）。所取 M 和 N 两点之间的距离也不可太近。

(3) 数学方程表示法

用方程式表示变量间的定量关系较图示法更进一步。由实验数据画出图来，我们就能从图形估计出方程式的可能形式，并且用数学的方法推导出方程。

① 自变量与因变量间的函数方程有两类。

一类是直线（或称线性）方程。它的基本方程有：

$$y=ax \tag{1-1}$$

$$y=ax+b \tag{1-2}$$

在式(1-1) 中，$b=0$ 直线过原点。而在式(1-2) 中，直线在 y 轴有截距 b。

另一类（或许是更多的一类）是非线性方程。如许多物理量的变化都是指数关系：$y=Ae^{kx}$。例如，固体的溶解度曲线大都是指数方程的表现：

$$S=S_0e^{kT}$$

其中 S 为溶解度，T 为温度，S_0 及 k 都是系数（也称参数）。许多物质的溶解度曲线都符合指数方程，只不过不同的物质参数不同而已。

② 由实验数据推导数学方程式　推出代表数据组（或曲线）的方程式的方法包含以下两步：

a. 先选用自变量和因变量作图，从图形确定属于哪种方程。

b. 然后用曲线拟合法求出方程式中的系数。例如对直线关系，可根据直线方程 $y=ax+b$ 或 $y=kx$，由斜率及截距求得 a 和 b 或 k。

如为曲线关系，尽可能把曲线方程直线化。例如，将方程：$y=Ae^{kx}$ 取对数，得 $\ln y=\ln A+kx$，将各测值代入，以 $\ln y$ 对 x 作图应得直线，从直线截距和斜率可求出 $\ln A$ 和 k。也可以不直线化，直接作曲线拟合，这种方法在数学上困难，要用计算机解决。

把以上处理得到的 a、b 或 A、k 值分别代入直线方程或曲线方程就可得一经验方程式。

1.3.5 实验设计的一般方法

(1) 实验的内容

大多数实验是在特定条件下按解决所提问题的特定方法进行实验，取得数据或观察有关现象，从中达到总结规律、检验理论、制取产品、研究未知物等。

(2) 实验设计

为使实验能达到预期的目的，必须针对要解决的问题设计实验。首先应解决几个基本问题。

① 确定设计依据，现象的或理论的根据。

② 确定所突出的问题，例如把哪些次要变量维持恒定，改变哪些主要变量。

③ 测定哪些数据（或观察哪些现象）、怎样测定？技术关键是什么？

④ 要求测量精度多大？从而决定用多少样品，变量变动范围、测量工具等。

⑤ 测定方法是单点测定还是多点测定？

⑥ 数据如何处理？

⑦ 有哪些可能的误差来源？如何防止？

实验设计方法是一门专门的学问，但原则上讲一个好的实验应该是用最简单的实验，得到尽可能可靠而且较多的数据。一般来说，实验的设计基本程序如下：

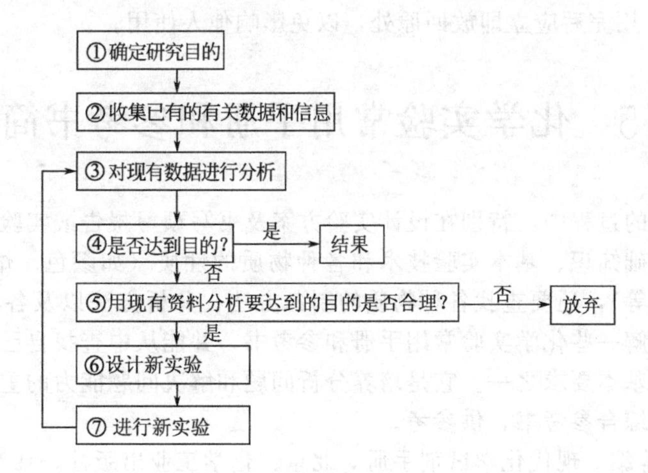

1.4 化学试剂的一般知识

1.4.1 化学试剂规格

试剂的纯度对实验结果准确度的影响很大，不同的实验对试剂纯度要求也不同。所以做实验时，应正确选用所需纯度的试剂。化学试剂按杂质含量多少，分属于不同等级。表 1-3 是常用的化学试剂等级标志。

表 1-3 化学试剂等级对照表

		一级品	二级品	三级品	四级品
	级别	一级品	二级品	三级品	四级品
化学试剂等级标志	中文标志	保证试剂	分析试剂	化学试剂	化学用
		优级纯	分析纯	化学纯	实验试剂
	符号	G. R.	A. R.	C. P.	L. R.
	标签颜色	绿	红	蓝	黄或棕色等
德、美、英等国通用等级和符号		G. R.	A. R.	C. P.	

除表 1-3 中所列试剂外，还有特殊规格试剂。如：

光谱纯试剂　符号 S. P.，光谱法测不出杂质含量，主要用于光谱分析中的基准物质。

基准试剂　纯度相当于或高于保证试剂，可作基准物和直接配制标准溶液。

色谱纯试剂　在最高灵敏度下，以 10^{-10} g 试剂无色谱杂质峰为标准。

1.4.2 取用试剂应注意事项

① 取用试剂时应注意保持试剂清洁。因此要做到：a. 打开瓶塞后，瓶塞不许任意放置，防止沾污，取完试剂后立即盖好；b. 取用固体试剂时应用洁净干燥的药勺取用，用后药勺应洗（或擦）净；c. 原装液体试剂使用时，应采用“倒出”的方法，尽量不用吸管直接吸取，若有特殊需要时，吸管或移液管应洁净，防止带入污物或水（影响溶液的浓度）；d. 试剂自瓶中倒出后若使用不完时，不得再倒回原瓶，因此，实验时要按需要量取用，以免造成浪费。

② 盛有试剂的瓶上都应有明显的标签，写明试剂的名称、浓度、规格及配制时间等。

③ 公用试剂，用完后应立即放回原处，以免影响他人使用。

1.5 化学实验常用手册和参考书简介

在做化学实验的过程中，特别在设计实验方案及书写预习报告或实验报告时，经常需要了解化学实验的基础知识、基本实验技术和各种物质的性质（如颜色、熔点、沸点、密度、溶解度、化学特性等)，还要查找各种物质的制备方法、分析方法以及各种特殊溶液的配制方法等。为此，了解一些化学实验常用手册和参考书，并能从中查找自己所需要的资料，也是化学实验课程的基本要求之一。它是培养分析问题和解决问题能力的重要一环。这里仅介绍几种常用手册和综合参考书，供参考。

[1] 段长强等编．现代化学试剂手册．北京：化学工业出版社，1986-1992.

介绍化学试剂的组成、结构、理化性质、合成方法、提纯方法、储存等方面知识。全书分为五个分册：①通用试剂；②化学分析试剂；③生化试剂；④无机离子显色剂；⑤金属有机试剂。

[2] 李华昌，符斌主编．实用化学手册．北京：化学工业出版社，2006.

本手册是一本实用、简明的化学工具书，收集了最新的数据，力求准确、详实。结合当今化学学科的发展特点，全书分为14章，内容涵盖从无机到有机、从结构到性能、从热力学到动力学等实用数据和基础知识，既可用于理论计算，又可用于指导实际生产与应用。

[3] 朱文祥主编．无机化合物制备手册．北京：化学工业出版社，2006.

本手册系统介绍了元素周期表中元素及其所形成的2000多种化合物的制备方法，基本覆盖了到目前为止已见文献报道的所有重要无机化合物的制备方法。是制备无机化合物常用的工具书。

[4] 杭州大学化学系等合编．分析化学手册．北京：化学工业出版社，1978-1989.

是一本分析化学工具书。收集分析化学方面的数据较全，介绍实验方法详尽。该书共分五个分册：①基础知识与安全知识；②化学分析；③光学分析与电化学分析；④色谱分析；⑤质谱与核磁共振。

2000年以后出了第二版。第二版《分析化学手册》在第一版的基础上作了较大幅度的调整、增删和补充。全套书由10个分册构成；基础知识与安全知识、化学分析、光谱分析、电分析化学、气相色谱分析、液相色谱分析、核磁共振波谱分析、热分析、质谱分析和化学计量学。

[5] 孙尔康等编．化学实验基础．南京：南京大学出版社，1991.

这是一本综合性实验讲座教材，系统介绍了化学实验的基础知识、基本操作和基本技术；常用仪器、仪表和大型仪器的原理、操作及注意事项；计算机技术、误差和数据处理、文献查阅等。

[6] 陈寿椿等编．重要无机化学反应．第3版．上海：上海科学技术出版社，1994.

本书共汇编了69种元素和55种阴离子的各种化学反应，共约20000条。并分别对它们的共同性、一般理化性质以及反应操作方法作了详述。此外也介绍了几种常用试剂的若干反应，书末还附有各种常用试剂的配制方法。

[7] Dean J A. Lang's Handbook of Chemistry (《兰氏化学手册》). 13nd ed. New York：McGraw-Hill Book Company，1985.

是较常用的化学手册。内容包括：原子和分子结构、无机化学、分析化学、电化学、有机化学、光谱学、热力学性质、物理性质等方面的资料和数据。该书已有中译本（尚久方等译，科学出版社出版，1991）。

[8] 赵天宝主编．化学试剂·化学药品手册．第2版．北京：化学工业出版社，2006.

本书收集了目前国内、外常用的化学试剂及化学药品产品近8500种的最新资料，包括中、英文正名和别名，结构式，分子式，相对分子质量，所含元素百分比，性状，理化常数，用途及注意事项等。

[9] 中南矿冶学院分析化学教研室编著．化学分析手册．北京：科学出版社，1982.

全书共分八章，主要内容侧重无机化学分析，内容包括：化验常识、试样分解、试剂、无机物和有机物的物理性质、溶液、分离、光度分析和电化学分析以及化学分析常用数据表等。

2 基本操作实验

实验1 常用仪器的认领、洗涤与干燥

一、实验目的

1. 熟悉化学基础实验室的规则和要求。

2. 领取化学基础实验常用仪器并熟悉其名称、规格、用途及使用注意事项。

3. 学习并练习常用玻璃仪器的洗涤和干燥方法。

二、实验用品

常用仪器（见表2-1）、烘箱、电吹风机、去污粉、洗衣粉、肥皂、毛巾、试管刷、铬酸洗液。

表2-1 仪器清单

名称	规格	数量	名称	规格	数量
烧杯	400mL	1	试管夹	—	1
烧杯	250mL	1	试管刷	—	1
烧杯	100mL	2	试管架	—	1
烧杯	50mL	1	量筒	10mL	1
试管	15mm×150mm	10	量筒	100mL	1
离心试管	10mL	6	表面皿	6～9cm	2
硬质试管	大	2	塑料洗瓶	—	1
漏斗	6cm	1	蒸发皿	120mL	1
石棉网	—	1	研钵	—	1
容量瓶	100mL	1	锥形瓶	250mL	2
酒精灯	—	1	瓷坩埚	25mL	1
三角架	—	1	泥三角	—	1
温度计	150℃	1	坩埚钳	—	1
称量瓶	10mL	1	漏斗架	—	1
分液漏斗	100mL	1	圆底烧瓶	250mL	1

注：本表依实际情况可变动。

三、实验内容

1. 按照实验仪器清单，逐个认领实验仪器（认领仪器时应仔细清点，如发现有破损仪器时应在洗涤前及时调换）。记住各仪器名称，熟悉仪器规格、主要用途和使用方法，完成下表的填写。

仪器名称	规 格	主要用途	使用方法和注意事项
普通试管			
离心试管			
烧杯			
蒸发皿			
表面皿			
漏斗			
量筒			
锥形瓶			
容量瓶			

2. 在教师指导下，对已领取的玻璃仪器进行分类，用水或洗衣粉（去污粉）将领取的仪器清洗干净。教师随机抽取2件，检查洗涤效果。

3. 将清洗干净的玻璃仪器依不同要求，采用不同方法（自然晾干，烘干，烤干，吹干等）进行干燥。本实验要求烤干2支试管，交老师检查。

4. 将清洗、干燥过的玻璃仪器按指定位置（仪器橱、架等）存放好。

四、预习内容

常用玻璃仪器及使用。

五、思考题

1. 烤干试管时为什么管口略向下倾斜？

2. 什么样的仪器不能用加热的方法进行干燥，为什么？

六、附注

1. 常用仪器简介

常用仪器主要以玻璃仪器为主，按用途可分为容器类仪器，如试管、烧杯、烧瓶、锥形瓶、滴瓶、称量瓶、细口瓶、广口瓶、分液漏斗等；量器类仪器，如量筒、移液管、吸量管、容量瓶、滴定管等；其他仪器，包括玻璃仪器和非玻璃仪器。无机化学实验中常用的仪器见图2-1。

2. 常用器皿的洗涤

化学实验室经常使用的玻璃器皿和瓷器，必须要保证清洁，才能使实验得到准确的结果，所以学会清洗玻璃器皿，是进行化学实验的重要环节。

玻璃器皿的洗涤方法很多，应根据实验的要求，污物的性质，沾污的程度来选用。一般来说，附着在器皿上的污物有尘土和其他不溶性物质，可溶性物质，有机物质和油污。针对这些情况可以分别用下列方法洗涤：

(1) 刷洗：用水和毛刷刷洗，可除去仪器上的尘土、其他不溶性杂质和可溶性杂质。

(2) 用去污粉、肥皂或洗涤剂洗：可洗去油污和有机物质，若油污和有机物质仍洗不干净，可用热的碱液洗。

(3) 用铬酸洗液洗：在进行精确的定量实验时，对仪器的洁净程度要求很高，所用仪器形状特殊，可用洗液洗。将8g研细的工业$K_2Cr_2O_7$加入到温热的100mL浓硫酸中小火加热，切勿加热到冒白烟。边加热边搅动，冷却后储于细口瓶中。洗涤方法如下：

① 先将玻璃器皿用水或洗衣粉洗刷一遍，尽量将器皿内的水去掉，以免冲稀洗液。

② 然后将洗液倒入待洗容器，反复浸润内壁，使污物被氧化溶解。

③ 用毕将洗液倒回原瓶内，以便重复使用。

④ 洗液瓶的瓶塞要塞紧，以防洗液吸水失效。

铬酸洗液有强酸性和强氧化性，去污能力强，适用于洗涤油污及有机物。洗液有强腐蚀性，勿溅在衣

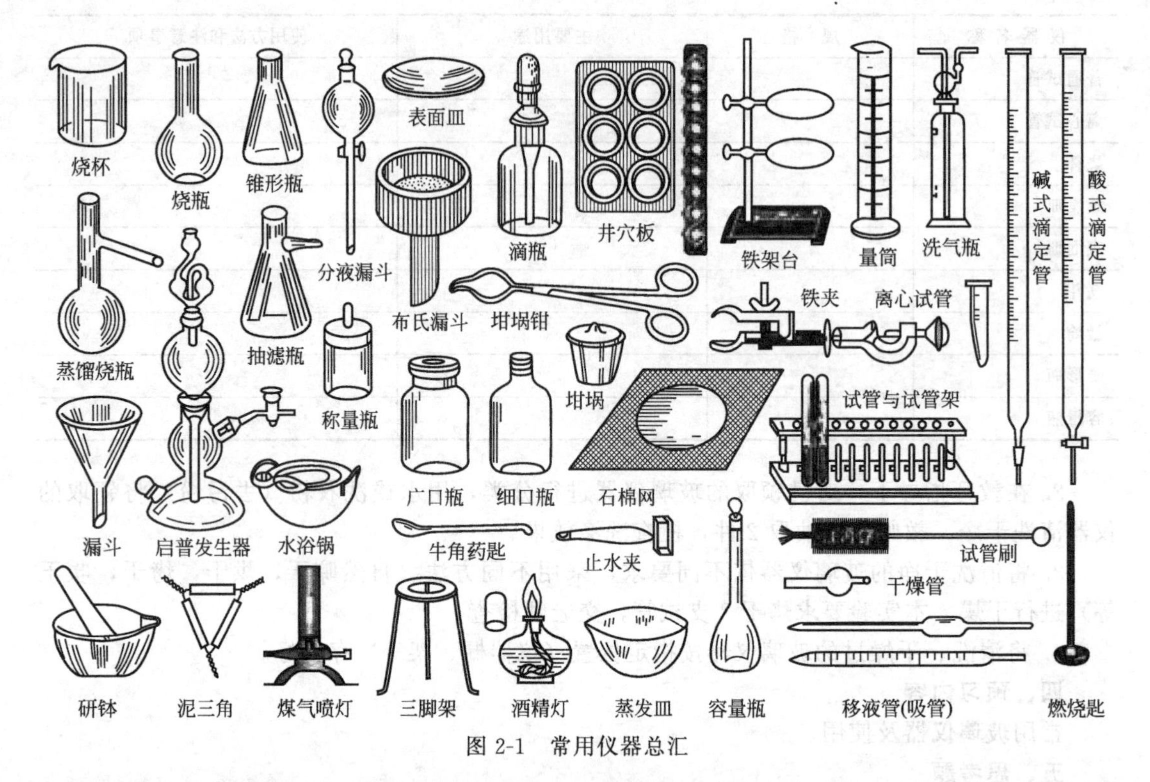

图 2-1　常用仪器总汇

物、皮肤上。当洗液的颜色由原来的深棕色变为绿色，即重铬酸钾被还原为硫酸铬时洗涤效能下降，应重新配制。比色皿应避免使用毛刷和铬酸洗液。

(4) 用浓 HCl 洗：可以洗去附着在器壁上的氧化剂，如二氧化锰，大多数不溶于水的无机物都可洗去，如灼烧过沉淀物的瓷坩埚，可先用热 HCl(1∶1) 洗涤，再用洗液洗。

(5) 用氢氧化钠的高锰酸钾洗液洗：可以洗去油污和有机物，洗后在器壁上留下的二氧化锰沉淀可再用盐酸洗。

(6) 其他洗涤方法：除上述方法外，还可根据污物的性质选用适当试剂，如 AgCl 沉淀，可用氨水洗涤；硫化物沉淀可用硝酸加盐酸洗涤。

洗涤玻璃仪器的基本要求如下：

用以上各种方法洗涤后，经自来水冲洗干净的仪器上往往还留有 Ca^{2+}、Mg^{2+}、Cl^- 等离子，如果实验中不允许这些离子存在，应该再用蒸馏水润洗 2～3 次，洗去附在仪器壁上的自来水，符合少量多次的原则。

(1) 洗净的仪器壁上不应附着不溶物、油污。这样的仪器可被水完全湿润，将仪器倒过来，水即顺器壁流下，不挂水珠，器壁上只留下一层薄而均匀的水膜，表示仪器已洗净。

(2) 已洗净的仪器不能用布或纸抹。因为布和纸的纤维会留在器壁上弄脏仪器。

(3) 在定性、定量实验中，由于杂质的引进会影响实验的准确性，对仪器的要求比较高，但在有些情况下，如一般的无机制备，性质实验，对仪器的洁净程度要求不高，仪器只要刷洗干净，可不用蒸馏水荡洗，工作中应视实际情况决定洗涤的程度。

3. 仪器的干燥

常用仪器可用以下方法干燥：

(1) 晾干：不急用的仪器，洗净后，可倒挂在干净的实验柜内（或仪器架上），任其自然干燥。

(2) 烘箱烘干：将洗净的仪器尽量倒干水后，放进烘箱内，应使仪器口朝下，并在烘箱最下层放一搪瓷盘，承接从仪器上滴下来的水，以免水滴到电热丝上，损坏电热丝。

(3) 烤干：一些常用的烧杯、蒸发皿等可放在石棉网上，用小火烤干，试管可用试管夹夹住，在火焰上来回移动，直至烤干，但必须使管口低于管底，以免水珠倒流至试管灼热部分，使试管炸裂，待烤到不见水珠后，将管口朝上赶尽水汽。

(4) 气流吹干：试管、烧杯、烧瓶等适合于在气流烘干器上烘干或用电吹风吹干。

(5) 用有机溶剂干燥：有些有机溶剂可以和水互相溶解，如在仪器内加入少量酒精，转动仪器，使酒精与器壁的水混合，然后倾出混合液，残留在仪器壁的酒精挥发后而使仪器干燥。

带有刻度的计量仪器，不能用加热的方法进行干燥，以免影响其精密度。干燥装置见图 2-2。

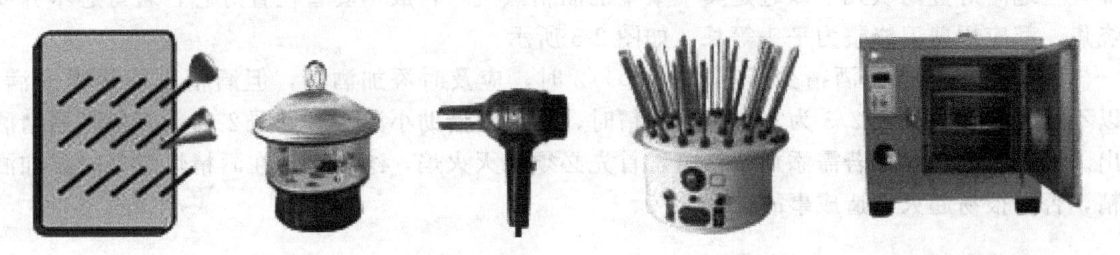

图 2-2 干燥装置

实验 2 酒精灯的使用和玻璃加工

一、实验目的

1. 了解酒精灯和酒精喷灯的构造和原理，掌握正确的使用方法。

2. 练习玻璃管（棒）的截断、弯曲、拉制和熔烧等基本操作。

3. 学习塞子钻孔、玻璃管装配等技术。

二、实验用品

仪器与材料：酒精灯、酒精喷灯、锉刀、石棉网、烧杯、玻璃管、玻璃棒、火柴、橡皮胶头、灯芯绳、钻孔器、橡皮塞。

试剂：工业酒精。

三、基本操作

1. 灯的使用

酒精灯和酒精喷灯是实验室常用的加热器具。酒精灯的温度一般可达 400～500℃；酒精喷灯可达 700～1000℃。

(1) 酒精灯

① 酒精灯的构造　酒精灯一般是由玻璃制成的。它由灯壶、灯帽和灯芯构成（见图 2-3)。酒精灯的正常火焰分为三层（见图 2-4)。内层为焰心，温度最低。外层为外焰（氧化焰)，酒精蒸气虽能完全燃烧，但由于受到外界影响较大，温度次高。中层为内焰（还原焰)，由于酒精蒸气燃烧不完全，并分解为含碳的产物，所以这部分火焰具有还原性，称为“还原焰”，由于有外层火焰的阻挡和保温，受到外界的影响不大，温度最高。进行实验时，一般用内焰来加热。

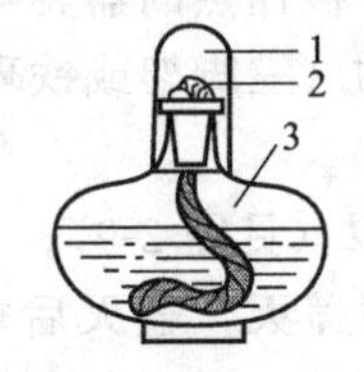

图 2-3 酒精灯的构造

1—灯帽；2—灯芯；3—灯壶

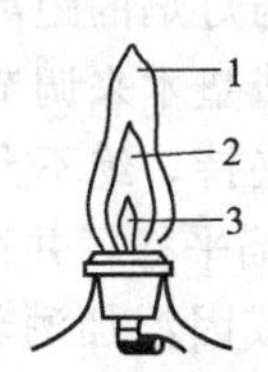

图 2-4 酒精灯的灯焰

1—外焰；2—内焰；3—焰心

② 酒精灯的使用方法

a. 新购置的酒精灯应首先配置灯芯。灯芯通常是用多股棉纱拧在一起或编织而成的，它插在灯芯瓷套管中。灯芯不宜过短，一般浸入酒精后还要长4～5cm。

对于旧灯，特别是长时间未用的酒精灯，取下灯帽后，应提起灯芯瓷套管，用洗耳球或嘴轻轻地向灯壶内吹几下以赶走其中聚集的酒精蒸气，再放下套管检查灯芯，若灯芯不齐或烧焦，都应用剪刀修整为平头等长，如图2-5所示。

b. 酒精灯壶内的酒精少于其容积的1/2时，应及时添加酒精，但酒精不能装得太满，以不超过灯壶容积的2/3为宜。添加酒精时，一定要借助小漏斗（见图2-6），以免将酒精洒出。燃着的酒精灯，若需添加酒精时，首先必须熄灭火焰，绝不允许在酒精灯燃着时添加酒精，否则很易起火而造成事故。

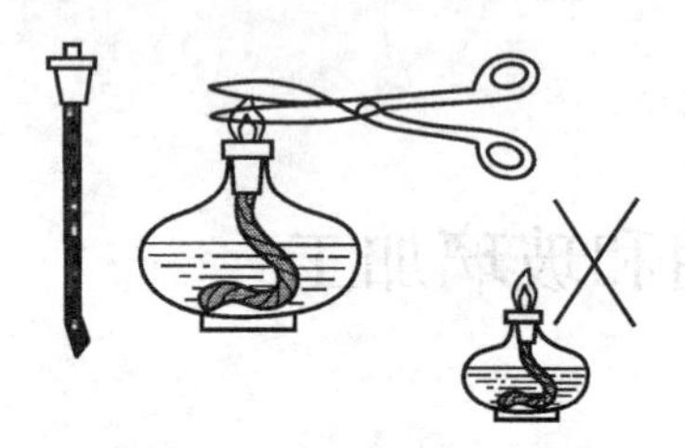

图2-5　检查灯芯并修整

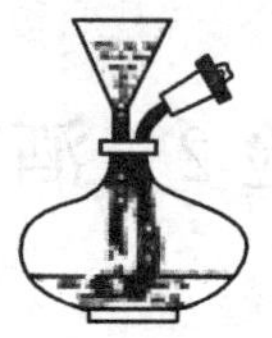

图2-6　添加酒精

c. 新装的灯芯须放入灯壶内酒精中浸泡，而且将灯芯不断移动，使每端灯芯都浸透酒精，然后调好其长度，才能点燃。因为未浸过酒精的灯芯，一点燃就会烧焦。点燃酒精灯一定要用火柴点燃，绝不允许用燃着的另一酒精灯对点（见图2-7）。否则会将酒精洒出，引起火灾。

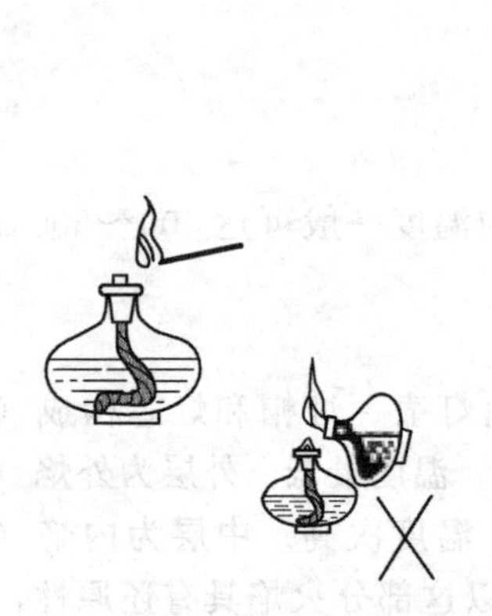

图2-7　点燃

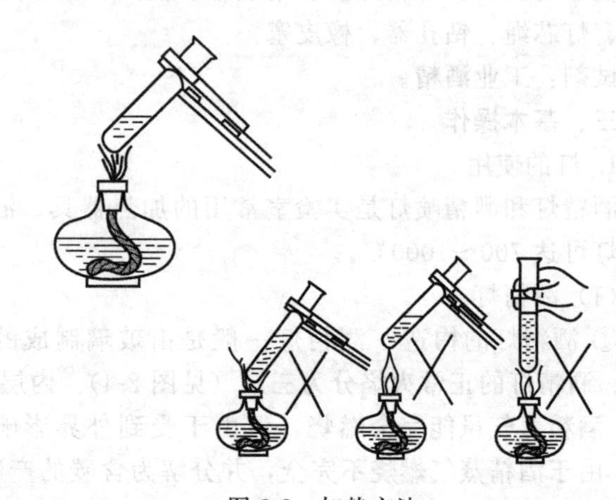

图2-8　加热方法

d. 加热时，若无特殊要求，一般用温度最高的火焰（外焰与内焰交界部分）来加热器具。加热的器具与灯焰的距离要合适，过高或过低都不正确。被加热的器具与酒精灯焰的距离可以通过铁环或垫木来调节。被加热的器具必须放在支撑物（三脚架或铁环等）上，或用坩埚钳、试管夹夹持，绝不允许用手拿着仪器加热（见图2-8）。

e. 若要使灯焰平稳，并适当提高温度，可以加一金属网罩（见图2-9）。

f. 加热完毕或因添加酒精要熄灭酒精灯时，必须用灯帽盖灭，盖灭后需重复盖一次，让空气进入且让热量散发，以免冷却后盖内造成负压使盖打不开。绝不允许用嘴吹灭酒精灯（见图2-10）。

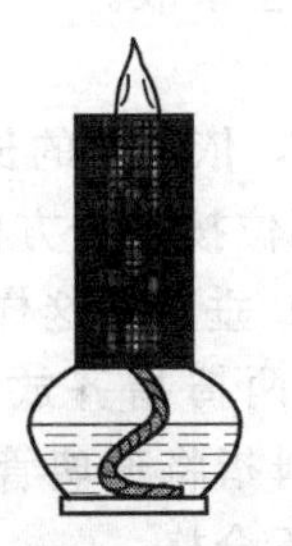

图 2-9 提高温度的方法

图 2-10 熄灭酒精灯

（2）酒精喷灯

① 类型和构造见图 2-11。

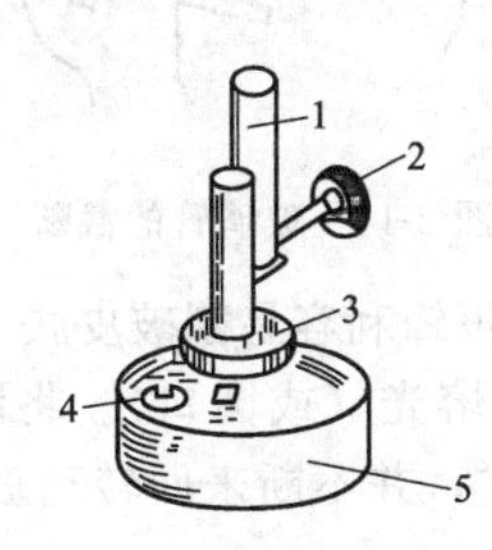

(a) 座式
1—灯管；2—空气调节器；3—预热盘；
4—铜盖帽；5—酒精壶

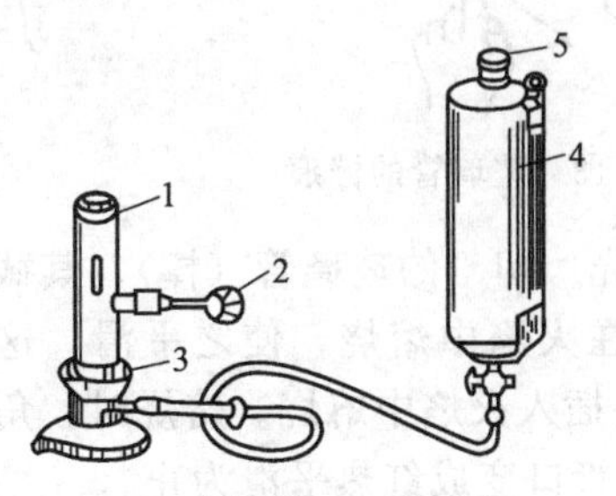

(b) 挂式
1—灯管；2—空气调节器；3—预热盘；
4—酒精储罐；5—盖子

图 2-11 酒精喷灯的类型和构造

② 使用方法

a. 使用酒精喷灯时，首先用捅针捅一捅酒精蒸气出口，以保证出气口畅通。

b. 借助小漏斗向酒精壶内添加酒精，酒精壶内的酒精不能装得太满，以不超过酒精壶容积（座式）的 2/3 为宜。

c. 往预热盘里注入一些酒精，点燃酒精使灯管受热，待酒精接近燃完且在灯管口有火焰时，上下移动调节器调节火焰为正常火焰（见图 2-12）。

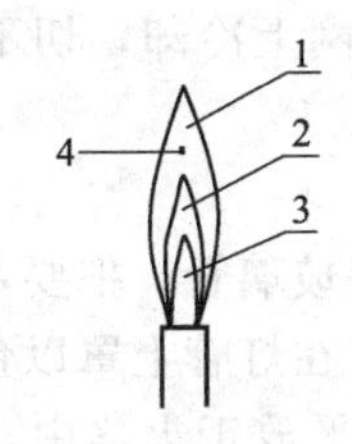

(a) 正常火焰
1—氧化焰(温度约700～1000℃)；
2—还原焰；3—焰心；
4—最高温度点

(b) 临空火焰
酒精蒸气空气量都过大

(c) 侵入火焰
酒精蒸气量小空气量大

图 2-12 灯焰的几种情况

d. 座式喷灯连续使用不能超过半小时，如果超过半小时，必须暂时熄灭喷灯，待冷却后，添加酒精再继续使用。

e. 用毕后，用石棉网或硬质板盖灭火焰，也可以用空气调节器来熄灭火焰。若长期不用时，须将酒精壶内剩余的酒精倒出。

f. 若酒精喷灯的酒精壶底部凸起时，不能再使用，以免发生事故。

2. 玻璃加工

(1) 玻璃管（棒）的截断　将玻璃管（棒）平放在桌面上，依需要的长度左手按住要切割的部位，右手用锉刀的棱边（或薄片小砂轮）在要切割的部位按一个方向（不要来回锯）用力锉出一道凹痕（见图 2-13）。锉出的凹痕应与玻璃管（棒）垂直，这样才能保证截断后的玻璃管（棒）截面是平整的。然后双手持玻璃管（棒），两拇指齐放在凹痕背面［见图 2-14(a)］，并轻轻地由凹痕背面向外推折，同时两食指和拇指将玻璃管（棒）向两边拉［图 2-14(b)］，如此将玻璃管（棒）截断。如截面不平整，则不合格。

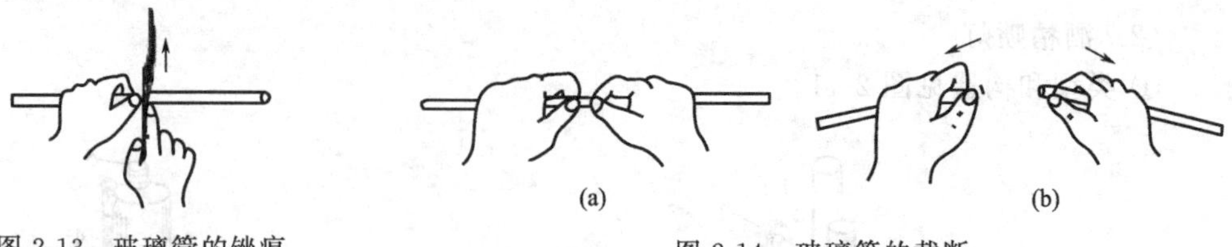

图 2-13　玻璃管的锉痕　　图 2-14　玻璃管的截断

(2) 熔光　切割的玻璃管（棒），其截断面的边缘很锋利容易割破皮肤、橡皮管或塞子，所以必须放在火焰中熔烧，使之平滑，这个操作称为熔光（或圆口）。将刚切割的玻璃管（棒）的一头插入火焰中熔烧。熔烧时，角度一般为 45°，并不断来回转动玻璃管（棒）（图 2-15），直至管口变成红热平滑为止。

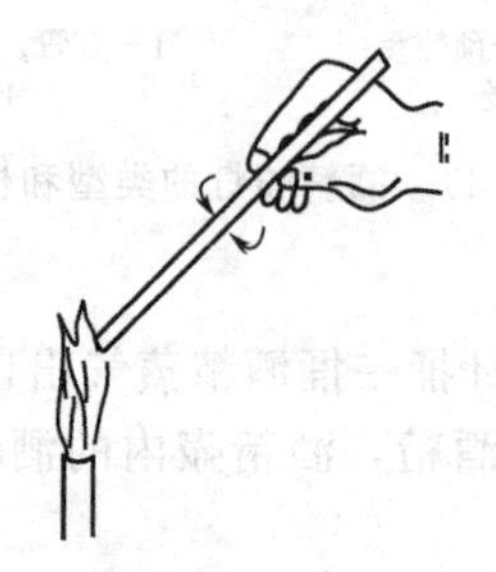

图 2-15　熔光

熔烧时，加热时间过长或过短都不好，过短，管（棒）口不平滑；过长，管径会变小。转动不匀，会使管口不圆。灼热的玻璃管（棒），应放在石棉网上冷却，切不可直接放在实验台上，以免烧焦台面，也不要用手去摸，以免烫伤。

(3) 弯曲

第一步，烧管。先将玻璃管用小火预热一下，然后双手持玻璃管，把要弯曲的部位斜插入喷灯（或煤气灯）火焰中，以增大玻璃管的受热面积（也可在灯管上罩以鱼尾灯头扩展火焰，来增大玻璃管的受热面积），若灯焰较宽，也可将玻璃管平放于火焰中，同时缓慢而均匀地不断转动玻璃管，使之受热均匀（见图 2-16）。两手用力均等，转速缓慢一致，以免玻璃管在火焰中扭曲。加热至玻璃管发黄变软时，即可自焰中取出，进行弯管。

第二步，弯管。将变软的玻璃管取离火焰后稍等一两秒钟，使各部温度均匀，用“V”形手法（两手在上方，玻璃管的弯曲部分在两手中间的正下方）［见图 2-17(a)］缓慢地将其弯成所需的角度。弯好后，待其冷却变硬才可放手，将其放在石棉网上继续冷却。冷却后，应检查其角度是否准确，整个玻璃管是否处于同一个平面上。

120°以上的角度可一次弯成，但弯制较小角度的玻璃管，或灯焰较窄，玻璃管受热面积较小时，需分几次弯制（切不可一次完成，否则弯曲部分的玻璃管就会变形）。首先弯成一

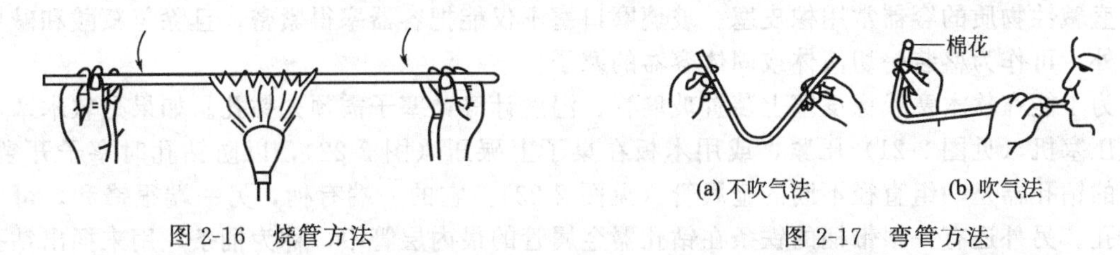

图 2-16 烧管方法　　图 2-17 弯管方法

个较大的角度，然后在第一次受热弯曲部位稍偏左或稍偏右处进行第二次加热弯曲，如此第三次、第四次加热弯曲，直至变成所需的角度为止。弯管好坏的比较见图 2-18。

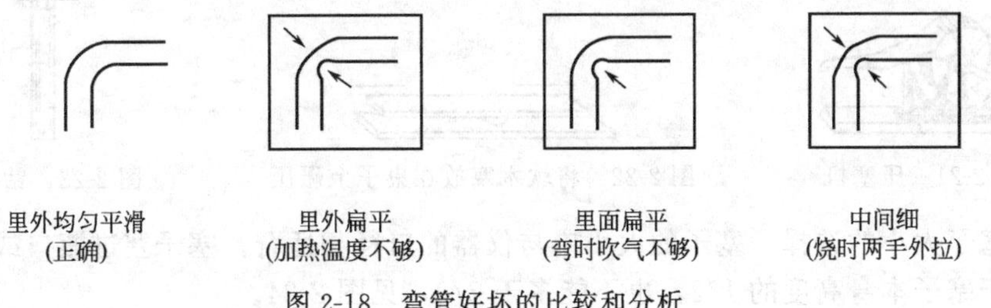

图 2-18 弯管好坏的比较和分析

(4) 玻璃管的拉细与滴管的制作

制备毛细管和滴管时都要用到玻璃管的拉细操作。

第一步，烧管。拉细玻璃管时，加热玻璃管的方法与弯玻璃管时基本一样，不过要烧得时间长一些，玻璃管软化程度更大一些，烧至红黄色。

第二步，拉管。待玻璃管烧成红黄色软化以后，取出火焰，两手顺着水平方向边拉边旋转玻璃管（见图 2-19），拉到所需要的细度时，一手持玻璃管向下垂一会儿。冷却后，按需要长短截断，成为毛细管或两个尖嘴管。如果要求细管部分具有一定的厚度，应在加热过程中当玻璃管变软后，将其轻缓向中间挤压，减短它的长度，使管壁增厚，然后按上述方法拉细。

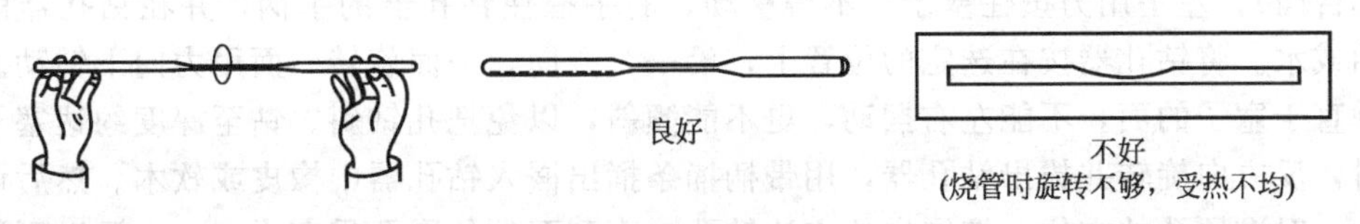

图 2-19 玻璃管的拉细

第三步，制滴管的扩口。将未拉细的另一端玻璃管口以 40°角斜插入火焰中加热，并不断转动。待管口灼烧至红热后，用金属锉刀柄斜放入管口内迅速而均匀地旋转（见图2-20），将其管口扩开。另一扩口的方法是待管口烧至稍软化后，将玻璃管口垂直放在石棉网上，轻轻向下按一下，将其管口扩开。冷却后，安上胶头即成滴管。

3. 塞子与塞子钻孔

容器上常用的塞子有软木塞、橡皮塞和玻璃磨口塞。软木塞易被酸或碱腐蚀，但与有机物的作用较小。橡皮塞可以把容器塞得很严密，但对装有机溶剂和强酸的容器并不适用。相

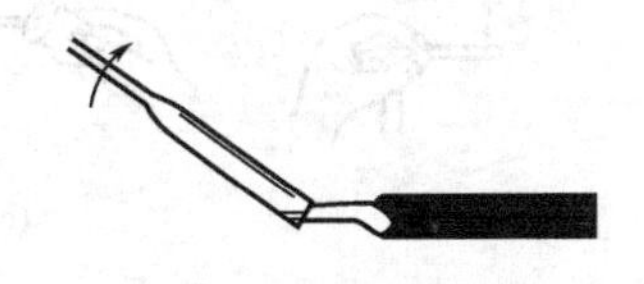
图 2-20 玻璃管扩口

反，盛碱性物质的容器常用橡皮塞。玻璃磨口塞不仅能把容器塞得紧密，且除氢氟酸和碱性物质外，可作为盛装一切液体或固体容器的塞子。

为了能在软木塞或橡皮塞上装置玻璃管、温度计等，塞子需预先钻孔。如果是软木塞可先经压塞机（见图 2-21）压紧，或用木板在桌子上碾压（图 2-22），以防钻孔时塞子开裂。常用的钻孔器是一组直径不同的金属管（见图 2-23）。它的一端有柄，另一端很锋利，可用来钻孔。另外还有一根带柄的铁条在钻孔器金属管的最内层管中，称为捅条，用来捅出钻孔时嵌入钻孔器中的橡皮或软木。

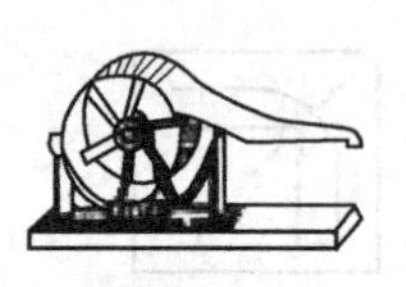

图 2-21 压塞机

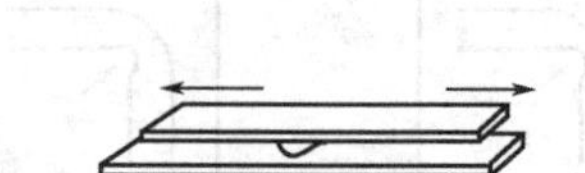

图 2-22 将软木塞放在桌子上碾压

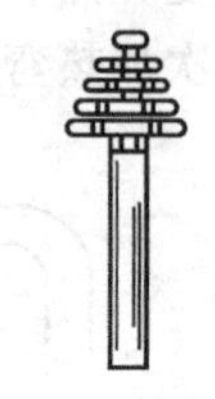

图 2-23 钻孔器

（1）塞子大小的选择　塞子的大小应与仪器的口径相适合，塞子塞进瓶口或仪器口的部分不能少于塞子本身高度的 1/2，也不能多于 2/3，见图 2-24。

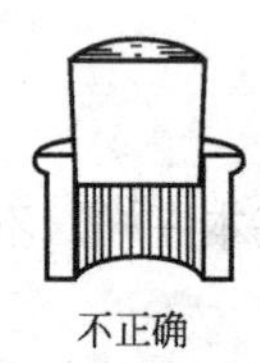

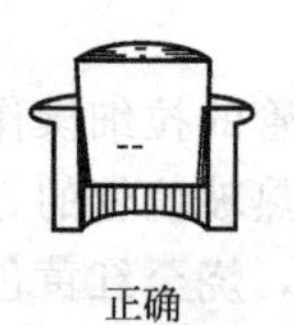

图 2-24 塞子大小的选取

（2）钻孔器大小的选择　选择一个比要插入橡皮塞的玻璃管口径略粗一点的钻孔器，因为橡皮塞有弹性，孔道钻成后由于收缩而使孔径变小。

（3）钻孔的方法　如图 2-25 所示，将塞子小头朝上平放在实验台上的一块垫板上（避免钻坏台面），左手用力按住塞子，不得移动，右手握住钻孔器的手柄，并在钻孔器前端涂点甘油或水。将钻孔器按在选定的位置上，沿一个方向，一面旋转一面用力向下钻动。钻孔器要垂直于塞子的面，不能左右摆动，更不能倾斜，以免把孔钻斜。钻至深度约达塞子高度一半时，反方向旋转并拔出钻孔器，用带柄捅条捅出嵌入钻孔器中橡皮或软木。然后调换塞子大头，对准原孔的方位，按同样的方法钻孔，直到两端的圆孔贯穿为止；也可以不调换塞子的方位，仍按原孔直接钻通到垫板上为止。拔出钻孔器，再捅出钻孔器内嵌入的橡皮或软木。

孔钻好以后，检查孔道是否合适，如果选用的玻璃管可以毫不费力地插入塞孔里，说明塞孔太大，塞孔和玻璃管之间不够严密，塞子不能使用。若塞孔略小或不光滑，可用圆锉适当修整。

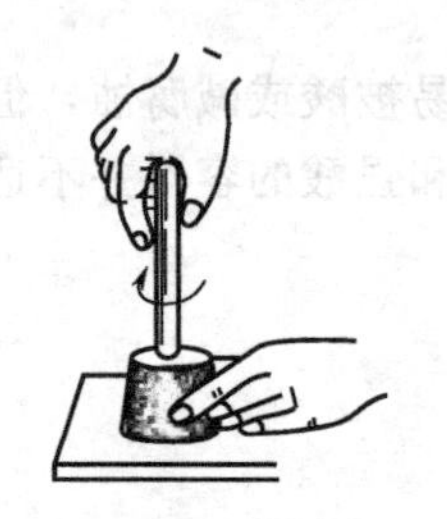

图 2-25 钻孔方法

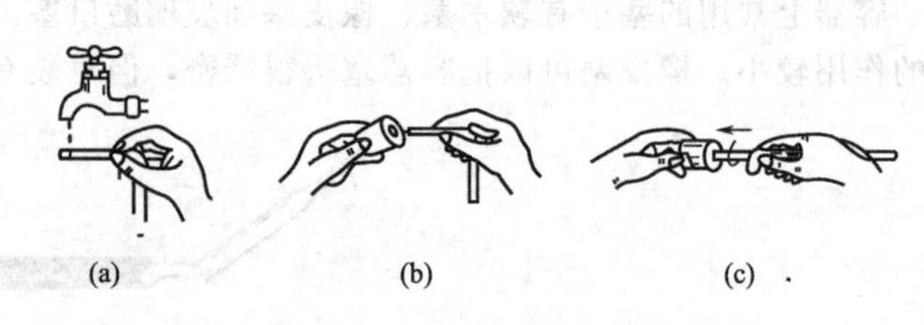

图 2-26 导管与塞子的连接

(4) 玻璃导管与塞子的连接　将选定的玻璃导管插入并穿过已钻孔的塞子，一定要使所插入导管与塞孔严密套接。

先用右手拿住导管靠近管口的部位，并用少许甘油或水将管口润湿［见图 2-26(a)］，然后左手拿住塞子，将导管口略插入塞子，再用柔力慢慢地将导管转动着逐渐旋转进入塞子［见图 2-26(b)］，并穿过塞孔至所需的长度为止。也可以用布包住导管，将导管旋入塞孔［见图 2-26(c)］。如果用力过猛或手持玻璃导管离塞子太远，都有可能将玻璃导管折断，刺伤手掌。

温度计插入塞孔的操作方法与上述一样，但开始插入时，要特别小心以防温度计的水银球破裂。

四、实验练习及用具制作

1. 按教师要求，练习 120°、90°、60°弯管的制作。

2. 制作 2 支玻璃搅拌棒，其中 1 支拉细成小头搅拌棒（如下所示）。

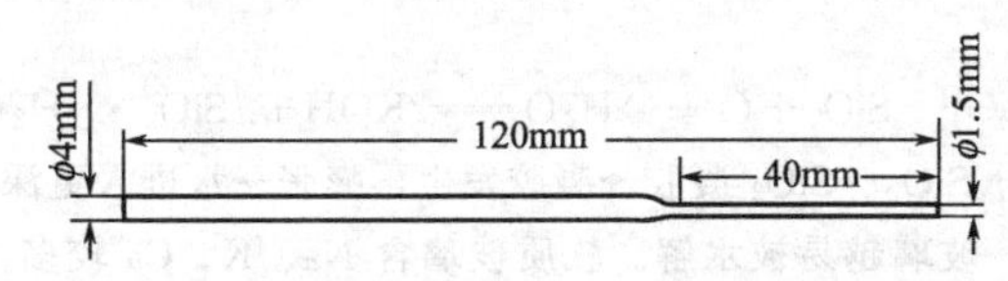

3. 制作 2 支滴管，要求自滴管中每滴出 20～25 滴水的体积约等于 1mL。

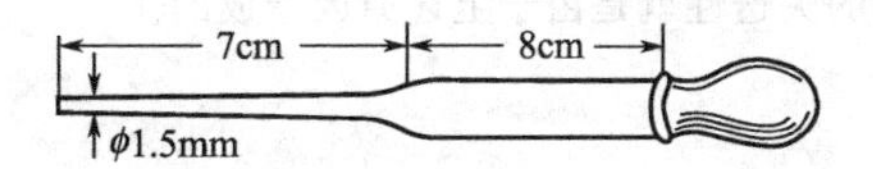

4. 参照实验 16 图 3-1 的装置图，选择与试管相配的橡皮塞进行钻孔练习，并装上玻璃管。

五、预习内容

1. 查阅资料，了解玻璃的组成及基本性质。

2. 了解酒精喷灯的构造和使用注意事项。

六、注意事项

1. 切割玻璃管、玻璃棒时要防止划破手。

2. 酒精为易燃品，使用时要特别小心，切勿洒、溢在容器外面，引起火灾。因此，在使用酒精喷灯前，必须先准备一块湿抹布备用。

3. 灼热的玻璃管、玻璃棒，要按先后顺序放在石棉网上冷却，切不可直接放在实验台上，防止烧焦台面；未冷却之前，也不要用手去摸，防止烫伤手。

七、思考题

1. 使用酒精灯和酒精喷灯应注意哪些事项？酒精喷灯的温度为什么比普通酒精灯高？

2. 截断、弯曲、拉细玻璃管时，要注意什么？

3. 通过本次实验，你有哪些收获和体会？对本实验方法有何改进的意见或建议？

八、附注

阅读材料——玻璃（glass）的性质

1. 玻璃的性质

了解玻璃的性质对顺利进行实验十分重要，玻璃是由 SiO_2 和 Na_2CO_3 等原料在高温下熔炼而成的，其主要性质如下：

(1) 无特定的熔点和沸点，加热后缓慢变软成流体，易于加工。

(2) 硬度大，莫氏硬度 6～7（比钢铁大）。抗拉强度大 300～900kg·cm^{-2}，抗压强度高，为抗拉强度的 15 倍，机械性能好，但抗冲击力低 1.31kg·cm^{-2} 易碎裂（长期放置而受潮的玻璃仪器加热时也容易破碎）。

(3) 耐酸性能强，耐碱性能差些。电绝缘性能好，能与金属封接。

(4) 透光性好，耐热性和化学稳定性好。普通玻璃可吸收紫外线，但石英玻璃却能透过紫外线。

(5) 热膨胀系数与玻璃种类有关。不同种类差别较大，其中石英玻璃膨胀系数最小，因而可耐急冷急热。玻璃有延迟断裂现象，组装固定玻璃仪器时，夹子不可夹得过紧。

2. 玻璃的组成

玻璃是由无机物组成的，其主要成分是 SiO_2（65%～81%），此外还有其他成分：

(1) 形成剂，H_3BO_3、GeO_2、As_2O_5、Sb_2O_5、V_2O_5、ZrO_2、P_2O_3、P_2O_5、Sb_2O_3；

(2) 改良剂，Na_2O、K_2O、CaO、SrO、BaO、Al_2O_3、BeO、ZnO、CdO、PbO、TiO_2；

(3) 其他杂质，Mn_2O_3、Fe_2O_3、As_2O_3、SO_3。

玻璃的化学组成不同，其化学稳定性也不同。大多数玻璃除氢氟酸、热磷酸及浓碱外，对其他化学试剂均较为稳定。值得注意的是，水对各种玻璃都有不同程度的侵蚀作用，主要是因为玻璃发生水解后，其中 $Na_2H_2SiO_4$、$K_2H_2SiO_4$ 被分解为游离的 H_4SiO_4，并在其表面形成一层性质稳定的不易溶于酸的薄膜所致。

$$K_2O \cdot xSiO_2 + (1+y)H_2O = 2KOH + xSiO_2 \cdot yH_2O$$

生成的碱可继续溶解部分 SiO_2→SiO_2 凝胶→凝胶发生再膨胀→水进入更深层→进一步侵蚀玻璃。由此可知碱金属氧化物含量越多，玻璃越易被水解。软质玻璃含 Na、K、Ca 较多，故不宜作为玻璃仪器。如 Na、Ca 软质玻璃，在潮湿的气氛及 CO_2 的长期作用下，可生成碱性物质并转化为结晶体，从而使玻璃表面出现斑点、疏松、风化，玻璃的失透性就是由于上述原因造成的。

3. 玻璃的分类及应用

(1) 按化学组成分

有以下几种。普通钠钙玻璃、铝镁玻璃：机械性、耐热性和化学稳定性不高。硼硅酸盐玻璃：机械性、耐热性和化学稳定性较好；但耐碱性差，软化温度高，可作耐热仪器器件。无碱低碱硼锌玻璃：机械性、耐热性和化学稳定性及电学性能良好，软化温度高，可制造高温仪器。铅钡玻璃：电学性能良好，有与金属相适应的膨胀系数，软化温度不高，便于加工操作和封接金属。高硅氧玻璃：SiO_2 含量>97%，由硼硅酸盐加工而成，介于石英玻璃与普通玻璃之间。

(2) 按质料特点分

有以下几种。硬质玻璃（又名高硼硅玻璃）：SiO_2（80%左右）、硼酸钠（12%）。耐高温、高压，耐腐蚀，机械强度高，膨胀系数小，导热性好，耐温差变化，操作温度<783K，退火温度 778～833K，短时间内可加热到 873K，但冷却退火时需均匀缓慢，以减少永久应力，具有良好的火焰加工性能。多用于制造烧杯、烧瓶、压力管及成套实验装置。是一种抗腐蚀防离子污染的良好材料，如国产 GG-17，95 料玻璃属于此类。

软质玻璃（又称普通玻璃）：按成分可分为钠钙玻璃（SiO_2、CaO、Na_2O）和钾玻璃（SiO_2、CaO、K_2O、Al_2O_3、B_2O_3）。在耐腐蚀、硬度、透明度和失透性方面钾玻璃较钠玻璃要好，但在热稳定性方面差些。钾玻璃软化温度低、耐碱性强、不易失透，适于灯焰加工，但因不能承受过大的温差，常用于制造不直接受热的仪器。如滴定管、移液管、量筒等，因其膨胀系数接近 Pt，故可与 Pt 丝封接。

4. 玻璃管质料的鉴别方法

见表中内容。

方　法	说　　明
管端颜色	软质玻璃呈青绿色，硬质玻璃呈黄色或白色，颜色越浅质料越硬，重量越轻
加热	软质玻璃：加热不久就软化。若是铅玻璃则同时变黑，钠玻璃火焰呈微黄色； 硬质玻璃：短时间加热不软化，长时间加热可软化，离开火焰就变硬
锉痕	在锉痕处滴 HF(1%)，出现浑浊是钠、钾、铅玻璃，否则为其他类型的玻璃

实验3　台秤和电子天平的使用

一、实验目的

1. 熟练掌握托盘天平（即台秤）的使用方法。

2. 掌握电子天平的基本操作和样品称量方法。

3. 学会准确、简明地记录实验原始数据。

二、天平的构造、工作原理及使用方法

1. 托盘天平的构造及工作原理

托盘天平是实验室粗称药品和物品不可缺少的称量仪器，其最大称量（最小准称量）为1000g(1g)、500g(0.5g)、200g(0.2g)、100g(0.1g)。

托盘天平构造如图2-27所示，通常横梁架在底座上，横梁中部有指针与刻度盘相对，据指针在刻度盘上左右摆动情况，判断天平是否平衡，并给出称量量。横梁左右两边上边各有一秤盘，用来放置试样（左）和砝码（右）。

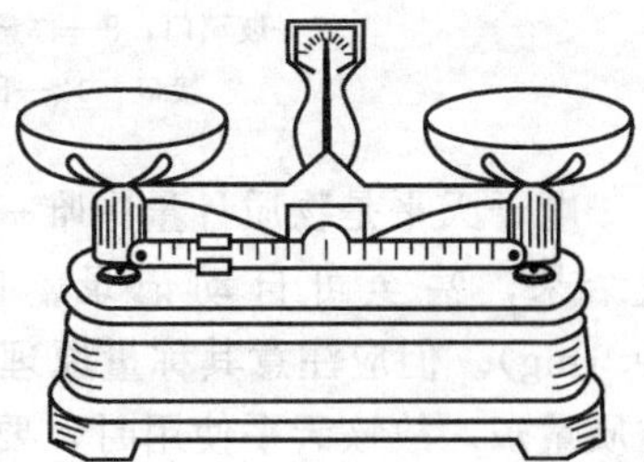

图2-27　托盘天平

由天平构造显而易见其工作原理是杠杆原理，横梁平衡时力矩相等，若两臂长相等则砝码质量就与试样质量相等。

2. 托盘天平的称量操作

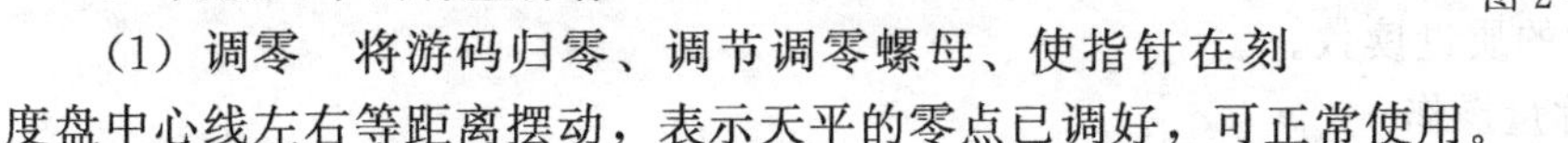

(1) 调零　将游码归零、调节调零螺母、使指针在刻度盘中心线左右等距离摆动，表示天平的零点已调好，可正常使用。

(2) 称量　在左盘放试样，右盘用镊子夹入砝码（由大到小），再调游码，直至指针在刻度盘中心线左右等距离摆动。砝码及游码指示数值相加则为所称试样质量。

(3) 恢复原状　要求把砝码移到砝码盒中原来的位置，把夹取砝码的镊子放到砝码盒中，把游码移到零刻度，并把托盘放在一侧，或用橡皮圈架起，以免台秤摆动。

3. 电子天平的构造及工作原理

电子天平是近年发展起来的新一代天平（见图2-28），其中心组件是传感器，传感器分为应变片式和电磁力式两大类。

(1) 应变片式传感器

当天平托盘空载时，应变片的阻值相等，电压通过桥式电路后输入到放大器的电压为零，当天平托盘上有负载时，应变片被拉伸或受压，其阻值增大或减小，此时经过桥式电路后有一个微小电压输入到放大器，这一数值经过放大，微处理器处理后显示出来，即为被称量物体的质量。

(2) 电磁力式传感器

其称量是依据电磁力平衡原理。称量通过支架连杆与一线圈相连，该线圈置于固定的永久磁铁——磁钢之中，当线圈通电时自身产生的电磁力与磁钢磁力作用，产生向上的作用力。该力与秤盘中称量物的向下重力达平衡时，此线圈通入的电流与该物重力成正比。利用该电流大小可计量称量物的重量。其线圈上电流大小的自动控制与计量是通过该天平的位移传感器、调节器及放大器实现的。当盘内物重变化时，与盘相连的支架连杆带动线圈同步下移，位移传感器将此信号检出并传递，经调节器和电流放大器调节线圈电流大小，使其产生向上之力推动秤盘及称量物恢复原位置为止，重新达线圈电磁力与物重力平衡，此时的电流可计量物重。

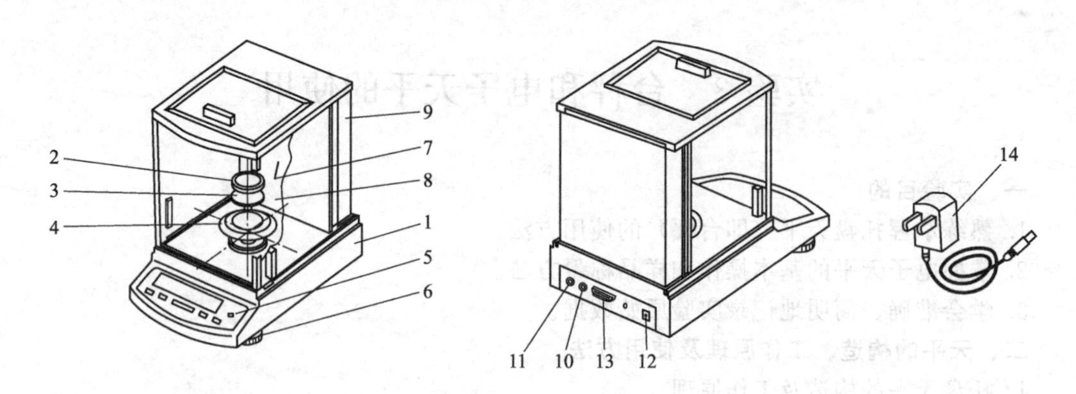

图 2-28　电子天平

1—天平主体；2—样品盘；3—托盘；4—防风圈；5—水平仪；6—水平调整螺丝；7—玻璃门；8—称量室；9—柜侧壁；10—KEYBOARD 接口；11—DATAI/O 接口；12—RS232C 接口；13—AC 适配器；14—外接电源插头

电子天平是物质计量中唯一可自动调零、自动校正、自动去皮、自动测量、自动显示称量结果，甚至可自动记录、自动打印结果的天平。其最大称量与精度一般为 200g (0.1mg)。但应注意其称量原理是电磁力与物质的重力相平衡，即直接检出值是 mg 而非物质质量 m。故该天平使用时，要随使用地的纬度，海拔高度随时校正其 g 值，方可获取准确的质量。常量或半微量电子天平一般内部配有标准砝码和质量的校正装置，经随时校正后的电子天平可获取准确的质量读数。

4. 电子天平的称量操作

电子天平的特殊构造使其称量过程简单，在检查天平的水平（如不水平，要通过调天平脚至水平），洁净等情况后，打开电源预热 30～60min，待稳定后轻按“POWER”键，天平的显示部开始显示其各项功能的符号后，显示出“0.0000g”，并在左上方出现“→”符号，表示显示已稳定。若显示结果不是“0.0000g”，按“TARE”键，此时天平应显示“0.0000g”，同时出现“→”符号。

按“CAL”键，显示部显示出“E CRL”，再按“TARE”键，显示部左上方出现砝码符号，并闪烁“0.0000g”，片刻后闪烁“100.0000g”，从砝码盒中取出砝码，放置在天平秤盘的中央，显示部由闪烁“100.0000g”转变为闪烁“0.0000g”，从天平中取出砝码，放回砝码盒中。此时显示部中砝码符号消失，出现“CRL　End”，最后出现“0.0000g”，天平校正完毕。

根据被称试样的性质不同，一般称量方法可分为直接称量法（增量称量法）和减量称量法。

(1) 直接称量法（增量称量法）

此方法用于称量不易吸水、在空气中稳定的试样，如不活泼金属、某些矿石等。称量步骤如下：将称量纸（或干燥的表面皿、小烧杯）轻放在经预热并已稳定的电子天平称量盘上，关上天平门，待显示平衡后按“O/T”键，扣除称量纸（容器）重量并显示零点，然后打开天平门，往称量纸（容器）中缓慢加入试样，直至显示屏显示所需的质量读数，停止加样并关上天平门，此时显示屏上的数值便是实际所需的质量。

(2) 减量称量法

此方法用于称取易吸水、易氧化或易与 CO_2 反应的物质。称量步骤如下：将适量试样装入干燥、洁净的称量瓶中，盖好称量瓶盖，用叠好的纸带（一般宽 1.5cm，长 15cm）拿取称量瓶，轻放入经预热并已稳定的电子天平称量盘上，关上天平门，称得质量 m_1，然后取出称量瓶，从称量瓶中倾出试样的方法见图 2-29 所示。用纸带将称量瓶取出，左手用纸带操作称量瓶，右手用纸带操作称量瓶的盖子，把容器（如烧杯）放在台面上，将称量瓶移到容器口上部适宜位置，用盖子轻轻敲击倾斜着的称量瓶上口，使试样慢慢落入容器中。估计倾倒出的试样已接近所需要的质量时，将称量瓶竖直，仍在烧杯口上部，用称量瓶盖子敲击称量瓶上口，使称量瓶边沿的试样全部落入称量瓶中，然后盖好瓶盖，把称量瓶放回到天平盘的中央，称得质量 m_2。两次质量之差即为所需试样的质量（$m=m_1-m_2$）。也可先将称量瓶＋试样称量后去皮，再倒出所需试样后称量，所得为负值，取该数值的正值即为所需样品的质量。

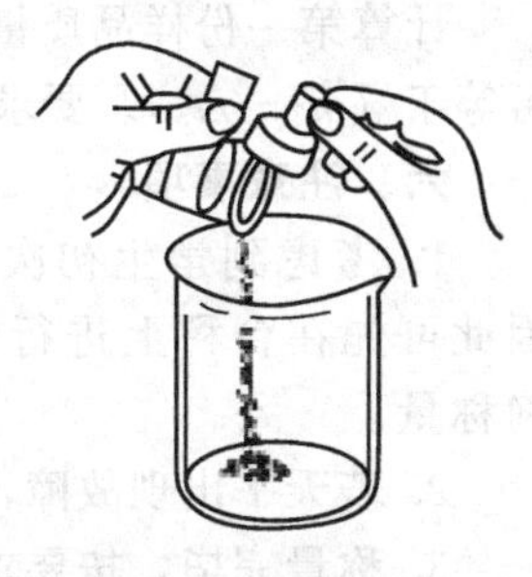

图 2-29 称量瓶操作

需要注意的是：①电子天平一经开机、预热、校准后，即可依次连续称量，电子天平的开机、预热、校准均由实验室工作人员负责，学生只需按“去皮”键；②电子天平自重较轻，使用中容易因碰撞而发生位移，进而可能造成水平改变，故使用过程中动作要轻巧；③不得将湿的容器（称量瓶、烧杯、锥形瓶等）放入天平称量盘中称量；④最后一位同学称量后要负责关机再离开。

三、仪器与试剂

仪器与材料：托盘天平、电子天平、称量瓶、小烧杯或瓷坩埚、药匙、表面皿、洁净的小纸条。

试剂与药品：碳酸钙。

四、实验内容

1. 直接称量练习（增量称量练习）

(1) 先用托盘天平（或用精度为 0.1g 的电子天平）粗称一只称量瓶，记录其质量（保留一位小数），再用精度为 0.1mg 的电子天平准确称量，记录其质量（保留四位小数）。

(2) 再在称量瓶中加入约 2g 的碳酸钙固体，依旧先用托盘天平粗称，记录其质量 m_1（保留一位小数），再用电子天平准确称量，记录其质量（保留四位小数）。

2. 减量称量练习

(1) 在电子天平上准确称取事先已准备好的两个干燥洁净的小烧杯（或瓷坩埚）的质量，分别记为 m_2 和 m_3。

(2) 用减量称量法将称量瓶中的碳酸钙转入已称重的小烧杯（或瓷坩埚）中，准确称取试样 0.40～0.50g、0.20～0.25g。然后准确称出称量瓶和剩余碳酸钙的质量，分别记为 m_4 和 m_5。

(3) 准确称出两个小烧杯（或瓷坩埚）加碳酸钙后的质量，分别记为 m_6 和 m_7。

五、称量记录、数据处理和检验

称量名称(称量序号)	Ⅰ	Ⅱ
称量瓶质量/g		
(称量瓶＋碳酸钙质量)/g	$m_1=$ $m_4=$	$m_4=$ $m_5=$
倾出碳酸钙质量/g	$m_1-m_4=$	$m_4-m_5=$
小烧杯质量 /g	$m_2=$	$m_3=$
(小烧杯＋碳酸钙质量)/g	$m_6=$	$m_7=$
称出碳酸钙质量 /g	$m_6-m_2=$	$m_7-m_3=$
绝对误差		

计算第一份样品质量（m_1-m_4）是否等于（m_6-m_2）；第二份样品质量（m_4-m_5）是否等于（m_7-m_3）。要求差值小于0.0005g。如果不符，找出原因，重新称量。

六、注意事项

1. 考虑到学生初次使用电子天平，操作不熟练，同时对物体质量的估计缺乏经验，因此可先在台秤上进行粗称。在称量比较熟练的情况下，可直接在分析天平上进行准确称量。

2. 若天平出现故障，应及时报告指导教师，不得擅自处理，以免损坏天平。

3. 称量完毕，按要求检查好天平，在天平使用记录本上登记，经指导教师签名，方可离开天平室。

七、预习内容

电子天平的构造、使用方法以及各种称量方法。

八、思考题

1. 称量的方法有几种？什么情况下应用减量称量法？

2. 称量结果应记录几位有效数字？

3. 电子天平的“去皮”称量是怎样进行的？

4. 下列情况对称量结果有无影响：

（1）用手直接拿砝码或称量瓶；

（2）称量时未关闭天平箱玻璃门；

（3）天平位置不水平

九、附注

（一）半自动电光分析天平的构造及使用

1. 构造原理

半自动电光分析天平是根据杠杆原理制成的，它用已知重量的砝码来衡量被称物体的重量。在分析工作中，通常说称量某物质的重量，实际上称得的都是物质的质量。

图2-30为等臂双盘天平原理示意图，其中 $L_1=L_2$，将质量为 m_Q 的被称量物和质量为 m_P 的砝码分别放置在天平的左、右盘上，当达到平衡时，根据杠杆原理有：

$$F_Q \cdot L_1 = F_P \cdot L_2$$

$$F_Q = m_Q \cdot g;\ F_P = m_P \cdot g$$

$$m_Q = m_P$$

即物体质量与砝码质量相等（习惯上称之为重量）。

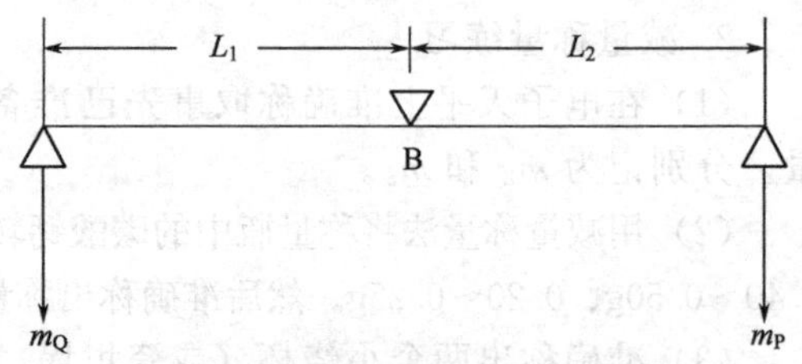

图2-30 等臂双盘天平原理示意图

2. 基本构造

半自动电光天平见图2-31。

（1）天平横梁

天平横梁是天平的主要部件，多用轻质、坚固、膨胀系数小的铜合金制成，起平衡和承接物体的作用。梁的中间和等距离的两端装有三个三棱形的玛瑙刀，其中装在正中间的称为支点刀，刀口向下，天平启动后，为固定在立柱上方的玛瑙刀承承接，成为天平横梁的支点。天平横梁两端玛瑙刀刀口向上，天平启动后，承接于吊耳底面的玛瑙刀承上，三个刀口的棱边完全平行且位于同一水平面上。

梁的两端装有两个平衡螺丝，用来调整天平的零点，在梁的中下方装有细长而垂直的指针，用以指示天平的平衡位置。支点刀的后上方装有重心螺丝，用来调节天平的灵敏度。

（2）立柱和折叶

立柱是金属制成的中空圆柱，下端固定在天平底座中央，柱上方嵌有玛瑙平板（刀承）支撑天平横梁。在立柱上装有水平仪，借天平脚的螺旋使天平放置水平。立柱上部还装有折叶，中空部分是升降旋钮控制折叶的通路。关闭升降旋钮，折叶上升托住横梁，使刀口与刀承分开，天平处于休止状态。

(3) 悬挂系统

在天平横梁两端的承重刀上各挂一吊耳，吊耳的上钩挂着秤盘，左盘放称量物，右盘放砝码。在秤盘和吊耳之间装有空气阻尼器。空气阻尼器是两个套在一起的铝制圆筒，内筒比外筒略小，正好套入外筒，两圆筒间有均匀的空隙，内筒能自由地上下移动。当天平启动时，利用筒内空气的阻力产生阻尼作用，使天平很快达到平衡，从而加快了称量速度。

(4) 机械加码装置

机械加码装置是一种通过转动指数盘加减环形码（亦称环码）的装置。环码分别挂在码钩上。称量时，转动指数盘旋钮将砝码加到承受架上。当平衡时，环码的质量可以直接在砝码指数盘上读出。指数盘转动时可向天平梁上加 10～990mg 砝码，内层由 10～90mg 组合，外层由 100～900mg 组合。大于 1g 的砝码则要从与天平配套的砝码盒中取用（用镊子夹取）。

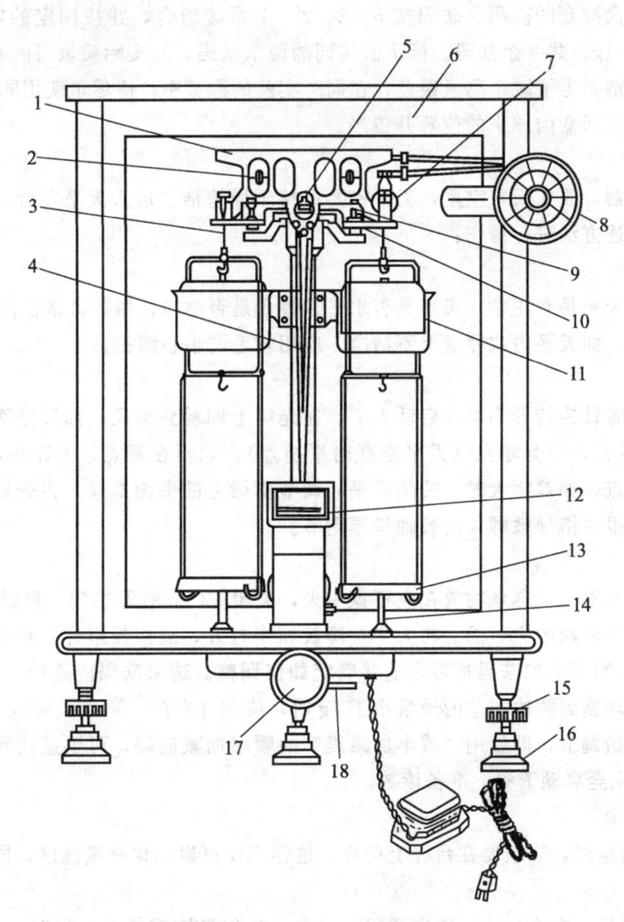

图 2-31 半自动电光天平

1—横梁；2—平衡螺丝；3—吊耳；4—指针；5—支点刀；6—框罩；7—圈码；
8—指数盘；9—承重刀；10—折叶；11—阻尼器；12—投影屏；13—秤盘；
14—盘托；15—螺旋脚；16—垫脚；17—升降旋钮；18—调屏拉杆

(5) 光学读数系统

光学读数系统固定在立柱的前方。称量时，固定在天平指针上的微分标尺的平衡位置可以通过光学系统放大投影到光屏上。标尺上的读数直接表示 10mg 以下的质量，每一大格代表 1mg，每一小格代表 0.1mg。从投影屏上可直接读出 0.1～10mg 以内的数值。天平箱下的调屏拉杆可将光屏在小范围内左右移动，用于细调天平的零点。

(6) 天平升降旋钮

升降旋钮位于天平底板正中，它连接折叶、托盘和光源开关。开启天平时，顺时针旋转升降旋钮，折叶下降，梁上的三个刀口与相应的刀承接触，使秤盘自由摆动，同时接通了电源，投影屏上显示出标尺的投影，使天平处于工作状态。关闭升降旋钮，折叶上升，则横梁、吊耳及秤盘被托住，刀口与刀承分开，电源切断，使天平进入休止状态。

(7) 天平箱

为了天平在稳定气流中称量及防尘、防潮，天平安装在一个由木框和玻璃制成的天平箱内，天平箱前边和左、右两边有可以移动的门。前门一般在清理或修理天平时使用，左右两侧的门分别供取放样品和砝码用。天平箱固定在大理石板上，箱座下装有三个螺旋脚，后面的一个支脚固定不动，前面的两个支脚可以上下调节，通过观察天平内的水平仪，使天平调节到水平状态。

(8) 砝码

每台天平都附有一盒配套的砝码。砝码按 5、2、2′、1 系统组合，并按固定的顺序放置在砝码盒中，最大的为 100g，最小为 1g，共 9 个砝码。标示值相同的两个砝码，其实际质量可能有微小的差异，其中的一个打上标记，以示区别。为了减小称量误差，在同一实验的称量中，应尽量使用同一砝码。拿取砝码时，要用镊子，用完后及时放回盒内原来的位置并盖严。

3. 使用方法

分析天平是精密仪器，放在天平室里，天平室要保持干燥清洁。进入天平室后，对照天平号坐在自己要使用的天平前，按下述方法进行操作：

(1) 检查

掀开防尘罩，检查天平是否正常，天平是否水平，秤盘是否洁净，指数盘是否在“000”位，环码有无脱落，吊耳是否错位等。如天平内或秤盘上不洁净，应用软毛刷小心清扫。

(2) 调节零点

接通电源，轻轻顺时针旋转升降枢，启动天平，在光屏上即看到标尺，标尺停稳后，光屏中央的黑线应与标尺中的“0”线重合，即为零点（天平空载时平衡点）。如不在零点，差距小时，可调节调屏拉杆，移动屏的位置，调至零点；如差距大时，关闭天平，调节横梁上的平衡螺丝，再开启天平，反复调节，直至零点。若有困难，应报告指导教师，由教师指导调节。

(3) 称量

零点调好后，关闭天平。把称量物放在左秤盘中央，关闭左门；打开右门，根据估计的称量物的质量，把相应质量的砝码放入右秤盘中央，然后将天平升降旋钮半打开，观察投影标尺移动方向（标尺迅速往哪边移动，哪边就重），以判断所加砝码是否合适并确定如何调整。选取砝码应遵循“由大到小，折半加入，逐级实验”的原则。当调整到两边相差的质量小于 1g 时，应关好右门，再依次调整 100mg 组和 10mg 组环码，每次均从中间量开始调节，即使用“减半加减码”的顺序加减砝码，可迅速找到物体的质量范围。调节环码至 10mg 以后，完全启动天平，准备读数。

称量过程中注意事项：

① 称量未知物的质量时，一般要在台秤上粗称。这样不仅可以加快称量速度，同时可保护分析天平的刀口。

② 加减砝码的顺序是：由大到小，依次调定。在取、放称量物或加减砝码时（包括环码），必须关闭天平。启动升降旋钮时，一定要缓慢均匀，避免天平剧烈摆动。这样可以保护天平刀口不致受损。

③ 称量物和砝码必须放在秤盘中央，避免秤盘左右摆动。称量物体必须与天平箱内的温度一致，不得把热的或冷的物体放进天平称量，以免引起空气对流，使称量的结果不准确。称取具腐蚀性、易挥发物体时，必须放在密闭容器内称量。

④ 同一实验中，所有的称量要使用同一架天平，以减少称量的系统误差。天平称量不能超过最大载重，以免损坏天平。砝码盒中的砝码必须用镊子夹取，不可用手直接拿取，以免沾污砝码。砝码只能放在天平秤盘上或砝码盒内，不得随意乱放。

⑤ 称量物和砝码应放在秤盘的中央处，旋转指数盘时，应一挡一挡地慢慢转动，防止圈码跳落互撞。试加砝码和圈码时应慢慢半开天平试验。通过观察指针的偏移和投影屏上标尺的移动方向，判断加减砝码

或称量物，直到半开天平后投影屏上标线移动缓慢且平稳时，才将升降旋钮完全打开，待天平达到平衡时，记下读数。砝码、环码的质量加标尺读数（均以克计）即为被称物质量。称量的数据应及时记录在实验记录本上，不得记在纸片或其他地方。读数完毕，应立即关闭天平。

(4) 复原

称量完毕，关闭天平，取出称量物和砝码，将指数盘拨回零位。检查砝码是否全部放回盒内原来位置和天平内外的清洁，关好侧门。然后检查零点，将使用情况登记在天平使用登记本上，切断电源，最后罩上防尘罩，凳子放回原处，然后离开天平室。

4. 称量方法

(1) 直接称量法

天平零点调好以后，关闭天平，把被称量物用一干净的纸条套住（也可采用戴一次性手套、专用手套、用镊子等方法），放在天平左秤盘中央，调整砝码使天平平衡，所得读数即为被称物的质量。这种方法适合于称量洁净干燥的器皿、棒状或块状的金属及其他整块的不易潮解或升华的固体样品。

(2) 固定质量称量法

此法用于称取指定质量的试样。适合于称取本身不宜吸水，并在空气中性质稳定的细粒或粉末状试样，其步骤如下。先称出容器（如表面皿、铝勺、硫酸纸）的质量。然后加入固定质量的砝码于右秤盘中，再用小药勺将试样慢慢加入盛放试样的表面皿（或其他器皿、硫酸纸）中。开始加样时，天平应处于关闭状态。少量加样后，判断加入的质量距指定的质量差多少。用小药勺逐渐加入试样，半开天平进行称重。当所加试样与指定质量相差不到 10mg 时，完全打开天平，极其小心地将盛有试样的小药勺伸向左秤盘的容器上方约 2～3cm 处，勺的另一端顶在掌心上，用拇指、中指及掌心拿稳小药勺，并用食指轻弹勺柄，将试样慢慢抖入容器中，直至天平平衡。此操作必须十分仔细，若不慎多加了试样，只能关闭升降枢，用牛角匙取出多余的试样，再重复上述操作直到符合要求为止。然后，取出表面皿，将试样直接转入接受器。

(3) 减量称量法

即称取试样的质量是由两次称量之差而求得。此法比较简便、快速、准确，在化学实验中常用来称取待测样品和基准物，是最常用的一种称量法。它与上述两种方法不同，称取样品的质量只要控制在一定要求范围内即可。操作步骤如下：用手拿住表面皿的边沿，连同放在上面的称量瓶［见图 2-32(a)］一起从干燥器里取出。用小纸片夹住称量瓶，打开瓶盖，将稍多于需要量的试样用小药勺加入称量瓶（在台秤上粗称），盖上瓶盖，用清洁的纸条叠成约 1cm 宽的纸带套在称量瓶上［见图 2-32(b)］，左手拿住纸带尾部把称量瓶放到天平左秤盘的正中位置，选取适量的砝码放在右秤盘上使之平衡，称出称量瓶加试样的准确质量（准确到 0.1mg），记下读数设为 m_1g。关闭天平，将右秤盘上的砝码或环码减去需称量的最小值。左手仍用纸带将称量瓶从秤盘上拿到接受器上方，右手用纸片夹住瓶盖柄打开瓶盖，瓶盖不能离开接受器上方。将瓶身慢慢向下倾斜，并用瓶盖轻轻敲击瓶口，使试样慢慢落入容器内，不要把试样撒在容器外。当估计倾出的试样已接近所要求的质量时（可从体积上估计），慢慢将称量瓶竖起，用瓶盖轻轻敲瓶口，使黏附在瓶口上部的试样落入瓶内［见图 2-32(c)］，然后盖好瓶盖，将称量瓶再放回天平左秤盘上称量。若左边重，则需重新敲击，若左边轻，则不能再敲，需准确称取其质量，设此时质量为 m_2g。则倒入接受器中的质量为 (m_1-m_2)g。按上述方法连续操作，可称取多份试样。

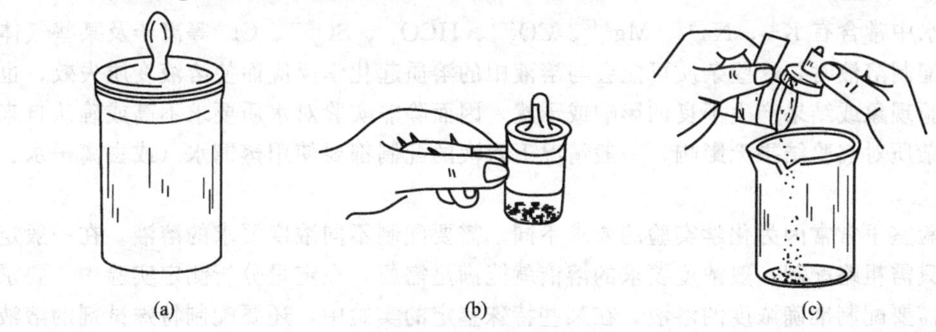

图 2-32 减量称量法

（二）单盘电光天平

单盘电光天平属于不等臂天平，其构造如图 2-33 所示。它只有一个秤盘，天平载重的全部砝码都悬挂在秤盘的上部，梁的另一端装有重锤和阻尼器与秤盘平衡。称量时，将称量物放在秤盘内，减去适量的砝码，使天平重新达到平衡，减去的砝码的质量即为称量物的质量。它的数值大小直接反映在天平前方的读数器上，10mg 以下的质量仍由投影屏上读出，此种天平由于称量物和砝码都在同一盘上称量，不受臂长不等的影响，并且总是在天平最大负载下称量，因此，天平的灵敏度基本不变。所以，是一种比较精密的天平。

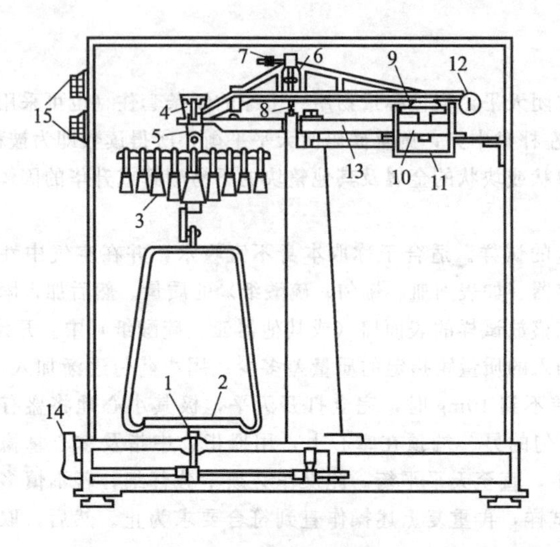

图 2-33 单盘电光天平

1—托盘；2—秤盘；3—砝码；4—承重刀；5—挂钩；6—重心螺丝；7—平衡螺丝；8—支点刀；9—空气阻尼片；10—平衡锤；11—空气阻尼桶；12—微分刻度板；13—横梁支架；14—旋钮；15—砝码旋钮

实验 4 溶液配制与滴定操作

一、实验目的

1. 掌握一般浓度和准确浓度溶液的配制方法和基本操作。
2. 初步掌握酸碱滴定原理和滴定操作技术。
3. 练习移液管（吸量管）、容量瓶、滴定管等量器的正确使用。

二、实验原理

1. 溶液的配制

自来水中常含有 K^+、Na^+、Mg^{2+}、CO_3^{2-}、HCO_3^-、SO_4^{2-}、Cl^- 等离子及某些气体杂质，用其配制溶液时，这些杂质可能会与溶液中的溶质起化学反应而使溶液变质失效，也可能会对实验现象或结果产生不良的影响或干扰，因而除非实验对水质要求不高或确认自来水中所含的杂质对实验结果无影响，一般情况下溶液的配制都要使用蒸馏水（或去离子水、纯净水）。

在实验室里常常因为化学实验的要求不同，需要配制不同浓度要求的溶液。在一般定性实验中，只需粗略配制一般浓度要求的溶液就能满足需要，在定量分析测定实验中，要求比较严格，需要配制准确浓度的溶液，在某些特殊鉴定的实验中，还要配制特殊试剂的溶液。

化学实验通常配制的溶液分为一般溶液和标准溶液。

(1) 一般溶液的配制

① 直接水溶法

对易溶于水而不发生水解的固体试剂（如 NaOH、$H_2C_2O_4$、KNO_3、NaCl 等），配制其溶液时，可用精度为±0.1g 的电子天平（或托盘天平）称取一定量的固体于烧杯中，加入少量蒸馏水，搅拌溶解后稀释至所需体积，再转移到试剂瓶中即可。

② 介质水溶法

对易水解的固体试剂（如 $FeCl_3$、$SbCl_3$、$BiCl_3$、$SnCl_4$ 等），配制其溶液时，称取一定量的固体，加入适量一定浓度的酸（或碱）使之溶解，再以蒸馏水稀释至所需体积，搅拌均匀后转入试剂瓶即可。

在水中溶解度较小的固体试剂，在选用合适的溶剂溶解后，稀释，搅拌均匀后转入试剂瓶即可。如固体 I_2 可先用 KI 水溶液溶解。

③ 稀释法

对于液态试剂（如盐酸、硫酸、硝酸、乙酸、氨水等），配制其稀溶液时，先用量筒（量杯）量取所需量的浓溶液，然后用适量的蒸馏水稀释。配制 H_2SO_4 溶液时需特别注意，应在不断搅拌下将浓硫酸缓慢地倒入蒸馏水中，切不可将操作顺序倒过来。

一些容易见光分解或易发生氧化还原反应的溶液，要防止在保存期间失效。如 $SnCl_2$ 及 $FeSO_4$ 溶液中，应分别放入一些 Sn 粒和 Fe 屑（铁钉）。$AgNO_3$、$KMnO_4$、KI 等溶液应储于干净的棕色瓶中。容易与玻璃发生化学腐蚀的溶液应储于其他材料的容器中。如 NaOH、KOH、HF 等。

(2) 标准溶液的配制

已知准确浓度的溶液（在定量分析中，用 4 位有效数字来表示）称为标准溶液。配制标准溶液的方法主要有两种。

① 直接法

用精度为±0.0001g 的电子天平（分析天平）准确称取一定量的基准试剂于烧杯中，加入适量的蒸馏水溶解后转入容量瓶，再用蒸馏水稀释至刻度，摇匀。其准确浓度可由称量数据及稀释体积求得。

② 标定法

不符合基准试剂条件的物质，不能用直接法配制标准溶液，但可以先粗略配制成近似于所需浓度的一般溶液，然后用基准试剂或已知准确浓度的标准溶液标定出其准确浓度。

当需要通过稀释法配制标准溶液的稀溶液时，可以用移液管准确吸取一定体积的其浓溶液至适当的容量瓶中，用蒸馏水稀释至刻度来配制。

2. 滴定分析

滴定分析操作是化学定量分析中最基本，也是最重要的操作技术之一。滴定分析是指用一种已知准确浓度的滴定剂溶液加到被测组分的溶液中，直到滴定剂的物质的量与被测物的物质的量之间正好符合化学反应式表示的化学计量关系时，由所用去滴定剂溶液的体积和浓度算出被测组分的含量（即被测组分的浓度）。因此进行滴定分析时，必须很好地掌握滴定管的使用和滴定终点的判断。

酸碱滴定时，通常还要配制标准溶液，即浓度准确已知的酸或碱溶液。来对未知浓度的碱（或酸）溶液进行标定，从而求出未知碱（或酸）溶液的准确浓度。本实验采用酸性基准物邻苯二甲酸氢钾（$KHC_8H_4O_4$），先配制其标准溶液，然后在酚酞指示剂存在下标定 NaOH 标准溶液的浓度。

$$KHC_8H_4O_4 + NaOH = KNaC_8H_4O_4 + H_2O$$

通过 $c(KHC_8H_4O_4)$ 以及滴定体积比，就可计算出 NaOH 溶液的准确浓度。

邻苯二甲酸氢钾作为基准物的优点是：①易于获得纯品；②易于干燥不易吸湿；③摩尔质量大（$KHC_8H_4O_4$ 的摩尔质量为 204.2g·mol^{-1}），可降低相对称量误差。

三、实验用品

仪器与材料：电子天平（精度 0.1g、0.0001g）、量筒、称量瓶、烧杯、移液管(25mL)、洗耳球、锥形瓶（250mL）、容量瓶（250mL）、酸式滴定管、碱式滴定管、滴定管夹、滴管、玻璃棒。

固体试剂：NaOH（分析纯），邻苯二甲酸氢钾（分析纯，在 105～110℃干燥后备用，干燥温度不宜过高，否则脱水而成为邻苯二甲酸酐）。

酸碱溶液：浓盐酸（分析纯）。

其他试剂：0.2%酚酞乙醇溶液、0.2%甲基橙溶液。

四、实验内容

1. 溶液的配制

(1) 0.1mol·L^{-1} NaOH 溶液的配制

通过 NaOH 的摩尔质量（40g·mol^{-1}），计算出配制 250mL 0.1mol·L^{-1} NaOH 溶液所需质量。在精度 0.1g 的电子天平上迅速称取 NaOH 固体置于 250mL 烧杯中，立即加蒸馏水、搅拌溶解。转入 250mL 试剂瓶中，用蒸馏水稀释至 250mL，用橡皮塞塞紧瓶口，摇匀。这样配制的 NaOH 溶液浓度约为 0.1mol·L^{-1}。

(2) 0.1mol·L^{-1}盐酸溶液的配制

查出浓盐酸的浓度，计算配制 250mL 0.1mol·L^{-1} HCl 溶液所需浓盐酸体积。用量筒量取浓 HCl，倒入 250mL 试剂瓶（先装入约 100mL 蒸馏水）中，用蒸馏水稀释至 250mL，盖上瓶塞，摇匀。这样配制的 HCl 溶液浓度约为 0.1mol·L^{-1}。

配制完毕，在每个储溶液的瓶上贴一标签，注明试剂名称，配制日期，并留一空位，以备用来填入此溶液的准确浓度。

(3) 0.1mol·L^{-1}邻苯二甲酸氢钾标准溶液的配制

在精度 0.0001g 的电子天平上用减量称量法准确称取置于干燥器中的邻苯二甲酸氢钾基准试剂 5.0～5.2g（称准至 0.0001g）于 250mL 烧杯中，用煮沸后刚刚冷却的蒸馏水 80～100mL 溶解（如没有完全溶解，可稍微加热），冷却后全部转移至 250mL 容量瓶中，再用少量煮沸后刚刚冷却的蒸馏水洗涤烧杯 3 次，洗涤液也转移到容量瓶中（以保证溶质全部转移），最后定容，摇匀。贴上标签，注明名称，浓度（根据称量质量精确计算，精确至 0.0001mol·L^{-1}），配制日期，备用。

2. 滴定训练

NaOH 溶液浓度的标定：用移液管吸取上述配制的 0.1mol·L^{-1}邻苯二甲酸氢钾标准溶液 25.00mL 于 250mL 锥形瓶中，加入酚酞指示剂 1～2 滴，用 0.1mol·L^{-1} NaOH 溶液滴定至呈微红色半分钟内不褪，即为终点。记录所消耗 NaOH 溶液的体积（准确至 0.01mL）。平行滴定 3 份，计算 NaOH 溶液的标准浓度（精确至 0.0001mol·L^{-1}）。要求 3 份测定的相对平均偏差小于 0.2%，否则重新测定。

计算所配 NaOH 溶液的标准浓度。

五、实验结果与数据处理

1. 溶液配制

称取 NaOH 固体质量 m/g：____________；

量取浓 HCl 的体积 V/mL：__________；

称取邻苯二甲酸氢钾质量 m/g：__________。

2. 滴定数据

实验项目	1	2	3
$KHC_8H_4O_4$ 的浓度/mol·L^{-1}			
取用 $KHC_8H_4O_4$ 的体积/mL			
NaOH 体积终读数/mL			
NaOH 体积始读数/mL			
耗去 NaOH 体积/mL			
NaOH 浓度/mol·L^{-1}			
NaOH 平均浓度/mol·L^{-1}			

六、注意事项

1. 在配制溶液时，除了要注意准确度，还要考虑试剂在水中的溶解性、热稳定性、挥发性、水解性等因素的影响，采取特殊的配制方法。一些特殊试剂溶液的配制方法可查阅有关化学实验手册。

2. 滴定管在滴定前必须赶走气泡，且滴定自始至终不能再有气泡产生，否则将影响滴定剂体积的准确性。

3. 滴定至快到终点时，必须不断摇晃锥形瓶直至颜色褪去后再滴入第二滴，当指示剂颜色在 30s 内不变即达终点。

七、预习内容

1. 玻璃量器，量筒、移液管（吸量管）、容量瓶、滴定管的使用方法。

2. 计算实验内容 1. 中所需 NaOH 的质量和浓盐酸的体积。

八、思考题

1. 在滴定分析中，滴定管、移液管在使用前为什么要用操作溶液润洗几次？滴定中使用的锥形瓶或烧杯，是否也要用操作溶液润洗？

2. 在每次滴定完成后，为什么要求将标准溶液加满至滴定管零点，然后进行第二次滴定？

3. 在滴定接近终点时，用洗瓶淋洗锥形瓶内壁，这样就会冲稀了瓶内溶液，对滴定结果是否有影响？

4. 能否在精度 0.0001g 的电子天平上用减量称量法准确称取 NaOH 固体来直接配制 NaOH 标准溶液？为什么？能否用移液管准确吸取所需体积的浓 HCl 来直接配制 HCl 标准溶液？为什么？

5. 用 NaOH 滴定 HCl 时，有三位同学所耗用的 NaOH 体积完全一样，他们分别记录为：24mL，24.0mL 和 24.00mL，问哪种记录是正确的？为什么？

九、附注

玻璃量器及其使用

定量分析中常用的玻璃量器可分为量入容器，如量筒（量杯）、容量瓶等，量出容器，如移液管、吸量管、滴定管等。量入容器液面的对应刻度为量器内的容积，量出容器液面的相应刻度为放出的溶液体积。下面分别介绍它们的使用方法。

1. 量筒的使用

量筒（见图 2-34）是化学实验室中最常用的度量液体的仪器，它有各种不同的容量，可根据不同需要选用。例如，需要量取 8.0mL 液体时，为了提高测量的准确度，应选用 10mL 量筒（测量误差为±0.1mL），如果选用 100mL 量筒量取 8.0mL 液体体积，则至少有±1mL 的误差。读取量筒的刻度值，一定要使视线与量筒内液面（半月形弯曲面）的最低点处于同一水平线上（见图 2-35），否则会增加体积的测量误差。量筒不能作反应器用，不能盛热的液体。

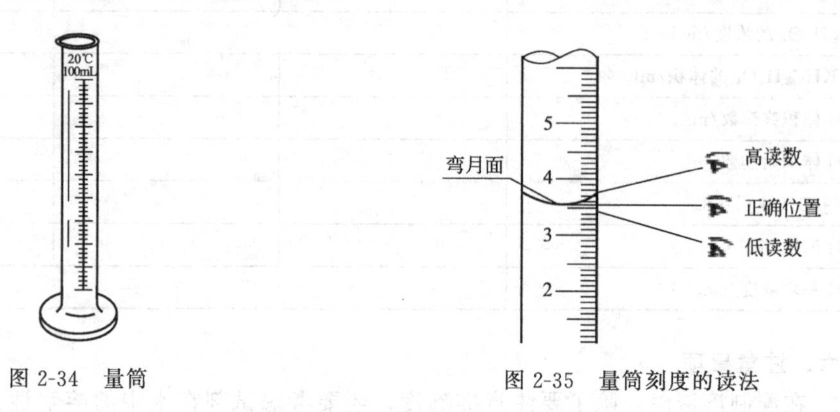

图 2-34 量筒　　　图 2-35 量筒刻度的读法

2. 容量瓶及使用

容量瓶是常用的测量容纳液体体积的量入式量器。是一种细颈梨形平底玻璃瓶，带有磨口玻璃塞或塑料塞。在其颈上有一标线，在指定温度下，当液面充满至弯月面下缘与标线相切时，所容纳的溶液体积等于容量瓶上标示的体积。常用的容量瓶有 10mL、25mL、50mL、100mL、250mL、500mL、1000mL 等各种规格。容量瓶的主要用途是配制准确浓度的标准溶液或定量地稀释溶液。它与移液管配合使用，可将配成溶液的物质分成若干等份。

(1) 容量瓶的准备

使用容量瓶前应先检查是否漏水，瓶颈标线位置距离瓶口是否太近，漏水或标线离瓶口太近都不宜使用。检漏时，加自来水至标线附近，盖好瓶塞，一手拇指和中指拿捏瓶颈标线以上的位置，食指按住瓶塞。另一手的手指托住容量瓶瓶底边缘。倒立 2min，如不漏水，将瓶直立，将瓶塞转动 180°，再倒立 2min，如不漏水，即可使用。用橡皮筋将瓶塞系在瓶颈上即可。

容量瓶使用前应按常规洗涤干净，洗涤方法与洗涤滴定管相同。

(2) 容量瓶的使用

如用固体物质配制溶液时，先将准确称量的固体物质于小烧瓶中溶解，再将溶液定量转移到预先洗涤干净的容量瓶中，转移方法如图 2-36 所示。转移时，一手拿着玻璃棒，将其伸入瓶内，玻璃棒下端要靠住瓶颈内壁，另一手拿烧杯，烧杯嘴贴紧玻璃棒，慢慢倾斜烧杯，使溶液沿玻璃棒流下，溶液流尽后，将烧杯沿玻璃棒轻轻上提，同时将烧杯直立，使附着在玻璃棒和烧杯嘴之间的液滴回到烧杯中，再用洗瓶以少量的蒸馏水洗涤烧杯 3～4 次，每次按上法将洗涤液完全转移到容量瓶中，然后用蒸馏水稀释至容积约 2/3 处时，旋摇容量瓶，使溶液混合，此时切勿倒转容量瓶。继续加水至标线以下约 1cm，等待 1～2min，使附着在瓶颈内壁的溶液流下，最后用滴管逐滴加水至弯月面下缘与标线相切。盖上干的瓶塞，左手的拇指和中指捏住瓶颈标线以上部分，食指按住瓶塞，右手前三指指尖托住瓶底边缘，将瓶底倒转并摇动，再倒转过来，使气泡上升到顶，如此反复倒转摇动十多次，使瓶内溶液充分混合均匀，见图 2-37。

如果用容量瓶稀释溶液，则用移液管吸取一定体积的溶液置于容量瓶中，按上述方法加水稀释至标线，摇匀即可。

如果固体是加热溶解的，或溶解时热效应较大，要待溶液冷至室温才能转移到容量瓶中。需避光的溶液应用棕色容量瓶配制。

容量瓶是量器而不是容器，不宜长期存放溶液，如果溶液需要使用一段时间，应将溶液转移至试剂瓶中存放，试剂瓶应先用该溶液润洗 2～3 次，以保证浓度不变。容量瓶使用完毕后，应立即冲洗干净。如长期不用，磨口处应洗净擦干，并用纸片将磨口隔开。

3. 移液管和吸量管

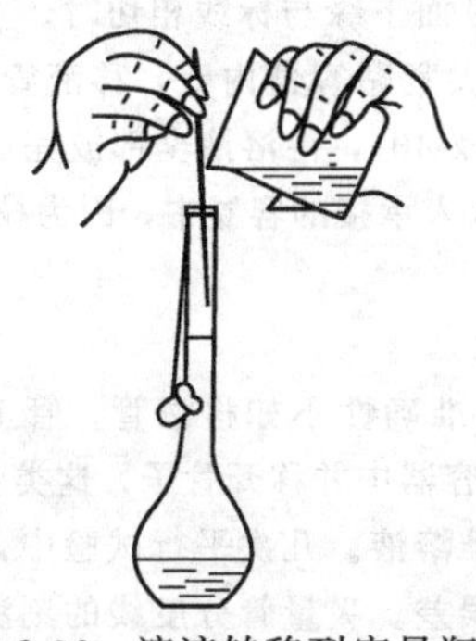

图 2-36 溶液转移到容量瓶中

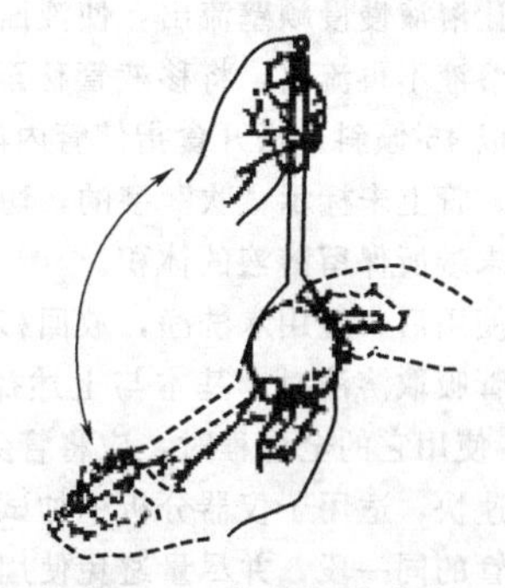

图 2-37 容量瓶的拿法

移液管是用于准确移取一定体积溶液的量出式量器，正规名称为“单标线吸量管”，又简称“吸管”。它是一根细长而中间膨大的玻璃管，管径上部有环形标线，膨大部分标有它的容积和标定时的温度。在标定温度下，吸移取溶液至弯月面与管颈的标线相切，再让溶液按一定的方式自由流出，则流出溶液的体积就等于管上所标示的容积。常用的移液管有 5mL、10mL、20mL、25mL、50mL 等各种规格，见图 2-38(a)。

吸量管是用于移取不同体积液体的量器，全称为“分度吸量管”，是带有分度线的玻璃管，分度线有的刻到管尖，有的只刻到离管尖 1～2cm 处。见图 2-38(b)，常用的吸量管有 1mL、2mL、5mL、10mL 等各种规格。

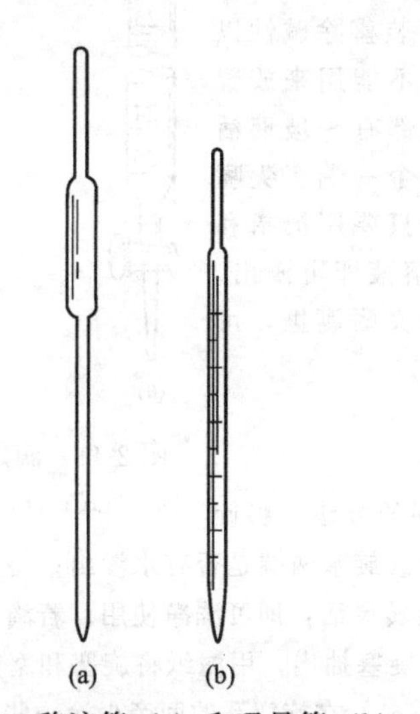

图 2-38 移液管（a）和吸量管（b）

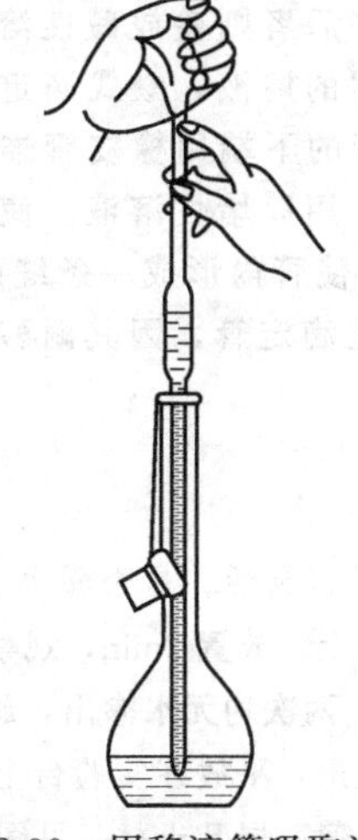

图 2-39 用移液管吸取液体

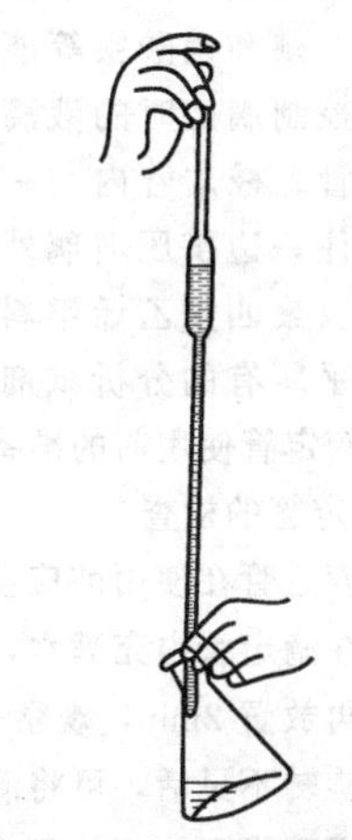

图 2-40 由移液管放出液体

(1) 移液管和吸量管的洗涤

移液管和吸量管一般采用洗耳球吸取铬酸洗液洗涤，也可放在高型玻璃筒或量筒内用洗液浸泡，取出沥尽洗液后，用自来水冲洗。再用蒸馏水润洗干净，润洗时水应从管尖放出。

(2) 移液管和吸量管的使用

移取溶液前，用滤纸将尖嘴内外的水吸尽，然后要用待移取的溶液润洗移液管 2～3 次。润洗方法是：用洗耳球吸取溶液刚入移液管膨大部分，立刻用右手食指按住管口（注意切勿让吸入的溶液有部分回流至盛溶液的容器内），将管横过来，用双手的拇指和食指分别拿住移液管的两端，转动移液管并使溶液布满全管内壁，当溶液流至距上口 2～3cm 时，将管直立，使溶液由尖嘴放出，弃去。移取溶液时，用右手的拇指和中指拿住管标颈线的上方，其余二指辅助拿住移液管，将移液管管尖插入液面以下 1～2cm 处，插入太深会使管外黏附较多的溶液，影响量取溶液体积的准确性，插入太浅会产生吸空。左手拿洗耳球，先将球内空气压出，然后将球的尖端接在移液管口，慢慢松开左手指使溶液吸入管内，见图 2-39。移液管应随容器内液面的下降而下降。当管中液面上升到标线以上时，迅速移去洗耳球，立即用右手食指按住管口，将移液管提离液面，将容器倾斜成 45°左右，竖直移液管，管尖紧贴容器内壁，用拇指和中指轻轻转动移液管，让溶液慢慢顺壁流出，使液面平稳下降，直至溶液的弯月面下缘与标线相切时，立即用食指压紧管口，使溶液不再流出，将移液管移至承接溶液的容器中，使管尖紧贴容器内壁，移液管呈垂直状态，承接容器约成45°倾斜。松开食指使管内溶液自由地沿壁流下（见图2-40），待溶液全部放完后，再等15s，取出移液管。管上未标示“吹”字的，切勿把残留在管尖内的溶液吹入承接的容器中，因为校正移液管时，已经考虑了末端所保留溶液的体积。

移液管使用后，应用水洗净，放回移液管架上。

用吸量管吸取溶液时，基本与上述操作相同，但其移取溶液的准确性不如移液管。管上标示“吹”、“快”字，在使用它的全量程时，应将管尖残留的液体立即吹入承接容器中并移开管子，这类吸量管的精度稍低，但流速快，适用于仪器分析中加试剂，最好不要用来移取标准溶液。几次平行试验中，应尽量使用同一支吸量管的同一段，并尽量避免使用管尖收缩部分，以免带来误差。吸量管分度线的刻法有的刻至管尖，有的只刻到离管尖1～2cm处；有的零刻度在上，有的零刻度在下；使用时要注意分清。

移液管、吸量管和容量瓶都是有刻度的精密玻璃仪器，不得放在烘箱中烘烤。

4. 滴定管的使用

滴定管是滴定时用来准确测量流出标准溶液体积的量器。其管身是用细长而内径均匀的玻璃管制成，上面刻有均匀的分度线，下端的流液口为一尖嘴，中间通过玻璃旋塞或乳胶管连接以控制滴定速度。常量分析使用的滴定管容量为50mL、25mL，还有标称容量为10mL、5mL、2mL、1mL的半微量和微量滴定管。本实验所用滴定管，其标称容量为50mL，最小刻度为0.1mL，读数可估计到0.01mL。

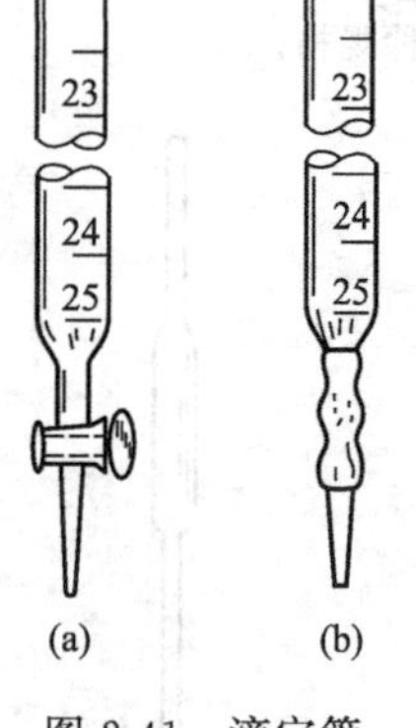

图2-41 滴定管
(a) 酸式；(b) 碱式

滴定管分酸式滴定管和碱式滴定管两种（图2-41），前者适于装盛除碱性以及对玻璃有腐蚀作用的溶液以外的溶液，后者则盛放碱性溶液，不能用来放置高锰酸钾、碘和硝酸银等能与橡皮起作用的溶液。酸式滴定管下部有一玻璃活塞，用以控制滴定时的液滴。碱式滴定管的下端用橡皮管连接一个一端有尖嘴的小玻璃管。橡皮管内装一个玻璃圆球，用以堵住溶液。使用时只要用拇指和食指轻轻往一边挤压玻璃外面的橡皮管，使管内形成一条缝隙，溶液即可滴出。另有一种以聚四氟乙烯塑料作活塞的新型滴定管，因其耐酸耐碱又耐腐蚀，可以装盛几乎所有的分析试剂。

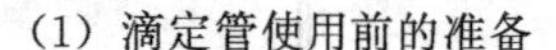

（1）滴定管使用前的准备

① 滴定管的检查

酸式滴定管在使用前应检查旋塞转动是否灵活、是否漏水。试漏的方法是将旋塞关闭，在滴定管内充满水，夹在滴定管夹上，放置2min，观察管口或旋塞两端是否有水渗出；将旋塞旋转180°，再放置2min，观察是否有水渗出。两次均无水渗出，旋塞旋转灵活，即可洗净使用。若滴定管漏水或旋塞旋转不灵活，可将滴定管内的水放出，平放在实验台上，将旋塞抽出，用滤纸将旋塞和塞槽内的水擦干，用手指在旋塞的两头均匀地涂抹薄薄一层凡士林，见图2-42(a)，在旋塞孔的两旁少涂一些，以免凡士林堵住塞孔；也可分别在旋塞粗的一端和滴定管塞槽细的一端内壁均匀地涂抹一薄层凡士林，见图2-42(b)。涂抹凡士林后，按旋塞孔与滴定管平行方向，将旋塞直接插入塞槽中，按紧，见图2-42(c)。然后向同一方向转动旋塞，直至旋塞中油膜均匀透明。若涂抹凡士林后转动仍不灵活，或出现纹路，表示凡士林涂抹得不够；若有凡士林从旋塞缝内挤出，表明凡士林涂抹太多。必须把旋塞和塞槽擦干净后，重新涂抹凡士林。涂抹好凡士林后，应在旋塞末端套上一个小橡胶圈，以防旋塞脱落打碎。套橡皮圈时，要用手指抵住旋塞柄，防止其松动。

碱式滴定管应选择大小合适的玻璃珠和乳胶管。玻璃珠过小会漏水或使用时上下滑动，过大会在放出液体时手指过于吃力，操作不方便。如不合要求，应及时更换。

② 滴定管的洗涤

滴定管在使用前必须洗净，将滴定管内的水沥干，倒入10mL洗液（碱式滴定管应取下乳胶管，套上旧橡皮乳头，再倒入洗液），将滴定管逐渐向管口倾斜，最后平端滴定管，用双手缓慢转动，使洗液布满全管，然后打开旋塞将洗液倒回原洗液瓶。若滴定管内壁沾污严重，需要用洗液充满滴定管（包括旋塞下部尖嘴出口），浸泡10min至数小时，或用温热洗液浸泡20～30min。用自来水冲洗干净，然后用蒸馏水洗涤

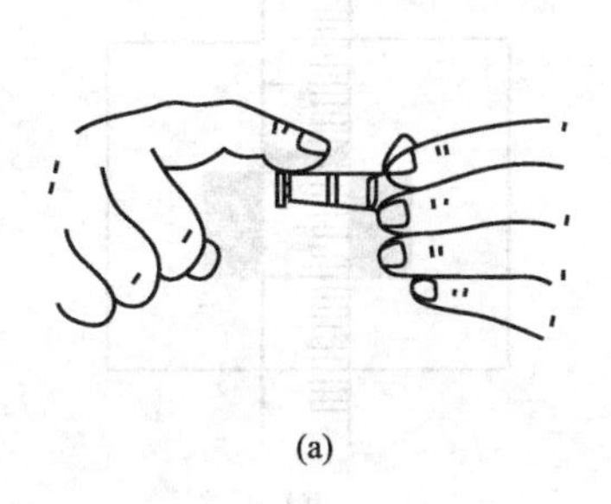
(a)

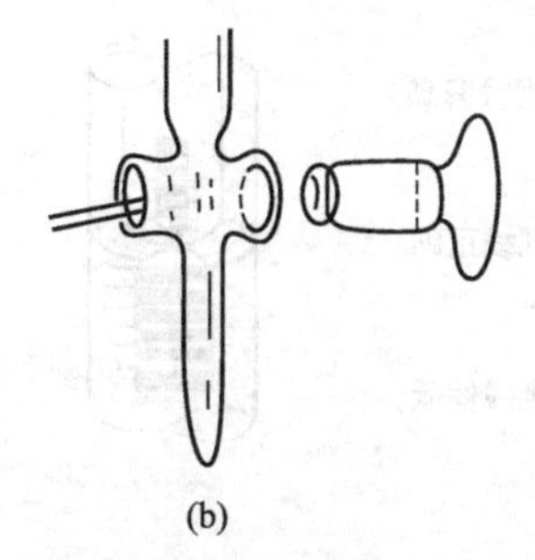
(b)

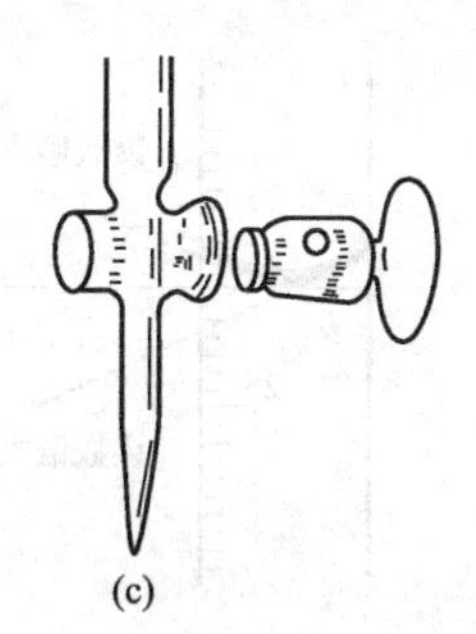
(c)

图 2-42 涂抹凡士林

三次，每次用水约 10mL。

(2) 标准溶液的装入

为避免装入的标准溶液被稀释，应先用待装标准溶液 5～10mL 润洗滴定管 2～3 次。操作时，使标准溶液布满全管，并使溶液从滴定管下端流尽，以除去滴定管内存留的水分。标准溶液装入滴定管前，应将其摇匀，使凝结在瓶内壁的水珠溶入溶液。混匀后的标准溶液直接倒入滴定管中，不得用其他容器来转移，以免标准溶液浓度改变或造成污染。此时，左手前三指持滴定管上部无刻度处，稍微倾斜，右手拿住试剂瓶往滴定管中倒溶液，让溶液慢慢沿滴定管内壁流下。装好标准溶液后，注意检查滴定管尖嘴内有无气泡。酸式滴定管可迅速旋转旋塞，使溶液快速冲出，将气泡带走。对于碱式滴定管，右手拿住滴定管上端，并使管身倾斜，左手捏挤乳胶管玻璃珠周围，并使尖端上翘，使溶液从尖嘴处流出，即可排出气泡，见图 2-43。排出气泡后，装入标准溶液，使液面在“0”刻度以上，再调节液面在 0.00mL 处或稍下一点位置，0.5～1min 后，记录初读数据。

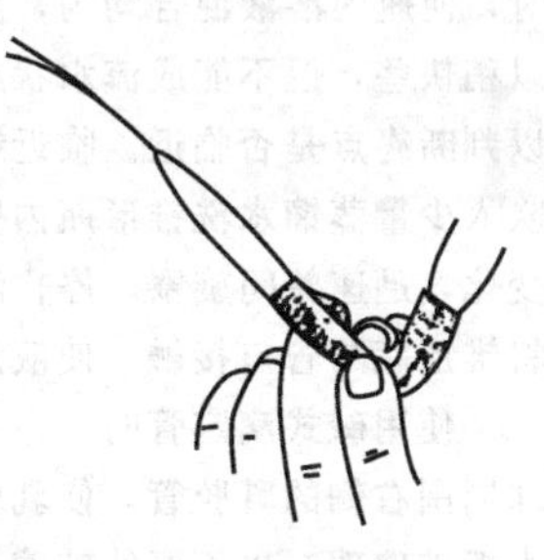
图 2-43 排出气泡

(3) 滴定管的读数

滴定管的读数不准确，通常是滴定分析误差的主要来源之一。因此，滴定管读数应遵循下列原则。

① 装满溶液或放出溶液后，须等 1～2min 后，使附着在内壁的溶液流下来，再进行读数。若放出溶液的速度较慢（如临近终点时），可等 0.5～1min 后，即可读数。每次读数前要检查管壁是否挂水珠，管尖是否有气泡，管出口尖嘴处是否悬有液滴。

② 读数时，滴定管可以夹在滴定管架上；也可用拇指和食指捏住滴定管上端无刻度处，无论用哪一种方法读数，均应使滴定管保持垂直状态。

③ 由于液体表面张力，滴定管内液面呈弯月形。对于无色或浅色溶液，弯月面清晰，读数时，应读取视线与弯月面下缘实线最低点相切处的刻度，见图 2-44(a)；对于颜色较深的溶液（如 $KMnO_4$、I_2），弯月面清晰度较差，读数时，应该读取视线与液面两侧的最高点呈水平处的位置；使用“蓝带”滴定管时，读数方法与上述不同，在这种滴定管中，液面呈现三角交叉点，此时，应读取交叉点处的刻度，见图 2-44(b)。

④ 每次滴定前应将液面调节在 0.00mL 处或稍下一点的位置，这样可固定在某一段体积范围内滴定，以减少体积测量的误差。

⑤ 读数必须到小数点后第二位，要求准确到 0.01mL。

⑥ 为了读数准确，可采用读数卡，这种方法有助于初学者练习读数。读数卡可用贴有黑纸或涂有墨的长方形（约 3cm×1.5cm）的白纸制成。读数时，将读数卡放在滴定管背后，使黑色部分在弯月面下的 1mm 处。此时即可看到弯月面的反射层呈黑色，然后读与黑色弯月面下缘相切的刻度，见图 2-44(c)。读数时应注意条件保持一致，或都使用读数卡，或都不使用读数卡。

⑦ 读取初读数时，应将管尖嘴处悬挂的液滴除去，滴定至终点时，应立即关闭旋塞，注意不要使滴定管中溶液流至管尖嘴处悬挂，否则终读数据便包括悬挂的半滴溶液。

(4) 滴定操作

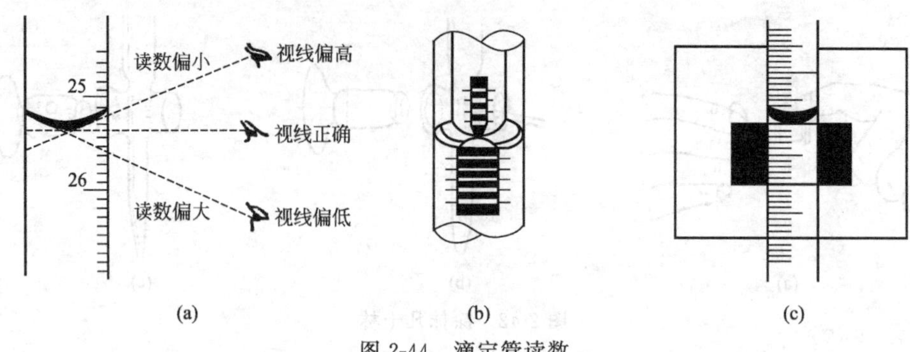

图 2-44　滴定管读数

滴定时，应将滴定管垂直地夹在滴定管架上，滴定台应该是白色，否则应放置一块白色瓷板或白纸作背景，以便观察滴定过程溶液颜色的变化。滴定最好在锥形瓶中进行，必要时也可在烧杯中进行。

使用酸式滴定管时，用左手控制滴定管的旋塞，拇指在前，食指和中指在后，手指略弯曲，轻轻向内扣住旋塞，转动旋塞时要注意勿使手心顶着旋塞，以防旋塞松动，造成溶液渗漏，如图 2-45(a) 所示。右手握持锥形瓶，使滴定管尖稍伸进瓶口为宜，边滴定边摇动，摇动时应作同一方向的圆周运动，开始滴定时，使瓶内溶液混合均匀，反应及时完全，滴定操作如图 2-45(b) 所示。滴定开始时，溶液滴加的速度可以稍快些，但不能成流水状放出，滴定时，左手不要离开旋塞，并注意观察滴定剂落点处周围颜色的变化，以判断终点是否临近。临近终点时，滴定速度要减慢，应一滴或半滴地滴加，滴一滴，摇几下，并用洗瓶吹入少量蒸馏水洗锥形瓶内壁，使附着的溶液全部流下，然后再半滴半滴地滴加，直至溶液颜色发生明显变化，迅速关闭旋塞，停止滴定，即为滴定终点。半滴的滴法是将旋塞稍稍转动，使有半滴溶液悬于管口，将锥形瓶与管口接触，使液滴流出，并用洗瓶以蒸馏水冲下。

使用碱式滴定管时，左手拇指在前，食指在后，其余三指夹住出口管。用拇指和食指的指尖捏挤玻璃珠周围右侧的乳胶管，使乳胶管与玻璃珠之间形成一个小缝隙（见图 2-46），溶液即可流出。注意，不要用力捏玻璃珠，也不要使玻璃珠上下移动；不要捏挤玻璃珠下部乳胶管，以免空气进入形成气泡；停止滴定时，应先松开拇指和食指，然后才松开其余三指。

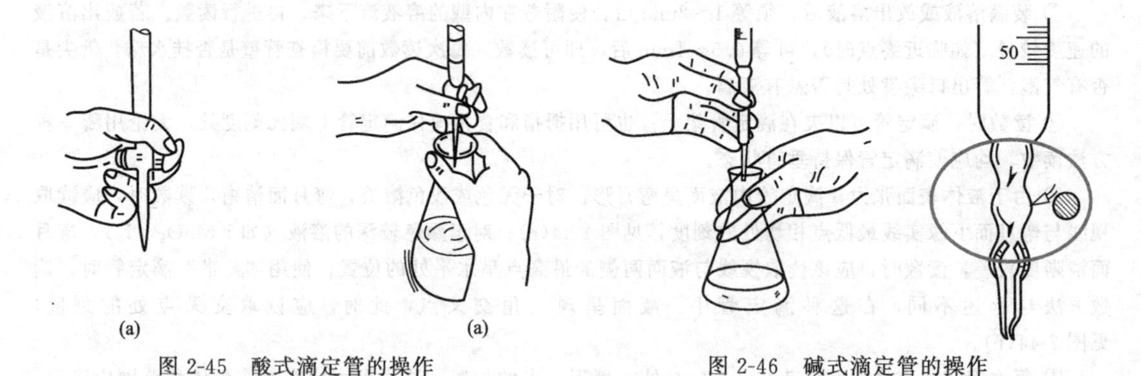

图 2-45　酸式滴定管的操作　　　　图 2-46　碱式滴定管的操作

滴定结束后，滴定管内剩余的溶液应弃去，不得将其倒回试剂瓶，以免污染整瓶溶液。随即洗净滴定管，备用。

在滴定分析中，滴定管、容量瓶、移液管和吸量管是准确测量溶液体积的量器。由于体积测量的相对误差比称量要大，体积测量不够准确（相对误差＞0.2%），其他操作步骤即使做得很正确，也是徒劳的，因为在一般情况下分析结果的准确度是由误差最大的那项因素决定的。因此，必须准确测量溶液的体积以得到准确的分析结果。溶液体积测量的准确度不仅取决于所使用量器是否准确，更重要的是取决于准备和使用量器是否正确。

在分析化学中，测量溶液的准确体积须用已知容量的量器。根据量器的容量允差和水的流出时间分为 A 级、A_2 级和 B 级（量器上标有“A”、“A_2”和“B”字），见表 2-2。

表 2-2 量器的型式、规格和允差

量器名称	标称容量/mL	容量允差①/mL			水的流出时间/s	
		A 级	A_2 级	B 级	A、A_2 级	B 级
滴定管	25	±0.040	±0.060	±0.080	45～70	35～70
移液管	20	±0.030		±0.060	25～35	20～35
吸量管	10	±0.050		±0.10	7～17	
容量瓶	500	±0.25		±0.50		

① 标准温度 20℃，滴定管和吸量管为全容量和零到任意刻度，移液管和容量瓶为全容量。

实验 5 二氧化碳相对分子质量的测定

一、实验目的

1. 学习气体相对密度法测定气体相对分子质量的原理和方法。

2. 加深理解理想气体状态方程式和阿佛伽德罗定律。

3. 学习和练习二氧化碳气体的发生、收集、净化和干燥的基本操作。

二、实验原理

理想气体状态方程建立了理想气体 4 个基本性质之间的关系。即：

$$pV=nRT$$

它是由波义耳定律、查理定律和阿佛伽德罗定律合并组成的一个方程，是从实验中总结出来的经验定律。

根据阿伏伽德罗定律，同温同压下，同体积的任何气体含有相同数目的分子。因此，在同温同压下，同体积的两种气体的质量之比等于它们的相对分子质量之比。即：

$$\frac{M_1}{M_2}=\frac{m_1}{m_2}=D$$

式中，M_1 和 m_1 代表第一种气体的相对分子质量和质量；M_2 和 m_2 代表第二种气体的相对分子质量和质量；$D\left(=\frac{m_1}{m_2}\right)$为第一种气体相对于第二种气体的相对密度。

本实验是把同体积的二氧化碳气体与空气（其平均相对分子质量为 28.98g·mol^{-1}）相比。这样二氧化碳的相对分子质量可按下式计算：

$$\frac{M_{CO_2}}{M_{空气}}=\frac{m_{CO_2}}{m_{空气}}$$

$$M_{CO_2}=\frac{m_{CO_2}}{m_{空气}}\times M_{空气}=\frac{m_{CO_2}}{m_{空气}}\times 28.98$$

式中，m_{CO_2}，$m_{空气}$ 分别为同体积的二氧化碳气体与空气的质量；M_{CO_2} 为二氧化碳气体的相对分子质量。

当将一个玻璃容器，如锥形瓶（充满空气），先进行称量（m_1），然后将其充满二氧化碳并在同一温度和压力下称量（m_2），两者的质量之差（m_2-m_1）为同体积的二氧化碳与空气的质量差，所以：

$$m_{CO_2}=(m_2-m_1)+m_{空气}$$

根据实验时的大气压（p）、温度（T）和锥形瓶的容积（V），利用理想气体状态方程式，可计算出同体积的空气的质量：

$$m_{空气}=\frac{pV\times 28.98}{RT}\text{g}\cdot\text{mol}^{-1}$$

为了求出锥形瓶的容积（V），可将锥形瓶装满水并称重（m_3）。则：

$$m_{水}-m_{空气}=m_3-m_1$$

$$m_{水}=(m_3-m_1)+m_{空气}\approx(m_3-m_1)$$

根据：$\rho=m/V$，锥形瓶的容积 $V=m_{水}/\rho=m_{水}/1.00\text{g}\cdot\text{mL}^{-1}$，便可得到锥形瓶的容积。从而可测定出二氧化碳气体的相对分子质量。

三、实验用品

仪器与材料：CO_2 气体发生器，洗气瓶（2 只），150mL 磨口锥形瓶，干燥管，台秤，电子天平，温度计，气压计，橡皮管，玻璃管。

固体药品：无水 $CaCl_2$，大理石。

液体药品：HCl（工业用，6mol·L^{-1}），H_2SO_4（工业用），饱和 $NaHCO_3$ 溶液。

四、实验步骤

1. 按图 2-47 连接好二氧化碳气体的发生和净化装置。因石灰石中含有硫等杂质，所以在气体发生过程中会有硫化氢气体产生，同时还有酸雾、水汽等。因此由启普发生器产生的二氧化碳气体要通过饱和 $NaHCO_3$ 溶液、浓硫酸、无水氯化钙来净化和干燥。

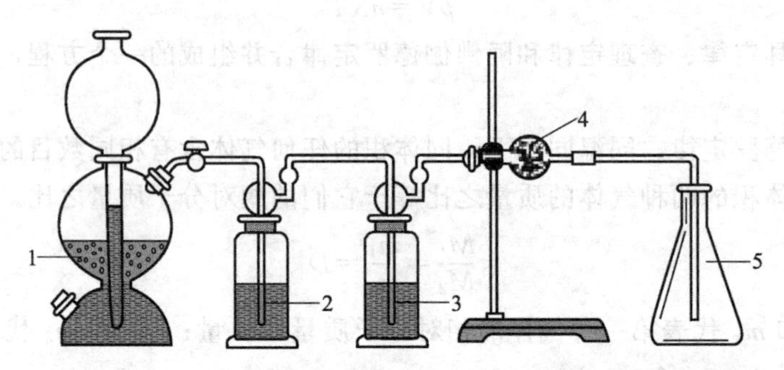

图 2-47　制取、净化和收集 CO_2 装置图

1—大理石＋稀盐酸；2—饱和 $NaHCO_3$；3—浓 H_2SO_4；4—无水 $CaCl_2$；5—锥形瓶

如果实验室中备有 CO_2 钢瓶，则 CO_2 也可以从钢瓶直接取得。由钢瓶出来的 CO_2 要先经过一只缓冲瓶，再经过浓硫酸干燥后导入锥形瓶。

2. 取一个洁净干燥、带磨口玻璃塞的锥形瓶，在电子天平上称量出充满空气的锥形瓶的质量 m_1（准确至 0.1mg）。

3. 将从启普发生器或 CO_2 钢瓶中产生的二氧化碳气体，经过净化和干燥后，导入锥形瓶内。因为二氧化碳气体的相对密度大于空气，所以必须把导气管插入瓶底，才能把瓶内的空气赶尽。2～3min 后，用燃着的火柴在瓶口检查 CO_2 已充满后，再慢慢取出导气管，立即塞好磨口玻璃塞，在电子天平上称出充满 CO_2 的锥形瓶的质量 m_2（准确至 0.1mg）。重复通入二氧化碳气体和称量的操作，直到前后两次的质量相差不超过 2mg 为止。这样做是为了保证瓶内的空气已完全被排出并充满了二氧化碳气体。

4. 在瓶内装满水，塞好塞子，擦去瓶外的水滴，在台秤上称其质量 m_3，精确至 0.1g。记下室温和大气压。

5. 根据实验数据，计算二氧化碳的相对分子质量。

五、注意事项

1. 实验室安全问题。不得进行违规操作，有问题及时处理或向老师报告。
2. 电子天平的使用。注意保护天平，防止发生错误的操作。
3. 启普发生器的正确使用。
4. 气体的净化与干燥操作。
5. 称量气体时，要用称量纸条裹住瓶颈处，不要直接拿瓶身，以免手加热气体。

六、实验结果与讨论

1. 数据记录和结果处理

项目		数据
室温 T/℃		
大气压 p/Pa		
(空气＋瓶＋塞子)的质量 m_1/g		
(CO_2＋瓶＋塞子)的质量$\overline{m_2}$/g	第一次 $m_2(1)$/g	
	第二次 $m_2(2)$/g	
	第三次 $m_2(3)$/g	
(水＋瓶子＋塞子)的质量 m_3/g		
锥形瓶的容积/mL:$V=(m_3-m_1+m_{空气})/\rho_{水}\approx(m_3-m_1)/\rho_{水}$		
瓶内空气质量/g:$m_{空气}=pVM_{空气}/RT$		
CO_2 气体的质量/g:$m_{CO_2}=(m_2-m_1)+m_{空气}$		
二氧化碳的相对分子质量/g·mol^{-1}		
相对误差/%		

2. 分析产生误差的主要原因。

七、预习内容

1. 实验室常用气体有哪些？
2. 简述这些气体的实验室制法并写出反应方程式。
3. 本实验需要测定哪些数据？哪些物质的相对分子质量可用此方法测定？

八、实验习题

1. 在制备、净化二氧化碳的装置中，能否把瓶 2 和瓶 3 倒过来装置？为什么？
2. 为什么（二氧化碳气体＋瓶＋塞子）的质量要在电子天平上称量，而（水＋瓶＋塞子）的质量则可以在台秤上称量？两者的要求有何不同？
3. 为什么在计算锥形瓶的容积时不考虑空气的质量，而在计算二氧化碳的质量时却要考虑空气的质量？

九、附注

1. 气体的发生

气体发生的方法	实验装置图	适用气体	注意事项
加热试管中的固体制备气体	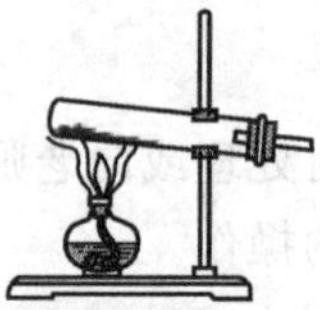	O_2、NH_3、N_2、NO	1. 固体试剂加热； 2. 试管口向下倾斜 15°； 3. 检查气密性
利用启普气体发生器制备气体		H_2、CO_2、H_2S 等	1. 启普气体发生器不能加热； 2. 装在发生器内的固体必须是颗粒较大或块状； 3. 检查气密性； 4. 更换废液或废渣时必须按操作规则进行
利用蒸馏烧瓶和分液漏斗制备气体	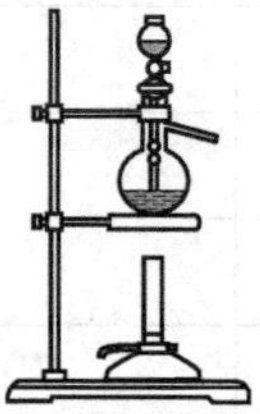	CO、SO_2、Cl_2、HCl 等	1. 分液漏斗管应插入液体(1 个小试管)内，否则漏斗中液体不易流下； 2. 必要时可加热； 3. 必要时可加回流装置
从钢瓶直接获得气体		N_2、O_2、H_2、NH_3、CO_2、Cl_2、C_2H_4 等	1. 钢瓶应存放在阴凉、干燥、远离热源的地方； 2. 绝对不可使油或其他易燃物、有机物沾在钢瓶上； 3. 使用钢瓶中的气体时，要用减压器； 4. 钢瓶内的气体绝对不能用完，一定要保留 0.05MPa 以上的残留压力(表压)

2. 气体的收集

收集方法		实验装置	适宜气体	注意事项
排水集气法		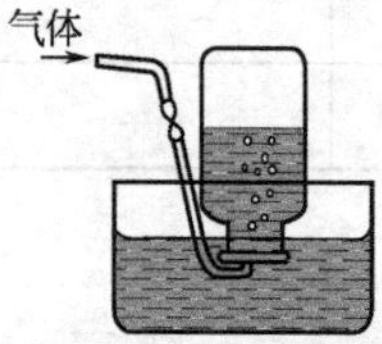	难溶于水的气体。如：H_2、O_2、N_2、NO、CO、CH_4、C_2H_4、C_2H_2	1. 集气瓶装满水，不留气泡； 2. 停止收集时，应先拔出导管(或移走水槽)后，再移开灯具
排气集气法	向上排气法，收集比空气重的气体	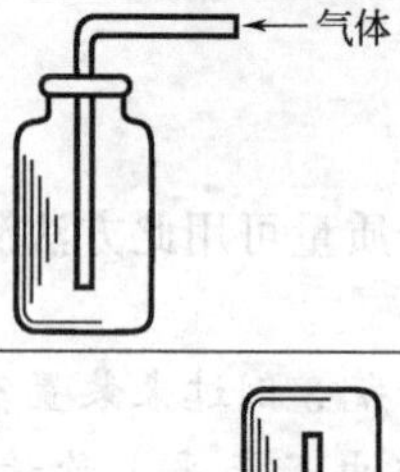	易溶于水，比空气重的气体，如：SO_2、Cl_2、HCl、CO_2 等	1. 集气导管应尽量接近集气瓶底； 2. 密度与空气接近或在空气中易氧化的气体不宜用排气法，如 CO 等
	向下排气法，收集比空气轻的气体	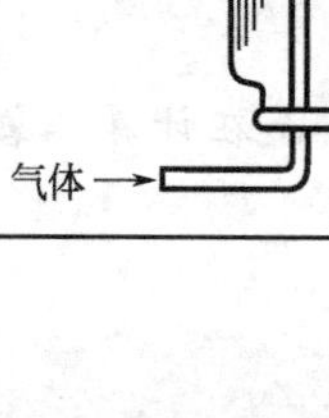	易溶于水，比空气轻的气体，如：NH_3	

3. 气体的干燥

实验室制备的气体常常带有酸雾和水汽。为了得到比较纯净的气体，酸雾可用水除去；水汽可用浓硫酸、无水氯化钙或硅胶吸收。一般情况下使用洗气瓶（gas washing bottle）（图 2-48），干燥塔（dry tower）（图 2-49），U 形管（U-tube）（图 2-50），或干燥管（drying tube）（图 2-51）等仪器进行净化或干燥。液体（如水、浓硫酸等）装在洗气瓶内，无水氯化钙或硅胶装在干燥塔或 U 形管内，玻璃棉装在 U 形管或干燥管内。

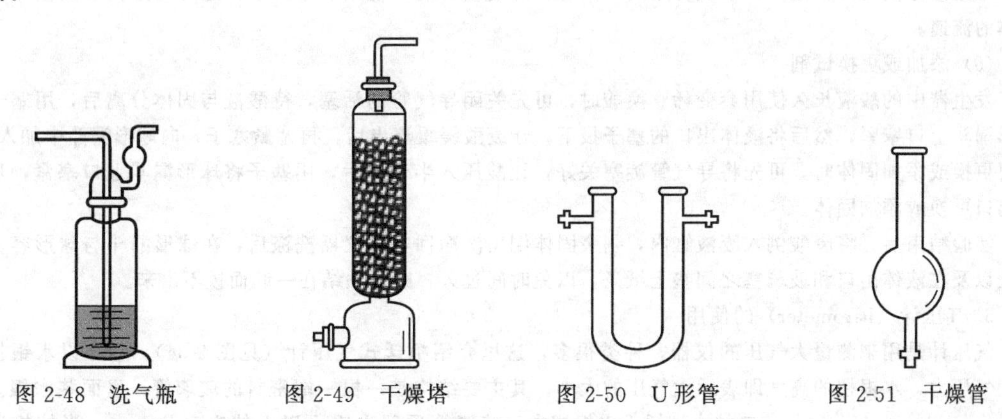

图 2-48 洗气瓶　　图 2-49 干燥塔　　图 2-50 U 形管　　图 2-51 干燥管

由于制备气体的反应物中常含有硫、砷等杂质，所以在气体发生过程中常夹杂有硫化氢、砷化氢等气体。硫化氢、砷化氢和酸雾可通过高锰酸钾溶液，乙酸铅溶液或硫酸铜溶液，碳酸氢钠溶液除去，再通过装有无水氯化钙的干燥管进行干燥。

不同性质的气体应根据具体情况，分别采用不同的洗涤剂和干燥剂进行处理。

4. 启普气体发生器（pneumatogen）的构造、原理和使用注意事项

启普气体发生器是由一个葫芦状的玻璃容器和球形漏斗组成的（图 2-52）。葫芦状的容器由球体和半球体构成，底部有一液体出口，用塞子塞紧。球体的上部有一气体出口，与带有玻璃旋塞的导气管相连（图 2-53）。

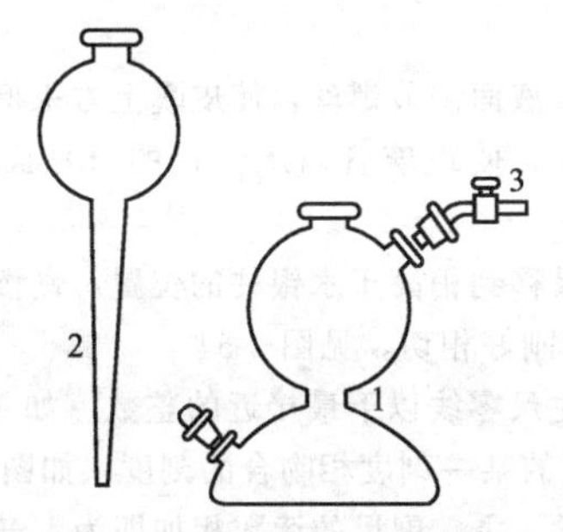

图 2-52 启普气体发生器分布图

1—葫芦状的容器；2—球形漏斗；3—旋塞导管

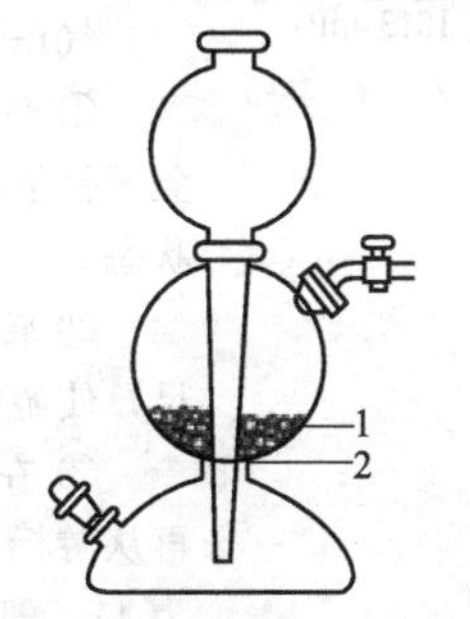

图 2-53 启普气体发生器装置图

1—固体药品；2—玻璃棉（或橡皮垫圈）

移动启普气体发生器时，应用两手握住球体下部，切勿只握住球形漏斗，以免葫芦状的容器落下而打碎。启普气体发生器不能加热，装在发生器内的必须是块状或颗粒较大的固体试剂。

（1）装配

在球形漏斗颈和玻璃旋塞磨口处涂一薄层凡士林油，插好球形漏斗和玻璃旋塞，转动几次，使装配严密。

（2）检查气密性

开启旋塞，从球形漏斗口注水至充满半球体时，关闭旋塞。继续加水，待水从漏斗管上升到漏斗球体内，停止加水。在水面处做一记号，静置片刻，如水面不下降，证明不漏气，可以使用。

（3）加试剂

在葫芦状容器的球体下部先垫上玻璃棉（或橡皮垫圈），然后由气体出口加入固体药品。加入固体的

量不宜过多，以不超过中间球体的 1/3 为宜，否则固液反应激烈，酸液很容易被气体从导管带出，再从球形漏斗加入适量酸。玻璃棉（或橡皮垫圈）的作用是避免固体掉入半球体底部。

(4) 发生气体

使用时，打开旋塞，由于中间球体内压力降低，酸即从底部通过狭缝进入中间球体与固体接触而产生气体。停止使用时，关闭旋塞，由于中间球体内产生的气体压力增大，就会将酸液压回到球形漏斗中，使固体与酸液分离而停止反应。下次再用时，只要打开旋塞即可，使用非常方便，还可通过调节旋塞来控制气体的流速。

(5) 添加或更换试剂

发生器中的酸液长久使用会变稀。换酸时，可先关闭导气管的活塞，待酸液与固体分离后，用塞子将球形漏斗上口塞紧，然后将液体出口的塞子拔下，让废酸缓缓流出后，再塞紧塞子，向球形漏斗中加入酸。需要更换或添加固体时，可先将导气管旋塞关好，让酸压入半球体后，用塞子将球形漏斗上口塞紧，从气体出口更换或添加固体。

实验结束后，将废酸倒入废液缸内，剩余固体倒出洗净回收。仪器洗涤后，在球形漏斗与球形容器连接处以及在液体出口和玻璃塞之间垫上纸条，以免时间过久，磨口黏结在一起而拔不出来。

5. 气压计（barometer）的使用

气压计是用来测量大气压的仪器，种类很多，这里介绍福廷式气压计（见图 2-54）。它是以水银柱平衡大气压力，水银柱的高度即表示大气压的大小。其主要结构是一根一端密封的玻璃管，里面装水银。开口的一端插入水银槽内，玻璃管顶部水银面以上的空室是真空。当拧松通气钉，大气压力就作用在水银槽内的水银面上，使玻璃管中的水银柱升高，水银柱高度即与大气压平衡。拧转游标尺调节手柄使游标尺零线基面与玻璃管内水银柱弯月面相切，即可进行读数。

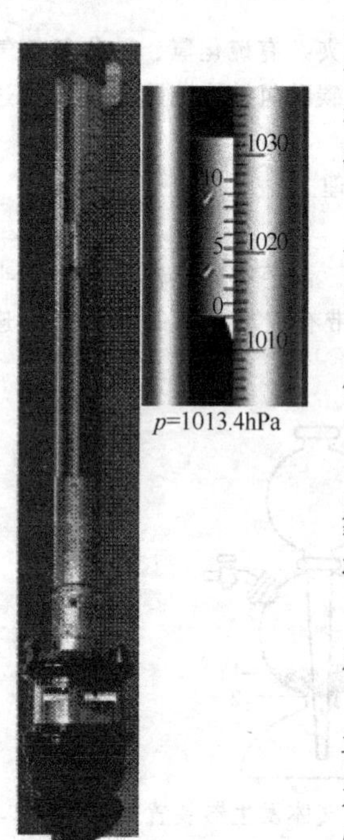

图 2-54 气压计装置图

当大气压发生变化时，玻璃管内水银柱的高度与水银槽内水银液面的位置也发生相应的变化。由于在计算气压表的游标尺时已补偿了水银槽内水银液面的变化量，因而游标尺所示值经修正后，即为当时的大气压值。

附属温度表是用来测定玻璃管内水银柱和外管的温度，以便对气压计的示值进行温度校正。

气压计的观测按下列步骤进行：

① 气压计必须垂直安装。旋转汞液面调节螺丝，使皮囊上方汞槽内汞面与象牙针恰好相接触，用手指轻敲外管，使玻璃管内水银柱的弯月面处于正常状态。

② 转动标尺调节手柄，使游标尺移到稍高于水银柱的位置，慢慢移下游标尺，使游标尺基面与水银弯月面顶端刚好相切，见图 2-54。

③ 在刻度标尺上，读取游标尺主尺零线以下最接近的整数（如 1013hPa），再从游标尺副尺上找出正好与主尺上的某一刻度相吻合的刻度（如图 2-54 所示为 4），即为读数的十分位小数。这样，主、副尺的读数相加即为大气压的数值（如 1013.4hPa）。

④ 读取附属温度表的温度，准确到 0.1℃。

⑤ 读数记下后，将气压计底部汞槽螺旋向下移动，使汞面脱离开象牙针。

实验 6 粗硫酸铜的提纯

一、实验目的

1. 学习用化学方法提纯硫酸铜的实验原理和技术。
2. 练习常压过滤、减压过滤以及称量、溶解、加热、蒸发、结晶等基本操作。
3. 了解产品纯度检验的方法。

二、实验原理

粗硫酸铜中含有不溶性杂质和可溶性杂质离子 Fe^{2+}、Fe^{3+} 等，不溶性杂质可通过溶解过滤法除去；可溶性杂质则采取形成氢氧化物沉淀，然后再过滤除去。由于 Fe^{2+} 离子形成氢氧化物沉淀的 pH 值较高，当有 $Fe(OH)_2$ 沉淀时，Cu^{2+} 也以 $Cu(OH)_2$ 沉淀析出。为此，要采用氧化剂 H_2O_2 或 Br_2 将 Fe^{2+} 氧化成 Fe^{3+}，然后调节溶液的 pH 值为 3.5～4.0 [即 $Fe(OH)_3$ 沉淀完全的 pH 值]，使 Fe^{3+} 水解成为 $Fe(OH)_3$ 沉淀而除去。其反应如下：

$$2Fe^{2+} + H_2O_2 + 2H^+ = 2Fe^{3+} + 2H_2O$$

$$Fe^{3+} + 3H_2O = Fe(OH)_3 \downarrow + 3H^+$$

除去铁离子后的滤液经蒸发、浓缩，即可制得五水硫酸铜结晶。其他微量可溶性杂质在硫酸铜结晶时，仍留在母液中，过滤时可与硫酸铜分离。

三、实验用品

仪器与材料：台秤、普通漏斗、漏斗架、布氏漏斗、吸滤瓶、循环水泵、蒸发皿、烧杯、量筒、比色管（10mL）、酒精灯、火柴、三脚铁架、石棉网、洗瓶、玻璃棒、滤纸、广泛 pH 试纸、硫酸铜回收瓶（公用）。

固体药品：粗 $CuSO_4$。

酸碱溶液：$H_2SO_4(1mol \cdot L^{-1})$、$NaOH(0.5mol \cdot L^{-1})$、$NH_3 \cdot H_2O(6mol \cdot L^{-1})$、$HCl(2mol \cdot L^{-1})$。

其他溶液：$KSCN(0.1mol \cdot L^{-1})$、$H_2O_2(3\%)$。

四、实验步骤

1. 粗 $CuSO_4$ 的提纯

称取 10.0g 由实验室提供的粗 $CuSO_4$ 固体放入 100mL 小烧杯中，加入 35mL 蒸馏水，搅拌，加热至 70～80℃，促使其溶解。再滴加约 2mL 3% 的 H_2O_2，继续将溶液加热，使 Fe^{2+} 氧化成 Fe^{3+}。用 pH 试纸检验溶液 pH 值是否为 4，若低于 4，则在不断搅拌下，逐滴加入 $0.5mol \cdot L^{-1}$ NaOH 溶液，直到 pH≈4（也可用 CuO 粉末代替 NaOH 溶液来调节溶液的 pH），再加热片刻，静置使水解生成的 $Fe(OH)_3$ 沉淀沉降，常压过滤，滤液过滤到洁净的蒸发皿中。

在精制后的硫酸铜滤液中滴加 $1mol \cdot L^{-1}$ H_2SO_4 酸化，调节溶液 pH 值至 1～2，然后在石棉网上加热蒸发，浓缩至液面出现一层晶膜时，即停止加热，冷却至室温，减压过滤（可用干净的药勺轻轻挤压布氏漏斗上的晶体，尽可能除去晶体间夹带的母液），取出晶体，用滤纸将硫酸铜晶体表面的水分吸干，吸滤瓶中的母液倒入回收瓶。在台秤上称出产品质量，计算产量百分率。

2. 硫酸铜纯度的检验

称取提纯的硫酸铜 1.0g，置于 50mL 小烧杯中，加 10mL 蒸馏水加热溶解，加入 1mL $1mol \cdot L^{-1}$ H_2SO_4 溶液酸化，再加入 2mL 3%的 H_2O_2 溶液，加热煮沸，使产品中可能存在的 Fe^{2+} 氧化成 Fe^{3+}。待溶液冷却后，在搅拌下，逐滴加入 $6mol \cdot L^{-1}$ 氨水，直至最初生成的浅蓝色沉淀全部溶解，溶液呈深蓝色为止，此时 Fe^{3+} 成为 $Fe(OH)_3$ 沉淀，而 Cu^{2+} 则成为铜氨配离子 $[Cu(NH_3)_4]^{2+}$ 溶液。

$$Fe^{3+} + 3NH_3 + 3H_2O = Fe(OH)_3 \downarrow + 3NH_4^+$$

$$2CuSO_4 + 2NH_3 + 2H_2O = Cu_2(OH)_2SO_4 \downarrow + (NH_4)_2SO_4$$

$$Cu_2(OH)_2SO_4 + (NH_4)_2SO_4 + 6NH_3 = 2[Cu(NH_3)_4]^{2+} + 2SO_4^{2-} + 2H_2O$$

常压过滤，用滴管取 6mol·L^{-1}氨水溶液洗涤滤纸至蓝色消失，弃去滤液，滤纸上留下黄色的 $Fe(OH)_3$ 沉淀。

用滴管取 3mL 2mol·L^{-1} HCl 溶液逐滴加在滤纸上（用 10mL 比色管接收滤液），以溶解 $Fe(OH)_3$ 沉淀。若一次不能完全溶解，可将滤下的滤液再滴到滤纸上，如此反复操作，直至 $Fe(OH)_3$ 全部溶解。在比色管中加入 2 滴 0.1mol·L^{-1} KSCN 溶液，加水稀释至 10mL。观察红色的深浅。

取 1.0g 粗硫酸铜进行上述同样操作。对比两者颜色的差异，检验提纯效果（也可用目视比色法与 Fe^{3+} 标准溶液对比，判断产品纯度）。

五、预习内容

1. 硫酸铜提纯的实验原理。
2. 固液分离的方法与过滤操作。

六、思考题

1. 除去粗硫酸铜中杂质 Fe^{2+} 时，为什么要先加 H_2O_2 氧化为 Fe^{3+} 后再除去？而除去 Fe^{3+} 时，为什么要调节溶液的 pH 值为 4 左右？pH 值太大或太小有什么影响？
2. 精制后的硫酸铜溶液为什么要滴几滴 1mol·L^{-1} H_2SO_4 酸化，然后再加热蒸发？
3. 减压过滤时，怎样将蒸发皿中剩余少量的硫酸铜晶体转移到漏斗中？能否用蒸馏水冲洗？
4. 如果粗硫酸铜中含有 Pb^{2+} 等杂质，它们会在哪一步中被除去？

七、附注

1. 固体与溶液的分离

固体与液体分离的方法有 3 种：倾析法、过滤法、离心分离法。

(1) 倾析法

当沉淀的相对密度较大或结晶的颗粒较大，静置后沉降至容器底部后，小心地将上层清液沿玻璃棒倾入另一容器中（图 2-55），然后往盛有沉淀的容器内加入少量洗涤液（如蒸馏水），充分搅拌后，静置、沉降，倾去洗涤液，如此重复操作几次即可。

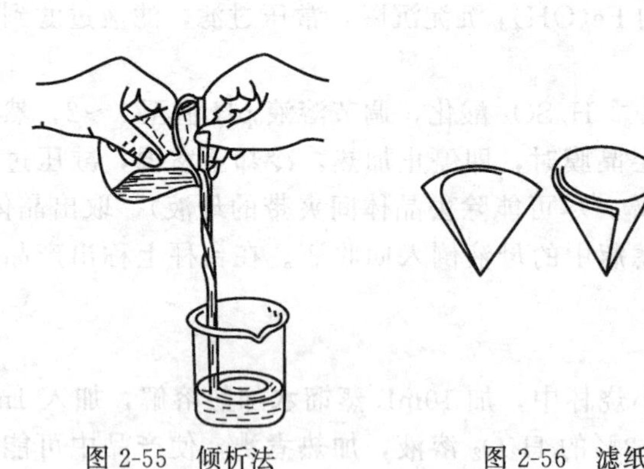

图 2-55　倾析法　　图 2-56　滤纸的折叠

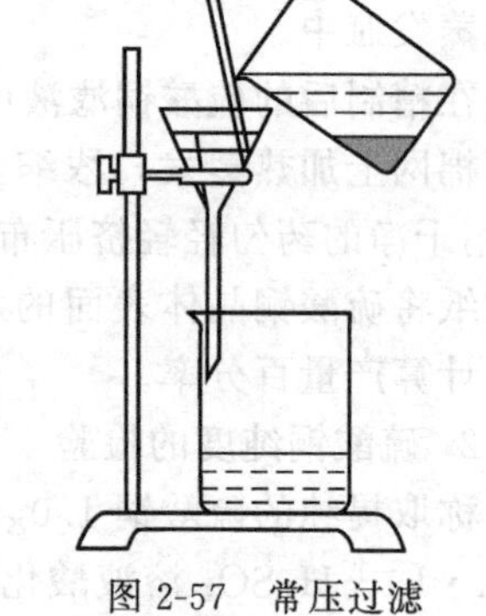

图 2-57　常压过滤

(2) 过滤法

常用的过滤方法如下：

① 常压过滤　按图 2-56 将滤纸折叠好放在漏斗中，按照一贴（滤纸紧贴漏斗内壁），二低（滤纸边缘比漏斗口稍低，液面比滤纸边缘稍低），三靠（玻璃棒靠在有三层滤纸的一边，烧杯靠在玻璃棒上，漏斗的下端靠在烧杯内壁上）进行过滤（见图 2-57）。

常压过滤时需注意：过滤时，先用清液润湿滤纸，然后将沉淀转移到滤纸上，溶液及沉淀顺棒流入漏斗；如果需要洗涤沉淀，等溶液转移完后，往盛沉淀的容器中加入少量洗涤剂，充分搅拌，静置，待沉淀下沉后，再把上层清液倾入漏斗中。洗涤时，先冲洗滤纸上方，然后螺旋向下移动，“遵照少量多次原则”，以提高洗涤效率。

② 减压过滤　又称吸滤法过滤（或称抽吸过滤，简称抽滤），减压过滤用的仪器装置见图 2-58。减压过滤所用的滤纸应比布氏漏斗的内径略小，以将瓷孔全部盖没为准，用少量蒸馏水润湿滤纸，将漏斗装在吸滤瓶上，使漏斗颈部的斜口对着吸滤瓶支管，开启水泵（图 2-59），减压，使滤纸贴紧，再将溶液沿着玻璃棒流入漏斗中，加入溶液的量不要超过容积的 2/3，等溶液全部流完后，将沉淀转移至漏斗中，洗涤方法与常压过滤相同。过滤完毕后，先拔掉连接吸滤瓶的橡皮管，后关水泵。取下布氏漏斗倒扣在表面皿上，轻轻拍打漏斗，以取下滤纸和沉淀。

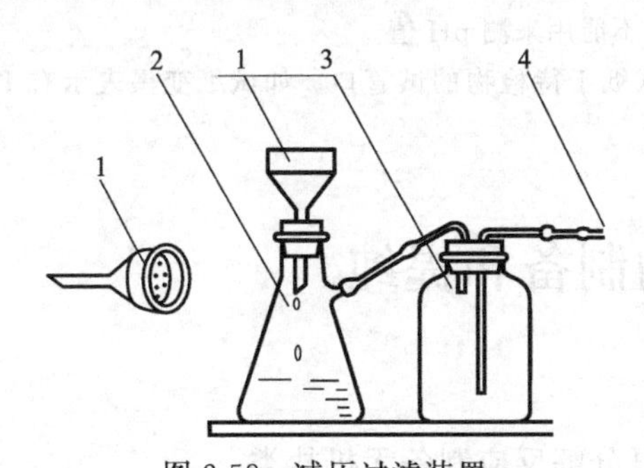

图 2-58　减压过滤装置

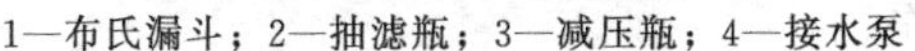
1—布氏漏斗；2—抽滤瓶；3—减压瓶；4—接水泵

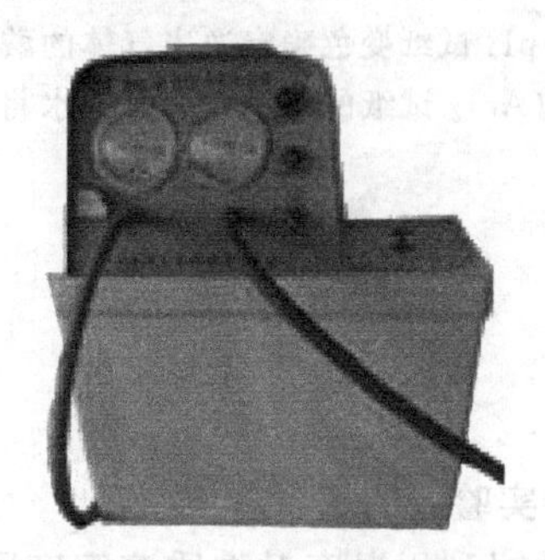

图 2-59　水泵

③ 热过滤　如果溶液中的溶质在冷却后易析出结晶，而实验要求溶质在过滤时保留在溶液中，要采用热过滤的方法。

若过滤能很快完成（时间短），过滤过程中溶液温度变化不大，则采用趁热过滤而不需使用热过滤装置。若过滤需时间较长，过滤过程中溶液温度变化较大，则要使用热过滤装置（见图 2-60）。

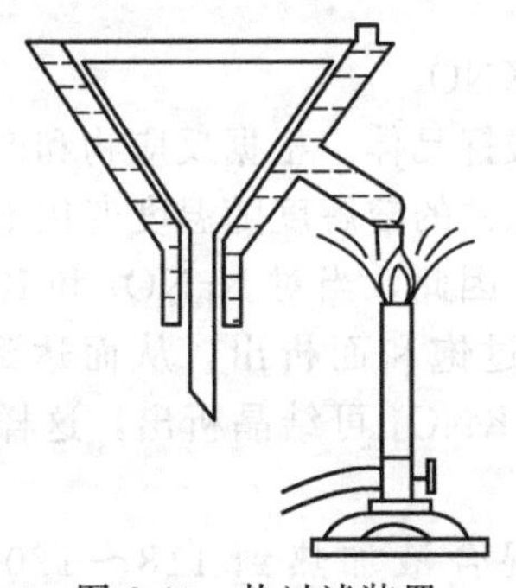

图 2-60　热过滤装置

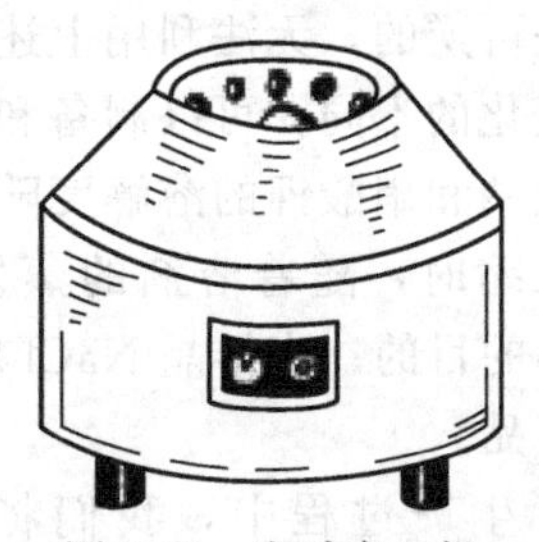

图 2-61　电动离心机

（3）离心分离法

溶液和沉淀都很少时，可采用离心分离。离心分离方法简单、方便，元素性质等试管实验中经常采用这种方法把沉淀和溶液分离。离心分离法常与电动离心机配套使用，见图 2-61。使用方法是：将盛有沉淀和溶液的离心试管放入电动离心机的塑料套管内，为保持平衡，几个试管要放在对称的位置，如果只有一个试样，可在对称位置放一支装等量水的试管。盖好盖子，开始时，应将变速旋钮调到最低挡，以后逐渐加速。受到离心作用，试管中的沉淀聚集在底部，实现固液分离。几分钟后，将旋钮反时针旋到停止位置，任离心机自动停止（不可用外力强制它停止运动）。取出离心试管，可用倾析法分离溶液和沉淀。

如果要得到纯净的沉淀，必须经过洗涤。此时可往盛沉淀的离心管中加入适量的蒸馏水或其他洗涤液，用细搅拌棒充分搅拌后，再进行离心沉降，如此重复操作直至洗净。

2. 结晶和重结晶

溶液经蒸发、浓缩成浓溶液后，冷却则析出晶体，冷却速度慢有利于长成大晶体。蒸发浓缩根据需要一般采用水浴加热或直接加热的方法，若溶质易被氧化或水解，最好采用水浴加热的方法。

如果晶体中含有其他杂质，可用重结晶的方法除去。先将晶体加入到一定量的水中，加热至完全溶解为饱和溶液，过滤除去不溶性杂质；滤液冷却后析出被提纯物的晶体，再次过滤，得到较纯的晶体，而可溶性杂质大部分在滤液中。根据被提纯物质的纯度要求，可进行多次重结晶操作。

3. pH 试纸的使用

① 检查溶液的酸碱性　将 pH 试纸剪成小块，放置于洁净干燥的白瓷板或表面皿上，用玻璃棒蘸取待测溶液滴入 pH 试纸中心，与标准比色卡对比确定 pH 值。

② 检查气体的酸碱性　将 pH 试纸用蒸馏水润湿，贴在表面皿或玻璃棒上置于试管口（不能与试管接触），根据 pH 试纸变色确定逸出气体的酸碱性，这种方法不能用来测 pH 值。

③ $Pb(Ac)_2$ 试纸的使用　用蒸馏水将试纸润湿，置试纸于待检物的试管口。如试纸变黑表示有 H_2S 气体逸出。

实验 7　硝酸钾的制备和提纯

一、实验目的

1. 学习利用温度对物质溶解度影响的不同和复分解反应制备无机盐类。
2. 进一步练习溶解、过滤、蒸发、结晶等操作。
3. 熟悉用重结晶法提纯物质的技术。

二、实验原理

由于碱金属盐类一般易溶于水，因而不能通过沉淀反应来制备，但可利用盐类在不同温度时的溶解度差别来制备碱金属盐类。如工业上常采用转化法制备硝酸钾晶体，其反应式如下：

$$NaNO_3 + KCl \rightleftharpoons NaCl + KNO_3$$

由于反应是可逆的，无法利用上述反应制取较纯净的硝酸钾晶体。根据反应物和产物的溶解度随温度变化的不同，可以制备和提纯 KNO_3。因为氯化钠的溶解度随温度变化不大，而氯化钾、硝酸钠和硝酸钾的溶解度随温度变化较大或很大，因此，当对 $NaNO_3$ 和 KCl 混合液进行加热浓缩时，随着溶剂的蒸发减少，NaCl 先达到过饱和而析出，从而达到 NaCl 和 KNO_3 分离的目的；当结晶 NaCl 后的溶液逐步冷却时，KNO_3 可结晶析出，这样就可得到 KNO_3 粗产品。

在实际生产过程中，我们将硝酸钠和氯化钾的混合液加热到 118～120℃，这时 KNO_3 溶解度增大很多，达不到饱和状态，不能结晶析出；NaCl 的溶解度增加很少，随浓缩，溶剂水的量减少达到过饱和状态而析出。通过热过滤可除去 NaCl，将过滤后的溶液冷却至室温后，硝酸钾因溶解度急剧下降而析出，这样就可得到仅含少量 NaCl 等杂质的硝酸钾晶体，再经过重结晶提纯可得硝酸钾纯品。

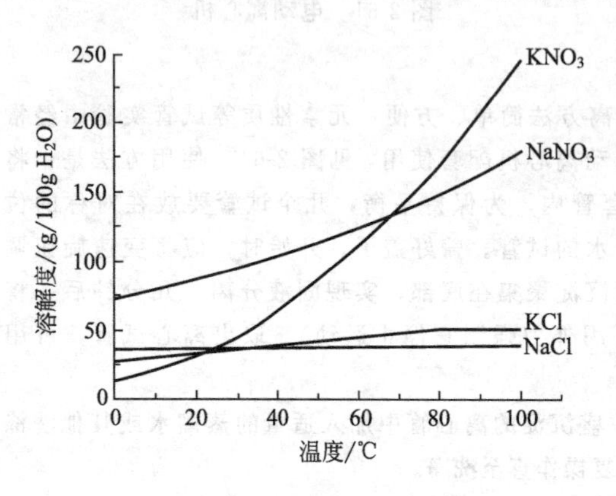

图 2-62　温度-溶解度曲线图

表 2-3 列出了 KNO_3、$NaNO_3$、KCl 和 NaCl 的溶解度随温度的变化，相对应的溶解度曲线图见图 2-62。

表 2-3 硝酸钾等四种盐在不同温度下的溶解度 $g/100gH_2O$

盐 \ 温度/℃	0	10	20	30	40	60	80	100
KNO_3	13.3	20.9	31.6	45.8	63.9	110.0	169	246
KCl	27.6	31.0	34.0	37.0	40.0	45.5	51.1	50.7
$NaNO_3$	73	80	88	96	104	124	148	180
NaCl	35.7	35.8	36.0	36.3	36.6	37.3	38.4	39.8

三、实验用品

仪器与材料：量筒、烧杯、表面皿、台秤、石棉网、三脚架、热滤漏斗、布氏漏斗、吸滤瓶、温度计、循环水泵、蒸发皿、酒精灯、洗瓶、玻璃棒、火柴、滤纸。

固体试剂：硝酸钠（工业级）、氯化钾（工业级）。

液体试剂：$AgNO_3$（$0.1mol \cdot L^{-1}$）、HNO_3（$1mol \cdot L^{-1}$）。

四、实验步骤

1. 硝酸钾的制备

在台秤上称取 8.5g 硝酸钠和 7.5g 氯化钾（取药量可依据反应式给出的剂量比，也可根据工业品的实际纯度自行折算），放入 50mL 小烧杯中，加 20mL 蒸馏水，在烧杯外壁记下小烧杯中液面位置。小火加热，使固体完全溶解，继续小火加热至沸腾，并不断搅拌，使 NaCl 晶体析出。当溶液体积减少到约为原来的 2/3（或热至 118℃）时，趁热进行热过滤，滤液盛于小烧杯中有晶体析出。另取 10mL 沸水加入滤液，则结晶又复溶解。再次用小火加热，蒸发至原有体积的 2/3，取下烧杯，自然冷却（或在冰-水浴中冷却），使溶液温度逐渐下降到 10～5℃，则晶体再次析出（此时析出的晶体形状如何），用减压过滤法把硝酸钾晶体尽量抽干，得到 KNO_3 粗产品，称重，计算理论产量与产率。

2. 硝酸钾的提纯

除保留少量（0.1～0.2g）粗产品供纯度检验外，按粗产品：水＝2：1（质量比），将粗产品溶于蒸馏水中，加热、搅拌，直至晶体全部溶解为止。若溶液沸腾时，晶体还未全部溶解，可再补加极少量蒸馏水使其完全溶解。待溶液冷却到 10～5℃后，再减压过滤，晶体用滤纸吸干，放在表面皿上晾干，称重，计算重结晶产率。

3. 产品纯度的检验

分别取约 0.1g 粗产品和一次重结晶得到的产品放入两支试管中，各加入 2mL 蒸馏水配成溶液。在溶液中分别滴入 1 滴 $1mol \cdot L^{-1}$ 硝酸溶液酸化，再各滴入 $0.1mol \cdot L^{-1}$ $AgNO_3$ 溶液 2 滴，观察现象，进行对比，有无 AgCl 沉淀产生，重结晶后的产品溶液应为澄清。若重结晶后的产品中仍然检验出含 Cl^-，则产品应再次重结晶。

五、实验数据与结果

$NaNO_3$ 的质量：__________g；　KCl 的质量：__________g；

$NaNO_3$ 的摩尔质量：__________$g \cdot mol^{-1}$；　KCl 的摩尔质量：__________$g \cdot mol^{-1}$；

KNO_3 的摩尔质量：__________$g \cdot mol^{-1}$；　KNO_3 的理论产量：__________g；

KNO_3 粗产品质量：__________g；　产率：__________%；

KNO_3 纯品质量：__________g；　产率：__________%

六、预习内容

1. 用 KCl 和 $NaNO_3$ 制备、提纯 KNO_3 的原理。

2. 何谓重结晶？本实验都涉及哪些基本操作？

七、实验习题

1. 制备硝酸钾晶体时，为什么要把溶液进行加热和热过滤？
2. 如所用的 KCl 或 $NaNO_3$ 量超过化学计算量，结果怎样？
3. KNO_3 中混有 KCl 或 $NaNO_3$ 时，应如何提纯？

实验 8　熔点及沸点（微量法）测定

一、实验目的

1. 学习和掌握毛细管法测定固体化合物熔点的原理和方法。
2. 了解和掌握微量法测定液体化合物沸点的原理和方法。

二、基本原理

1. 熔点测定实验原理

通常晶体物质被加热到一定温度时，就从固态变为液态，此时的温度可视为该物质的熔点。然而熔点的严格定义是指该物质在一个大气压力（1.013×10^5 Pa）下，固态和液态成平衡状态时的温度，理论上它应是个点，但实际测定这一点有一定的困难。一般在测定固体有机化合物的熔点时，通常是一定温度范围，即从开始熔化（初熔）至完全熔化（全熔）时的温度变化，该范围称为熔点范围，始熔至全熔间的温差，称为熔程（或熔距）。纯物质的熔点不仅有固定值，其熔程也很小，一般为 0.5～1℃。从图 2-63 可以看到，当加热纯固体化合物时，在一段时间内温度上升，固体不熔。当固体开始熔化时，温度不会上升，直至所有固体都转变为液体，温度才上升。不纯物质与对应的纯物质相比，熔点一般会下降，熔程会增大。物质的温度与蒸气压的关系如图 2-64 所示，图中曲线 SM 表示固相的蒸气压随温度的变化，ML 表示液相的蒸气压与温度的变化关系，两曲线相交于 M 点。在这一特定的温度和压力下，固液两相并存，这时的温度 T，即为该物质的熔点。当温度高于 T 时，固相全部转变为液相；温度低于 T 时，液相全部转变为固相。微量杂质存在时，根据拉乌尔(Raoult) 定律，液相的蒸气压将降低。一般来说，此时液相的蒸气压的温度变化曲线 M_1L_1 在纯化合物之下，它与 SM_1 固液两相交叉点 M_1 即代表含有杂质化合物达到熔点时的固液两相平衡共存点，T_1 为含杂质时的熔点，它低于 T。这就是有杂质存在时有机物熔点降低的原因。从 T_1 到 T 之间，始终有熔化现象，因而熔点会变得很不敏锐。即使杂质量存在较少，一般也会使熔点降低，熔距变宽。因此熔点是固体有机物的一个很重要的物理常数。

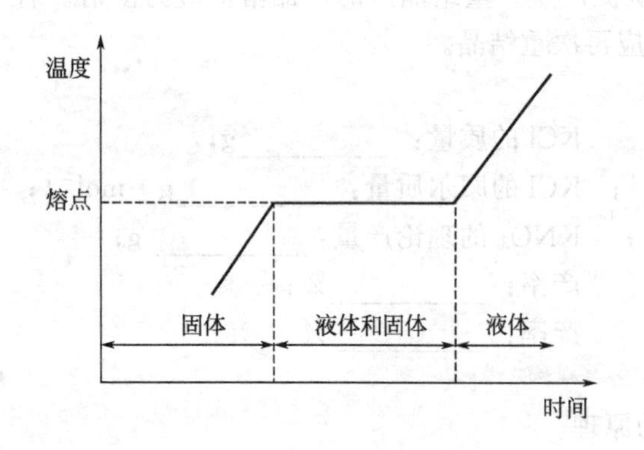

图 2-63　相随着时间和温度的变化

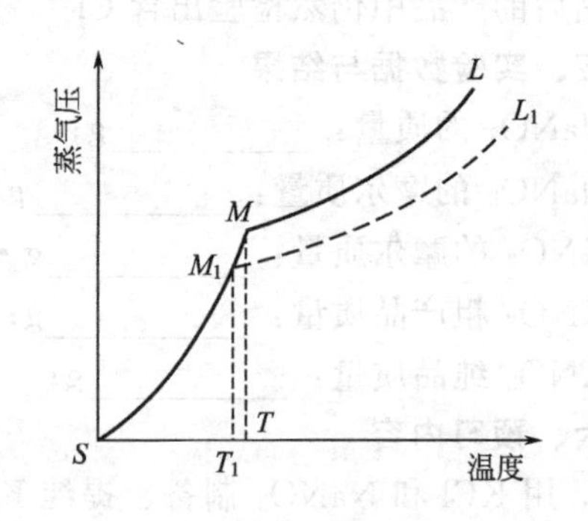

图 2-64　物质蒸气压随温度的变化曲线

大多数纯的有机化合物都具有一定的熔点，且一般不高（300℃以下），用简单的仪器就能测定。在有机化学实验和研究工作中，常采用操作简便的毛细管法测定熔点，以鉴别有机化合物，并判断其纯度。

2. 沸点测定实验原理

沸点是液体有机物重要的物理常数之一，在使用、分离和纯化液体有机化合物过程中，具有很重要的意义。

液体化合物在一定温度下具有一定的蒸气压，将液态物质加热，它的蒸气压就随着温度的升高而增大。当液体的蒸气压增大至与外界压力施于液面的总压力（通常是大气压）相等时，就有大量气泡不断从液体内部逸出，液体不断气化达到沸腾，这时的温度称为液体的沸点。液体化合物的沸点随外界压力改变而改变，外界压力增大，沸点升高；外界压力减小，沸点降低。通常所说的沸点是指在一个大气压下液体沸腾时的温度。

在一定的压力下，纯液体有机物具有固定的沸点，它的沸程（沸点的变动范围）一般不超过 1℃。但具有恒定沸点的液体不一定是纯物质。因为形成二元或三元共沸物也有恒定的沸点。如果是不纯液体有机物，则沸点温度稳定范围较宽，沸程长，通常超过 3℃，所以我们可利用测沸点来判别液体有机化合物的纯度。

沸点的测定分常量法和微量法两种。液体样品量在 10mL 以上时采用常量法（蒸馏方法见实验 9），如果仅有少量样品，则用微量法。微量法测定沸点的装置与测熔点的装置相似。

三、实验用品

仪器与材料：酒精灯、提勒（Thiele）熔点管、烧杯、毛细管（内径约 1mm）、测沸点的外管（内径约 3～4mm）、玻璃棒、150℃温度计、滴管、火柴。

药品：无水乙醇（A. R.）、肉桂酸（A. R.）、尿素（A. R.）、苯甲酸（A. R.）、待测未知物、液体石蜡。

四、实验步骤

1. 提勒管熔点测定法

（1）样品装填　把待测熔点的干燥样品少量放在干燥清洁的表面皿上，用玻璃棒（钉）研成细末[1]后聚成小堆，将毛细管开口的一端垂直插入样品堆中，即有少许样品挤入毛细管，再倒过来使开口端向上，轻轻在桌面上敲打，使样品落入管底，可重复上述操作数次。再用一根长约 50cm 的玻璃管，直立于瓷砖台面（或表面皿上），如图 2-65 所示，反复将装样的毛细管封闭端朝下从玻璃管上端自由落下，直至样品紧聚在管底。样品必须装得均匀和结实，样品的高度约为 2～3mm。

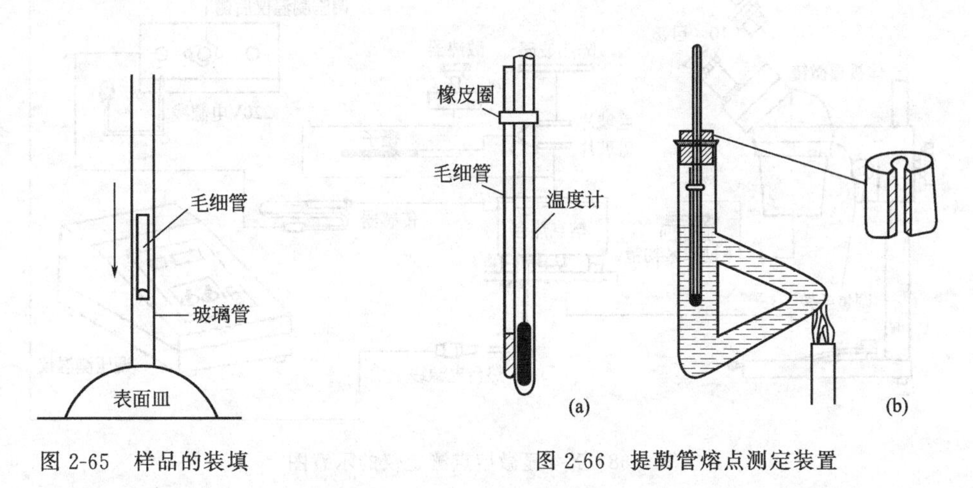

图 2-65　样品的装填

图 2-66　提勒管熔点测定装置

（2）熔点测定　熔点的测定最常用的仪器是提勒（Thiele）管，又称b形管［见图2-66(b)］。管口装有开口的塞子，温度计插入其中。

在b形管中装入浴液（液体石蜡），作为加热液体，高度达到上叉口处即可。然后，将装有样品的毛细管用橡皮圈固定于温度计上[2]，使装有样品处靠在温度计水银球的中部［图2-66(a)］，再将温度计插入b形管，使其水银球位于b形管上、下两叉管口中间。以小火在指定部位加热，开始时可以升温较快，到距离熔点10～15℃时，调整火焰[3]，使温度每分钟升高1～2℃，愈接近熔点，升温速度愈慢（掌握升温速度是准确测定熔点的关键）。

仔细观察温度的上升和毛细管中样品的情况。当毛细管中的样品柱开始塌落和湿润，接着出现小滴液体时，表示样品开始熔化（即初熔），记下温度，继续观察，待固体样品恰好全部熔化成透明液体（即全熔）时，记下温度[4]，此即样品的熔点（图2-67）。

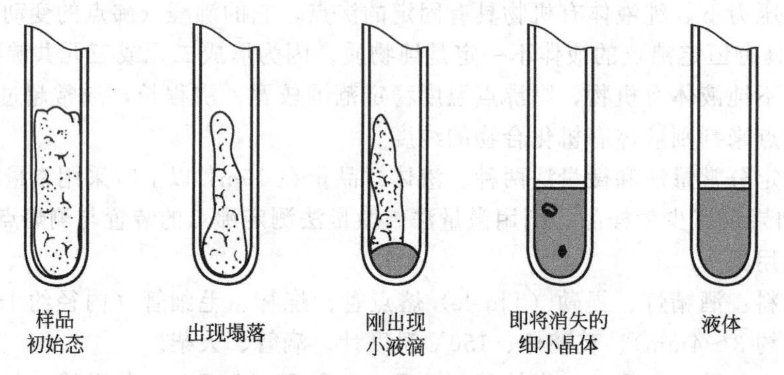

图2-67　样品的熔化过程

如测定未知物的熔点，可先粗测一次（升温可略快），得其熔点的近似值，待浴液温度下降到约30℃后，换用第二根毛细管[5]进行仔细测定。熔点测定至少要有两次重复的数据。

2. 微量熔点仪（图2-68）测定法

载玻片用无水乙醇擦拭，待乙醇挥发后，将微量已研碎的样品放在载玻片上[6]，用另一载玻片覆盖样品。载玻片置于熔点热台中心的空洞上，盖上隔热玻璃。

调整升降手轮，使显微镜对准样品，然后调节调焦手轮，直至能清晰地看到待测物品的像为止[7]。开启加热器，用调压旋钮调节加热速度，当温度接近样品熔点时，控制升温速

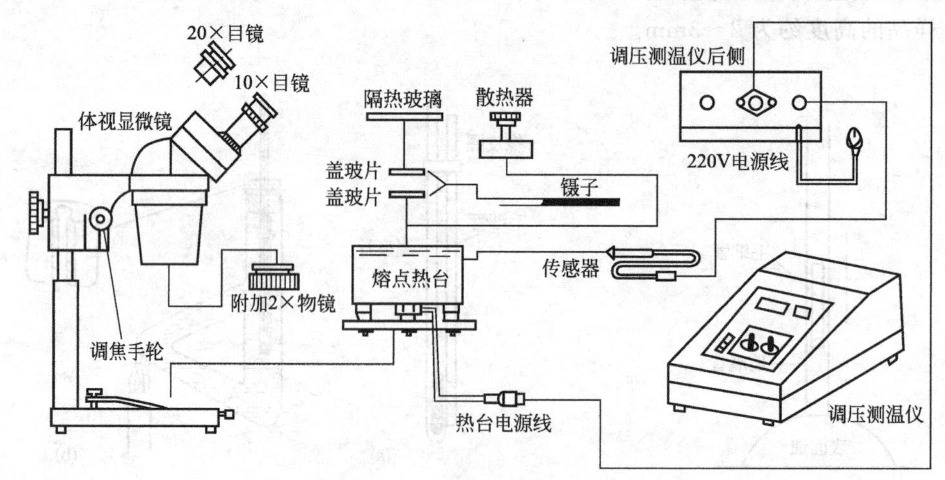

图2-68　X-4显微熔点测定仪的示意图

度为每分钟1～2℃。当样品晶体棱角开始变圆（初熔）时，记下温度。继续观察，待晶体状态完全消失（全熔）时，记下温度。熔点测定完毕，停止加热，稍冷却，用镊子取走载玻片[8]，将一厚铝板放在电热板上[9]，加速冷却，清洗载玻片，以备再用。

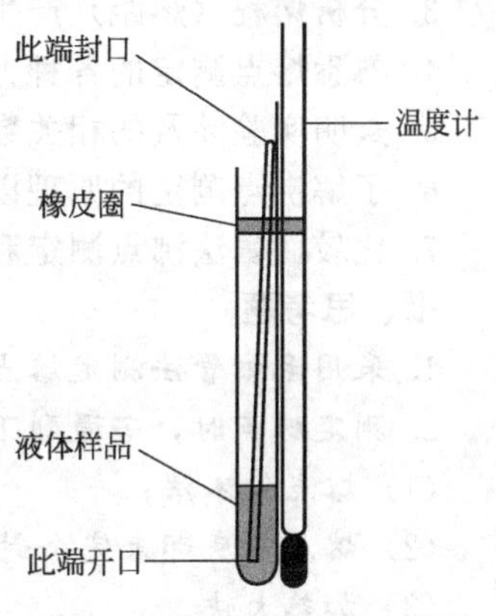

图2-69 微量法测定沸点装置

3. 微量法沸点测定

取一根直径为3～4mm、长6～8cm的玻璃管，将其一端封闭，作为沸点管的外管，加入待测沸点的无水乙醇数滴（装入液体样品高度应为6～8mm）。在此管中放入一根内径约1mm、长8～9cm上端封闭的毛细管（称内管），将其开口处浸入样品中。把外管用橡皮圈固定在温度计上（图2-69），放入加热浴烧杯中。用小火加热浴液，使温度均匀上升。由于管内气体受热膨胀，很快有断断续续的小气泡冒出。继续加热至到达样品的沸点时，将出现一连串的小气泡。此时立即停止加热，让浴液温度自行下降。当液体开始不冒气泡，注意观察，最后一个气泡刚欲缩回至内管的瞬间，表示毛细管内的蒸气压与外界的大气压相等，记录此时的温度，即为该液体的沸点。重复测定2～3次[10]，测得的平行数据误差应在1℃以内[11]。

五、注释

[1] 熔点测定的样品应尽量研细，否则会因装填不致密和不均匀而影响传热，致使熔点测定时熔距拉大。样品研磨时，应防止样品吸潮或掉入杂质。

[2] 用于固定熔点管的橡皮圈必须完全处于浴液液面之上，以防橡皮软化而滑脱进入浴液之中。

[3] 熔点测定的准确与否，与加热浴液时温度上升的速度有很大关系。当传热液体温度达到熔点下约10℃时，应即刻减缓加热速度，以每分钟上升约1～2℃，使热能及时透过毛细管壁，并使熔化温度与温度计所示温度一致。接近熔点时，温度上升愈慢愈好，一般为每分钟升高0.2～0.3℃。

[4] 记录熔点时，要记录开始熔融和完全熔融时的温度，例如123.0～125.2℃，绝不可仅记录这两个温度的平均值，例如124.1℃。

[5] 测定熔点时必须平行测定几次，每测定一次，都必须用新的熔点管另装样品，不得将已测过的熔点管冷却，使其中的样品固化后再做第二次测定。因为有时某些化合物部分分解，有些经加热会转变为具有不同熔点的其他结晶形式。

[6] 微量熔点仪测定法取用微量样品，切忌堆积，否则影响样品熔化的观察，造成熔点测定的较大误差。

[7] 透镜表面有污秽时，可用脱脂棉蘸少许乙醚和乙醇的混合液轻轻擦拭，遇有灰尘，可用洗耳球（吹球）吹去。

[8] 样品熔化后，应立即将载玻片趁热搓开，以免两块载玻片冷却后粘在一起很难分开。

[9] 测试操作过程中，熔点热台属高温部件，一定要用镊子夹持放入或取出。严禁用手触摸，以免烫伤。

[10] 测定沸点时必须平行测定几次，每测定一次，都必须取出内管，轻轻挥动以除去管内的液体（或在酒精灯的火焰上迅速地滑过几次，以赶出管内的液体），然后再插入外管中，重复上述操作。

[11] 市售的温度计，其刻度可能不准确，因此，常需对测熔点或沸点用的温度计进行校正。其方法是可以用标准温度计与之比较校正，若无标准温度计，可采用有机化合物的熔点作为标准进行校正。

六、预习内容

1. 掌握熔点测定的基本原理。

2. 认识物质熔点的温度与纯度的关系，了解应用混合熔点法判定物质纯度的原理。

3. 分析熔程（熔距）产生的主要原因。

4. 熟悉熔点测定的各种方法，比较各方法间的不同特点。

5. 查明实验涉及的相关数据。

6. 了解沸点测定的原理以及液体物质的沸程和纯度的关系。

7. 比较微量法沸点测定和毛细管法熔点测定在仪器装置上的异同点。

七、思考题

1. 采用毛细管法测定熔点和沸点，关键要注意什么问题？

2. 测定熔点时，若遇到下列情况，将产生什么结果？

(1) 熔点管不洁；

(2) 熔点管底部未完全封闭，尚有一针孔；

(3) 加热太快；

(4) 样品未完全干燥或含有杂质

3. 如果液体具有恒定的沸点，能否认为它是单纯物质？

4. 用微量法测定沸点时，把最后一个气泡刚欲缩回至内管的瞬间温度作为该化合物的沸点，为什么？

5. 今有固体化合物A、B，且两者熔点相同，能否断定A、B为同一物质？如何断定？

实验9 工业乙醇的简单蒸馏及乙醇折射率的测定

一、实验目的

1. 了解蒸馏的原理和意义，掌握蒸馏装置的安装和操作技术。

2. 了解折射率测定的原理，学习液体化合物折射率的测定方法。

二、基本原理

1. 蒸馏的基本原理

蒸馏是分离和纯化液体有机物质最常用的方法之一。它是将液态物质加热到沸腾变为蒸气，又将蒸气冷凝为液体这两个过程的联合操作。

液体在一定温度下具有一定的蒸气压。液体加热后，逐渐变为气体，蒸气压随温度的升高而增大。当蒸气压增大到与外界大气压相等时，液体不断气化，从而达到沸腾，此时的温度就是这种液体的沸点。例如：把水加热至100℃，水的蒸气压就等于外界大气压，通常为101.325Pa，水开始沸腾，此时的温度就是水的沸点；也就是说，当大气压为101.325Pa时，水的沸点为100℃。从表2-4中可以看出，水在不同的温度下，蒸气压不同，蒸气压随温度的升高而逐渐增大。

表2-4 水的温度与蒸气压的关系

温度/℃		30	40	50	60	70	80	90	100
蒸气压	/kPa	4.3	7.3	12.4	19.9	31.2	47.3	70.1	101.3
	/mmHg	32	55	93	149	234	355	526	760

注：1mmHg=133.332Pa。

将液体加热至沸腾后，使蒸气通过冷凝装置冷却，又可凝结为液体收集起来，这种操作方法称为蒸馏。蒸馏就是利用不同液体具有不同的沸点的特点，也就是说，在同一温度下，不同液体的蒸气压不同。低沸点液体易挥发，高沸点液体难挥发，而且挥发出的少量气体易被冷凝下来。这样，在蒸馏过程中，经过多次液相和气相的热交换，使得低沸点液体不断上升，最后被蒸馏出来；高沸点液体则不断流回蒸馏瓶内，从而将沸点不同的液体分开。纯粹的液体有机物在一定压力下具有一定沸点，且沸点范围很小（0.5～1℃）。但是，具有固定沸点的液体不一定是纯粹的化合物，因为某些有机化合物常常和其他物质组成二元或三元共沸混合物。

蒸馏是有机化学实验中重要的基本操作之一，它可应用于以下方面：

（1）分离沸点相差较大（通常要求相差30℃以上）且不能形成共沸物的液体混合物。

（2）除去液体中的少量低沸点或高沸点杂质。

（3）测定液体有机物的沸点。

（4）回收溶剂或蒸出部分溶剂使溶液浓缩。

2. 阿贝（Abbe）折光仪的光学原理

折射率是液体有机化合物重要的特征常数之一，它是用折光仪测定的，通常用的是阿贝（Abbe）折光仪（图2-70）。

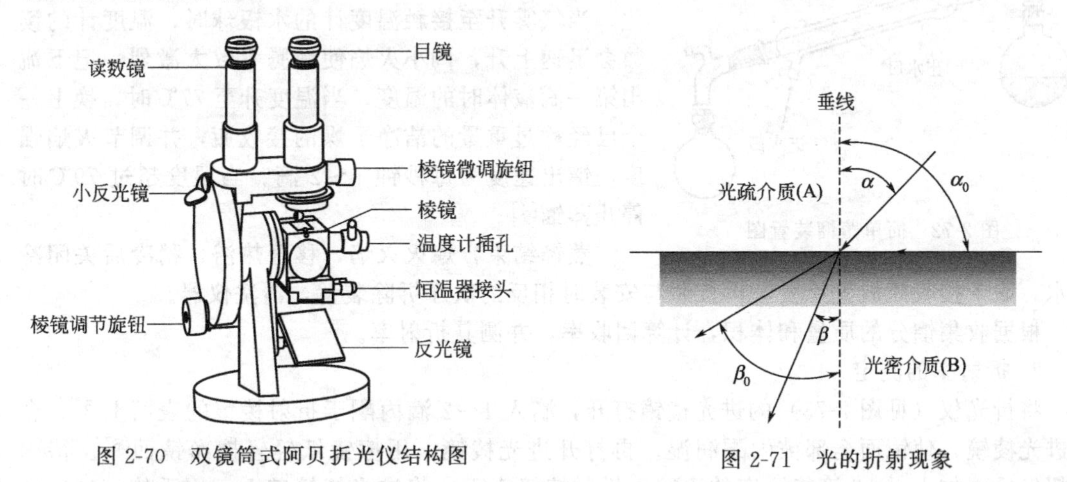

图2-70 双镜筒式阿贝折光仪结构图

图2-71 光的折射现象

由于光在两种不同介质中的传播速度不相同，当光从一种介质进入另一种介质时，它的传播方向发生改变，这一现象称为光的折射（图2-71），光通过两种介质所得的折射率称为相对折射率。光从真空射入某介质时的折射率称为该介质的绝对折射率。

根据折射定律，光线自介质A进入介质B，入射角α与折射角β的正弦之比和两个介质的折射率成反比，即：

$$\frac{\sin\alpha}{\sin\beta}=\frac{n_B}{n_A}$$

如果介质A为光疏介质，介质B为光密介质，即$n_A<n_B$，换句话说折射角β必小于入射角α。当$\alpha=90°$时，则$\sin\alpha=1$，此时折射角达到最大值，称为临界角，用β_0表示。由于$n_{空气}=1.00027$，因此通常测定折射率都是在空气中进行的，采用空气作为近似真空标准状态，即$n_A\approx1$，上式成为：

$$n_B=\frac{1}{\sin\beta}$$

可见，通过测定临界角β_0就可以得到折射率。这就是阿贝折光仪的基本光学原理。

折射率同熔点、沸点等物理常数一样，是有机化合物的重要数据。测定所合成有机化合物的折射率与文献值对照，可以判断有机物纯度。将合成出来的化合物，经过结构及化学分析论证后，测得的折射率可作为一个物理常数记载。

三、实验用品

仪器与材料：台秤、长颈漏斗、量筒、酒精灯、水浴锅、玻璃棒、150℃温度计、圆底烧瓶、蒸馏头、直型凝管、接液管、锥形瓶、滴管、沸石、擦镜纸。

药品：工业乙醇、丙酮。

四、实验步骤

1. 工业乙醇[1]的简单蒸馏

选用 50mL 的圆底烧瓶作为蒸馏瓶，按照图 2-72 所示的装置正确装配仪器，蒸气冷凝之前的连接处应紧密不漏气，冷凝之后必须有与大气相通的部位[2]。

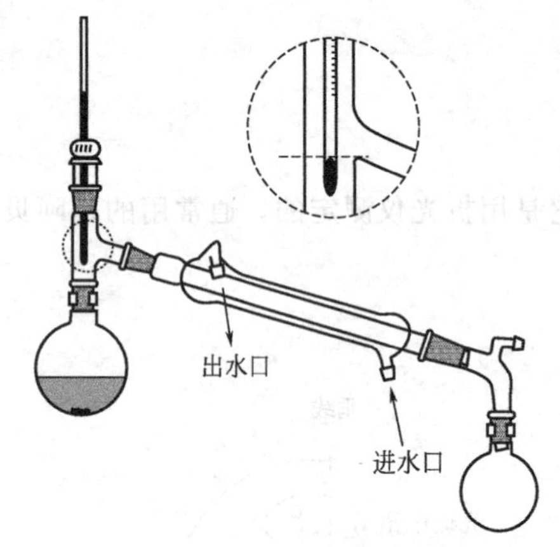

图 2-72 简单蒸馏装置图

安装完毕后拔下温度计，放上长颈漏斗。通过长颈漏斗注入 20mL 工业乙醇。取下漏斗，投入 2～3 粒沸石[3]，重新装上温度计，通入冷凝水，然后用水浴加热。观察瓶中产生气雾的情况和温度计的读数变化。当气雾升至接触温度计的水银球时，温度计的读数会迅速上升，调小火焰使沸腾不致太激烈。记下流出第一滴液体时的温度。当温度升至 77℃时，换上一个已经称过重量的洁净干燥的接收瓶，并调节火焰强度使馏出速度为每秒钟 1～2 滴。当温度超过 79℃时停止蒸馏[4]。

蒸馏结束，熄灭火焰，移开热浴，稍冷后关闭冷却水，取下接收瓶放置稳妥，再按照与安装时相反的次序拆除装置，清洗仪器。

根据收集馏分的质量和体积，计算回收率，并测其折射率。

2. 折射率的测定

将折光仪（见图 2-73）的进光棱镜打开，滴入 1～2 滴丙酮于折射棱镜的表面上[5]，合上进光棱镜，使镜面全部被丙酮润湿。再打开进光棱镜，用擦镜纸轻轻擦净镜面[6]。待丙酮挥发后，加入 1～2 滴待测定的乙醇于折射棱镜表面，将进光棱镜盖上，用手轮（10）锁紧，要求液层均匀，充满视场，无气泡。打开遮光板（3），合上反射镜（1），调节目镜视度，使十字线成像清晰，此时旋转手轮（15）并在目镜视场中找到明暗分界线的位置，若出现彩色带，可旋转色散调节手轮（6）使明暗分界线不带任何彩色，微调手轮（15），使分界线正好位于十字线的中心[7]，再适当转动聚光镜（12），使目镜视场明亮，通过目镜（8）

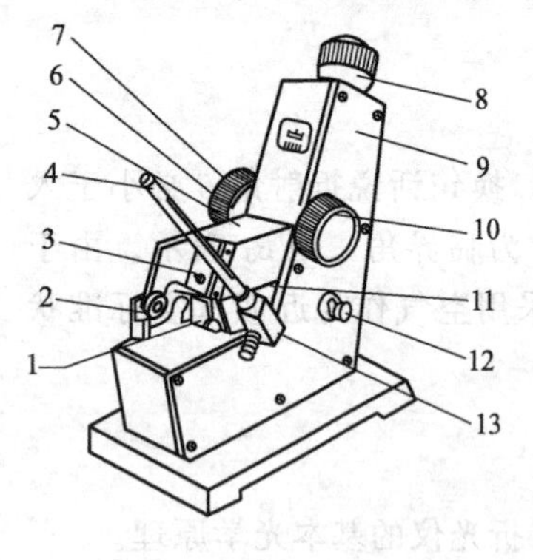

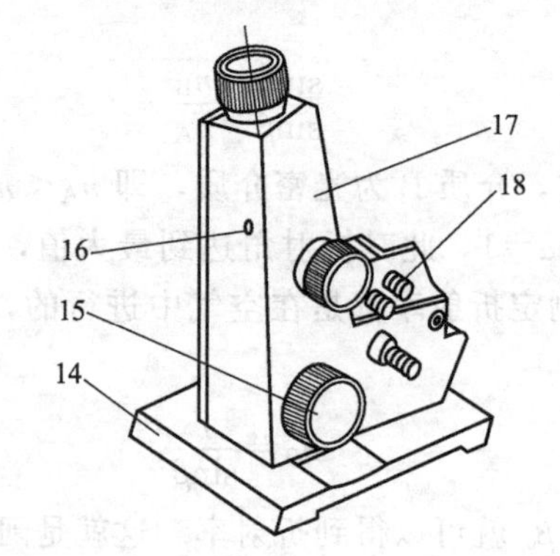

图 2-73 单镜筒式阿贝折光仪

1—反射镜；2—转轴；3—遮光板；4—温度计；5—进光棱镜座；
6—色散调节手轮；7—色散值刻度圈；8—目镜；9—盖板；
10—手轮；11—折射棱镜座；12—照明刻度盘聚光镜；
13—温度计座；14—底座；15—刻度调节手轮；
16—小孔；17—壳体；18—恒温器接头

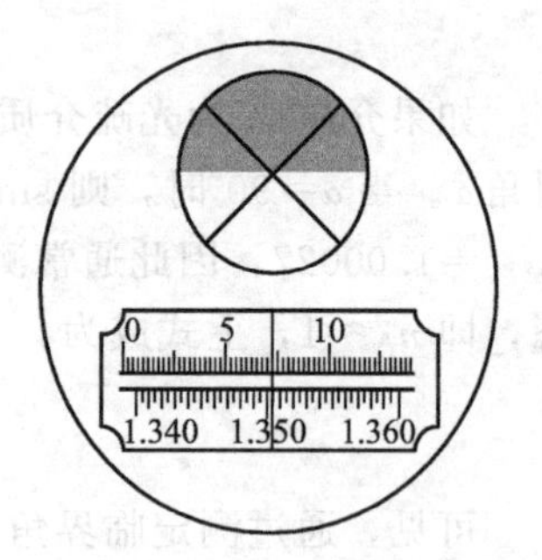

图 2-74 折光仪在临界角时目镜视野图及读数

该显示的读数为：1.3504

能看到如图 2-74 上半部所示的像，下方显示的示值即为被测液体的折射率。记录读数与温度，重复 1～2 次，取其平均值。测定完毕，打开进光棱镜，用丙酮擦净镜面晾干后再关闭[8]。

若需测量在不同温度时的折射率，将温度计旋入温度计座（13）中，接上恒温器的通水管，把恒温器的温度调节到所需测量温度，接通循环水，待温度稳定 10min 后即可测量。

上面采用的折光仪是单镜筒式折光仪，如果是采用双镜筒式折光仪（图 2-70），其折射率测定原理和操作方法均相同。

五、注释

[1] 工业乙醇因来源和制造厂家的不同，其组成不尽相同，其主要成分为乙醇和水，除此之外一般含有少量低沸点杂质和高沸点杂质，还可能溶解有少量固体杂质。通过简单蒸馏可以将低沸物、高沸物及固体杂质除去，但水可与乙醇形成共沸物，共沸混合物具有一定的沸点和组成，故不能通过普通蒸馏将水和乙醇完全分开。蒸馏所得的是含乙醇 95.6%和水 4.4%的混合物，相当于市售的 95%乙醇。

[2] 蒸馏装置中各种塞子一定要紧密，但整个蒸馏系统不能封闭，否则易造成事故。

[3] 为了防止液体在加热过程中出现过热现象和保证沸腾的平稳状态，常加沸石（或无釉小瓷片），因为它们受热后能产生细小的气泡，成为液体的气化中心，从而可避免蒸馏过程中的跳动暴沸现象。千万不能在接近沸点温度下补加沸石。

[4] 如果前馏分太少，当温度升至 77℃时仍在冷凝管内流动，尚未滴入接收瓶，则应将最初接得的 2～3 滴液体舍弃（当做前馏分处理）后再更换接收瓶。如果蒸馏瓶中只剩下 0.5～1mL 液体，而温度仍然未升至 79℃，也应停止蒸馏，防止将液体蒸干，以免蒸馏烧瓶破裂或发生其他意外事故。

[5] 要注意保护折光仪的棱镜，绝对防止因碰触硬物质而使镜面产生刻痕。滴加液体时，滴管的末端切不可触及棱镜。不可测定强酸或强碱等具腐蚀性液体。

[6] 测定之前，一定要用镜头纸蘸少许挥发性溶剂将棱镜擦净。以免其他残留液的存在而影响测定结果。

[7] 在测定折射率时常见情况如图 2-75 所示，其中图 2-75(d) 是读取数据时的图案。当遇到图 2-75(a) 即出现色散光带，则需调节色散调节手轮直至彩色光带消失呈图 2-75(b) 图案，然后再调节手轮（15）直至呈图 2-75(d) 图案，若遇到图 2-75(c)，则是由于样品量不足所致，需再添加样品，重新测定。

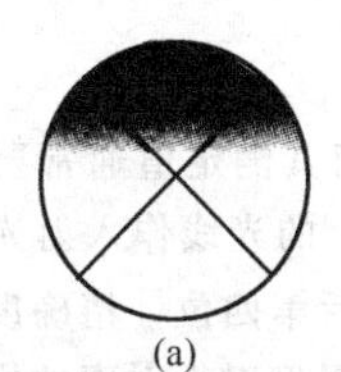
(a)

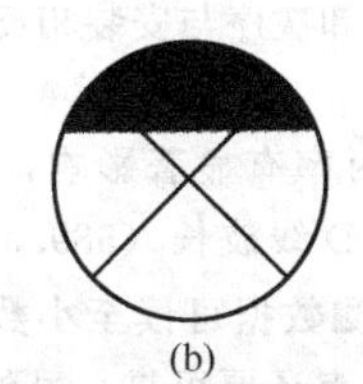
(b)

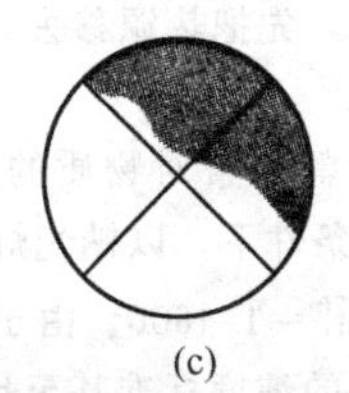
(c)

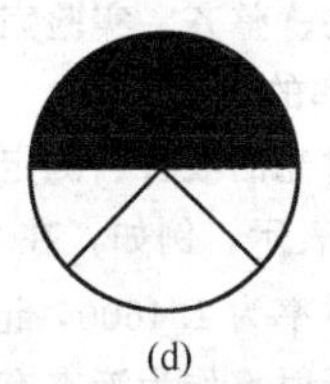
(d)

图 2-75 测定折射率时目镜中常见的图案

[8] 每次使用前后，仔细、认真地擦拭干净镜面，待晾干后再关上棱镜。

六、预习内容

1. 学习普通蒸馏的原则及其应用。

2. 了解乙醇纯化（或溶剂回收）所需的蒸馏装置安装和操作方法。

3. 了解折光仪的结构、原理和使用折光仪的注意事项。

七、思考题

1. 蒸馏酒精时为什么要用水浴而不能用石棉网直接加热？

2. 蒸馏时，为什么蒸馏瓶所盛液体的量不应超过容积的 2/3，也不少于 1/3？

3. 蒸馏时加入沸石的作用是什么？如果蒸馏前忘加沸石，能否立即将沸石加至将近沸腾的液体中？当重新蒸馏时，用过的沸石能否继续使用？

4. 折光仪是精密的光学仪器，在使用和保养上应注意哪些问题？

八、附注

1. 蒸馏装置及安装

(1) 蒸馏装置的主要仪器

蒸馏装置的主要仪器有蒸馏烧瓶、蒸馏头、冷凝管、接液管和接收器。

蒸馏烧瓶：蒸馏时的主要仪器，液体在瓶内受热气化，蒸气经蒸馏头进入冷凝管。蒸馏烧瓶的大小取决于被蒸液体量的多少，一般装入的液体量不得超过蒸馏烧瓶容量的2/3，也不得少于1/3。

蒸馏头：连接蒸馏烧瓶与冷凝管的仪器，若蒸馏的同时需测量沸点，可使用普通蒸馏头。如果只是要把混合物中挥发性物质蒸出时也可使用蒸馏弯头［见图2-76(b)］。

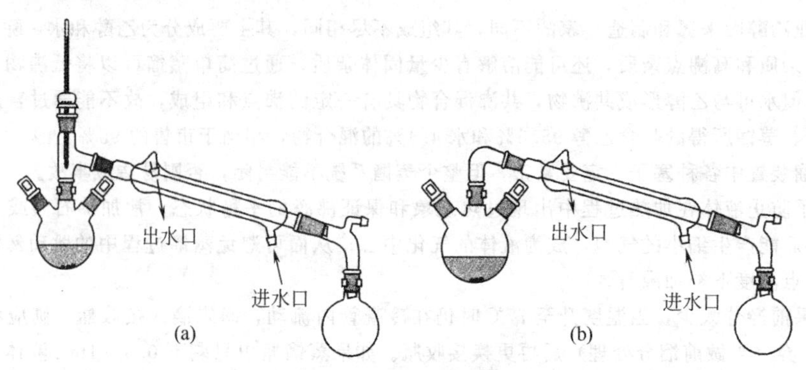

图2-76　普通蒸馏装置

冷凝管：是冷凝蒸气所用的仪器。液体沸点高于140℃时用空气冷凝管，低于140℃时用直型冷凝管。

接液管或接收器：接液管是将冷凝液导入接收器的玻璃弯管。蒸馏极易燃的液体（如乙醚等）或无水溶剂，须用带有支管的接液管，并在支管上连接胶管通向水槽的下水道，以便将来不及冷凝的气体随流水带出室外。接收器是收集冷凝液的容器，蒸馏挥发性有机物时通常用磨口锥形瓶或磨口圆底烧瓶，不可使用敞口容器作接收器。

(2) 蒸馏装置的装拆原则

安装蒸馏装置时，必须由热源开始，按从下到上、从左到右（或从右到左）的顺序安装，做到仪器装置正确、稳妥、整齐。实验完毕后，先把热源移去，拆卸次序与安装相反。

2. 折射率的表示

由于入射光的波长、测定温度等因素对物质的折射率有显著影响，因而其测定值通常要标注操作条件。常用n_D^T表示，例如，在20℃条件下，以钠光灯的D线波长（589.3nm）的光线作入射光所测得的四氯化碳的折射率为1.4600，记为$n_D^{20}=1.4600$。由于所测数据可读至小数点后第四位，精确度高，重复性好，因而以折射率作为液态有机物的纯度标准甚至比沸点还要可靠。另外，温度对折射率的影响成反比关系，通常温度每升高（或降低）1℃，折射率将下降（或增加）$3.5\times10^{-4}\sim5.5\times10^{-4}$。为了方便起见，在实际工作中常以$4\times10^{-4}$近似地作为温度变化常数。例如，甲基叔丁基醚在25℃时的实测值为1.3670，其校正值应为：

$$n_D^{20}=1.3670+5\times4\times10^{-4}=1.3690$$

不同温度下纯水和乙醇的折射率如表2-5所示。

表2-5　不同温度下纯水和乙醇的折射率

温度/℃	水的折射率	乙醇(99.8%)的折射率
14	1.3335	
18	1.3332	1.3613
20	1.3330	1.3605
24	1.3326	1.3589
28	1.3322	1.3572
32	1.3316	1.3356

实验10 重结晶提纯法

一、实验目的

1. 学习重结晶法提纯固体物质的原理和方法。
2. 掌握抽滤、热过滤操作和滤纸折叠的方法。
3. 了解重结晶选择溶剂的原则。

二、基本原理

将晶体用溶剂先进行加热溶解后，又重新成为晶态析出的过程称为重结晶。因为从有机反应中分离出来的固体有机物往往是不纯的，其中常夹杂一些反应副产物、未作用的原料及催化剂等。除去这些杂质，通常是用合适的溶剂进行重结晶，这是固体有机化合物的最普遍、最常用的提纯方法。

固体有机物在溶剂中的溶解度与温度有密切关系，一般是温度升高溶解度增大。若把固体溶解在热的溶剂中达到饱和，冷却时由于溶解度降低，溶液变成过饱和而析出晶体。利用溶剂对被提纯物质及杂质的溶解度不同，可以使被提纯物质从过饱和溶液中析出，而让杂质全部或大部分仍留在溶液中（或被过滤除去），从而达到提纯目的。

重结晶一般只适用于纯化杂质含量在5%以下的固体有机物。杂质含量多，常会影响晶体生成的速度，有时甚至会妨碍晶体的形成，有时变成油状物难以析出晶体，或者重结晶后仍有杂质，这时常先用其他方法初步纯化，例如萃取、水蒸气蒸馏、减压蒸馏等，然后再用重结晶提纯。

三、实验用品

仪器与材料：酒精灯、抽滤瓶、布氏漏斗、短颈漏斗、热水漏斗、烧杯、玻璃棒、滤纸、滴管、锥形瓶、表面皿。

药品：粗乙酰苯胺、活性炭。

四、实验步骤

在250mL锥形瓶中，放入3g乙酰苯胺粗品[1]。加入适量的水，加热煮沸，使其完全溶解，若不溶或出现油珠应搅动，如仍有油珠状物[2]，可适量添加少量热水，搅拌并加热直至油状物全部消失，然后移去火源，稍冷，加适量活性炭到溶液中，搅动使混合均匀，再煮沸5min左右。

在加热溶解乙酰苯胺的同时，准备好热水漏斗与折叠滤纸[3]按图2-77装置好，将上述脱色后的热溶液尽快地倾入热水漏斗，滤入烧杯中。每次倒入的溶液不要太满，也不要等溶液全部滤完后再加，为了保持溶液的温度，应将未过滤的部分继续用小火加热。

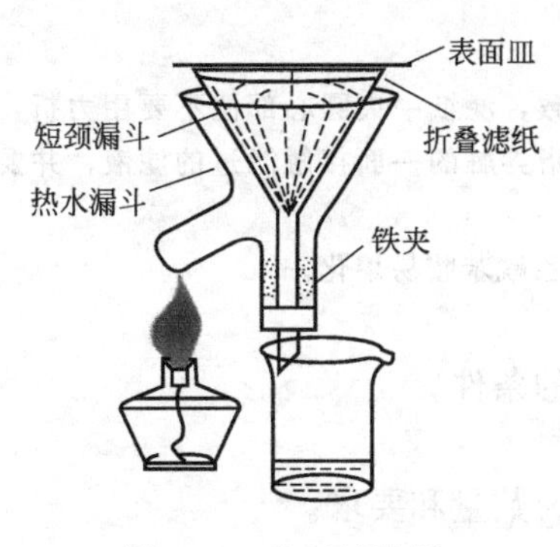

图2-77 热过滤装置

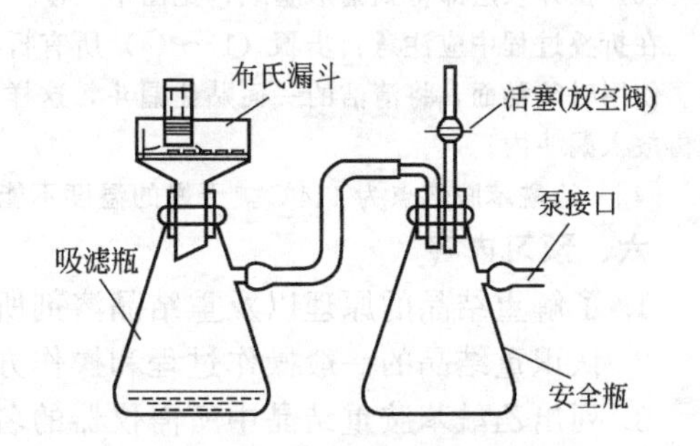

图2-78 减压过滤装置

滤毕，将盛有滤液的烧杯盖上表面皿，放置自然冷却后再放入冷水中冷却，使晶体析出完全。抽滤（装置见图 2-78），用约 5mL 水分 2 次洗涤漏斗中的晶体，然后抽干并用玻塞挤压晶体直至无水滴下。取出晶体置于表面皿上，摊开置空气中晾干或在 90℃以下烘干[4]，称重，计算回收率。

五、注释

［1］ 乙酰苯胺在水中的溶解度见表 2-6。

表 2-6　乙酰苯胺在水中的溶解度

T/℃	20	25	50	80	90	100
溶解度/(g/100mL)	0.46	0.53	0.84	3.45	4.3	5.5

［2］ 这是由于当温度高于 83℃时，未溶于水但已熔化的乙酰苯胺形成另一液相所致，这就是油珠出现的原因。这时只要加少量水或继续加热，此种现象即可消失。

［3］ 折叠滤纸又称菊形滤纸，因面积较大，可加快过滤速度，减少损失。折叠滤纸的折法如图 2-79 所示。

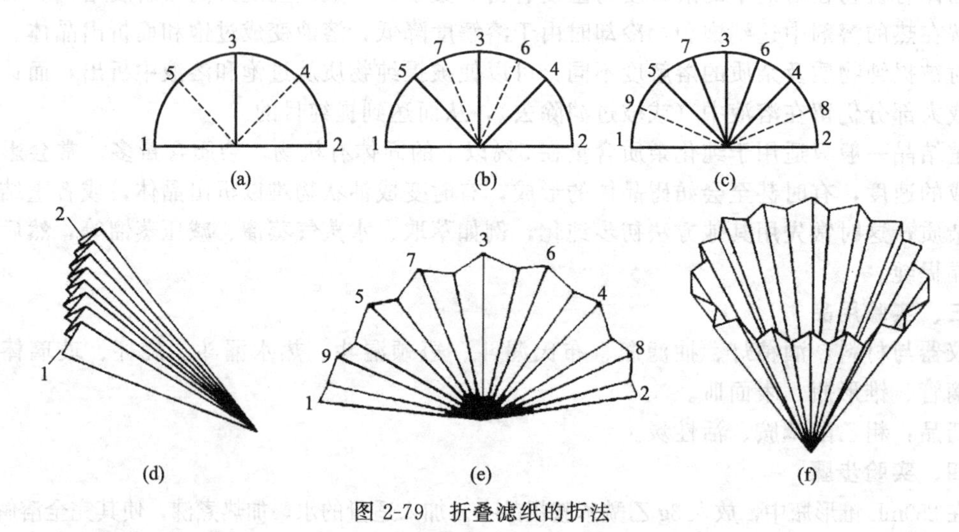

图 2-79　折叠滤纸的折法

(1) 将圆滤纸先一折为二，然后再对折成四份；

(2) 将 2 与 3 对折成 4，1 与 3 对折成 5，见图中 (a)；

(3) 2 与 5 对折成 6，1 与 4 对折成 7，见图中 (b)；

(4) 2 与 4 对折成 8，1 与 5 对折成 9，见图中 (c)；

(5) 通过以上 4 步得到折痕为同一方向的 8 个等分，然后在每相邻两折痕间都按反方向对折一次，结果像扇子一样的排列如图中 (d) 的形状；

(6) 拉开双层即得到菊形滤纸，见图中 (f)。

在折叠过程中应注意：步骤 (1)～(4) 所有折叠方向要一致，滤纸中央圆心部位不要用力折，以免破裂。使用时须翻面，将清洁的一面贴住漏斗，这样可避免被手指弄脏的一面接触滤过的滤液，并要作整理后再放入漏斗内。

［4］ 乙酰苯胺熔点为 114℃，干燥的温度不能过高，否则乙酰苯胺易熔化。

六、预习内容

1. 了解重结晶的原理以及重结晶溶剂所必须具备的条件。

2. 认识重结晶的一般操作过程和操作方法。

3. 列出乙酰苯胺重结晶中所需仪器的名称、规格、数量和要求。

4. 了解菊形滤纸和抽气过滤的作用。

七、思考题

1. 加热溶解待重结晶的粗产物时，为何先加入比计算量少的溶剂，然后逐渐添加至恰好溶解，最后再多加少量溶剂？

2. 如何选择重结晶溶剂？什么情况下使用混合溶剂？

3. 为什么活性炭要在固体物质全部溶解后加入？为什么不能在溶液沸腾时加活性炭？

4. 如果溶剂量过多造成晶体析出太少或根本不析出，应如何处理？

5. 停止抽滤时如不先打开安全瓶上的活塞就关闭水泵，会产生什么现象？为什么？

6. 用有机溶剂和以水为溶剂进行重结晶时，在仪器装置和操作上有什么不同？

八、附注

重结晶的一般过程如下：

1. 选择适当的溶剂

重结晶的好坏关键在于选择适当的溶剂，它影响被提纯物质的纯度与收率，选择合适的溶剂时应具备下列几个条件：

① 溶剂不与被提纯物质起化学反应；

② 在降低和升高温度时，被提纯化合物的溶解度应有显著差别，冷溶剂对被提纯化合物的溶解度越小，回收率越高；

③ 对杂质的溶解度非常大或非常小（前一种情况是使杂质留在母液中不随被提纯物质一同析出，后一种情况是使杂质在热过滤时被滤去）；

④ 溶剂的沸点适中，易与被提纯物质分离除去；

⑤ 被提纯物质在该溶剂中有较好的结晶状态，能给出较好的晶体；

⑥ 价廉易得，毒性低，回收率高，操作安全。

常用的重结晶溶剂见表 2-7。在选择溶剂时，可考虑“相似相溶”的原则，即溶质一般易溶于结构与其近似的溶剂中，极性物质较易溶于极性溶剂中，非极性物质较易溶于非极性溶剂中。具体选择溶剂时，大部分化合物，可先从化学手册或文献资料中查出溶解度数据，如无法查到，则须用实验方法决定。

表 2-7 常用的重结晶溶剂

溶剂	沸点/℃	相对密度	与水的混溶性	易燃性
水	100	1.00	+	0
甲醇	64.7	0.79	+	+
95%乙醇	78.1	0.80	+	++
冰醋酸	118	1.05	+	+
丙酮	56.2	0.79	+	+++
乙醚	34.5	0.71	−	++++
石油醚	30～60	0.64	−	++++
乙酸乙酯	77.1	0.90	−	++
苯	80.1	0.88	−	++++
氯仿	61.7	1.48	−	0
四氯化碳	77	1.59	−	0

注：“+”表示容易；“−”表示不容易；“0”表示不燃。

单溶剂的选择方法：取 0.1g 待重结晶物质放入试管中，滴加 1mL 溶剂，振荡下观察样品是否溶解，若不加热很快溶解，说明化合物在此溶剂中的溶解度太大，不适合作此化合物的溶剂；若加热至沸腾还不溶解，可继续加热，再逐步滴加溶剂，每次约 0.5mL，如超过 4mL 仍不能全溶时，说明溶剂对该化合物的溶解度太小，也不适合。如果该化合物能溶解在 1～4mL 沸腾的溶剂中，可将试管冷却，观察结晶析出的情况。若结晶不能自行析出，可用玻璃棒摩擦溶液液面以下的试管壁，或置于冰水中冷却，若结晶仍不能析出，则此溶剂也不适用。如果结晶能正常析出，要注意结晶量的多少。实验中应同时挑选几种溶剂同法进行比较，选用结晶收率最高、操作容易、毒性小、价格便宜的溶剂来进行重结晶。

混合溶剂的选择方法：如果未能找到某一合适的溶剂，则可采用混合溶剂。混合溶剂通常是由两种互溶的溶剂组成的，其中一种对被提纯物质的溶解度很大（称为良溶剂），而另一种对被提纯物质的溶解度很小（称不良溶剂）。常用的混合溶剂有甲醇-水、乙醇-水、苯-石油醚、丙酮-石油醚、冰醋酸-水、吡啶-水、乙醚-甲醇。测定溶解度的方法如前所述。

用混合溶剂重结晶时，先将物质溶于热的良溶剂中。若有不溶解物质则趁热滤去，若有色则加活性炭煮沸脱色后趁热过滤。在此热溶液（接近沸点温度下）中滴加热的不良溶剂，直至所呈现的浑浊不再消失为止，此时该物质在混合溶剂中成过饱和状态。再加入少量（几滴）良溶剂或稍加热使恰好透明，然后将此混合物冷至室温，使晶体自溶液中析出。当重结晶量大时，可先按上述方法，找出良溶剂和不良溶剂的比例，然后将两种溶剂先混合好，再按一般方法进行重结晶。

2. 溶解粗产品

通常将粗产品置于锥形瓶（或圆底烧瓶）中，加入较计算量稍少的适宜溶剂，加热到微微沸腾。若未完全溶解，可再分次逐渐添加溶剂，每次加入后均需再加热使溶液沸腾，直至物质刚好完全溶解，记录溶剂用量。要使重结晶得到的产品纯和回收率高，溶剂的用量是个关键。虽然从减少溶解损失来考虑，溶剂应尽可能避免过量，但这样在热过滤时因温度降低会引起晶体过早地在滤纸上析出造成产品损失，特别是当待重结晶物质的溶解度随温度变化很大时更是如此。因而要根据这两方面的损失来权衡溶剂的用量，一般可比需要量多加20%的溶剂。为了避免溶剂挥发及可燃溶剂着火或有毒溶剂中毒，应在锥形瓶或圆底烧瓶上装置回流冷凝管。根据溶剂的沸点和易燃性，选择适当的热浴加热。添加溶剂时，必须移去火源后，从冷凝管上端加入。

3. 活性炭脱色

粗产品中常有一些有色杂质不能被溶剂去除，因此，需要用脱色剂来脱色。最常用的脱色剂是活性炭，它是一种多孔物质，可以吸附色素和树脂状杂质，但同时它也可以吸附产品，因此加入量不宜太多，根据所含杂质的多少而定，一般为干燥粗产品质量的1%～5%，有时还要多些。具体方法：待上述热的饱和溶液稍冷却后，加入适量的活性炭摇动，使其均匀分布在溶液中。加热煮沸5～10min即可。注意千万不能在沸腾的溶液中加入活性炭，否则会引起暴沸，使溶液冲出容器造成产品损失。

4. 热过滤

热过滤的目的是除去不溶性杂质（包括用作脱色的吸附剂）。为了尽量减少过滤过程中晶体的损失，操作时应做到：仪器热、溶液热、动作快。通常使用热水漏斗和折叠滤纸进行常压保温快速过滤，这样的热过滤较快，并可防止在过滤过程中因溶剂的冷却或挥发使溶质析出而造成损失。用热水漏斗过滤时，先在夹套内加入水，将漏斗用铁夹固定在铁架上，再插入一颈短而粗的玻璃漏斗，漏斗下用锥形瓶接收。过滤前先在金属外套支管端加热。使夹套内水近沸腾。为了保持热水漏斗有一定温度，在过滤时可用小火加热，但必须注意过滤易燃溶剂时必须将火焰熄灭！

用折叠滤纸过滤时，应先用滴管滴入少量热的溶剂，湿润滤纸，以免干滤纸吸收溶液中的溶剂而使晶体析出而堵塞纸孔。将待过滤的溶液沿玻璃棒小心倒入漏斗中的折叠滤纸内。每次倒入热溶液后应迅速盖上表面皿（凹面向下），以起到保温和减少溶剂挥发的作用。如果热溶液多，一次不能倒完，剩余的溶液应继续加热保温。如过滤进行得很顺利，常只有很少的晶体在滤纸上析出。全部滤完后用少量热溶剂洗一下滤纸，但洗涤的溶剂不宜过多。若滤纸中析出的晶体较多时，必须用刮刀刮回到原来的瓶中，再加适量的溶剂加热溶解并过滤。

5. 冷却结晶

热溶液冷却，使溶解的物质自过饱和溶液中析出，而一部分杂质仍留在母液中。冷却方式有两种：一种是快速冷却；一种是自然冷却。

① 快速冷却：将滤液在冷水浴或冰水浴中迅速冷却并剧烈搅动，可得到颗粒很小的晶体。小晶体包含杂质较少，但其表面积大，吸附在表面的杂质较多，有时会形成稠厚的糊状物，夹带母液多，不易洗净也不易抽干。其优点是冷却时间短。

② 自然冷却：将热的饱和溶液静置，自然冷却，缓慢降温。当溶液的温度降至接近室温且有大量的晶体析出后，可以进一步用冷水或冰水冷却，使更多的晶体从母液中析出来，这样析出的晶体大而均匀。大

的晶体内部虽然含杂质较多些，但晶体大，表面积小，吸附杂质少，而且容易用新鲜溶剂洗涤除去。

总的来说，自然冷却得到的晶体比快速冷却得到的晶体洁净。重结晶选择何种冷却方法要根据产品要求而定。有时晶体不易从过饱和溶液析出，这是由于溶液中尚未形成结晶中心，此时可用玻璃棒摩擦容器内壁，以形成粗糙面，溶质分子呈定向排列形成晶体在粗糙面上比在光滑面上容易。或投入“晶种”(即同物质的晶体，可由玻璃棒蘸些溶液，干后即形成)，以供给晶核，使晶体迅速生成。

6. 抽滤与洗涤

把晶体从母液中分离出来，一般采用布氏漏斗和吸滤瓶进行抽气过滤（简称抽滤，又称减压过滤)。吸滤瓶的侧管用耐压的橡皮管与安全瓶相连。安全瓶再用耐压的橡皮管和水泵相连，安全瓶的作用在于防止因水压突然改变而使水倒流入吸滤瓶中。

布氏漏斗中铺的圆形滤纸，应较漏斗的内径略小，使紧贴于漏斗的底壁，在抽滤前先用少量溶剂把滤纸润湿，然后打开水泵将滤纸吸紧，防止固体在吸滤时自滤纸边沿吸入瓶中。将容器中的晶体和液体分批沿玻璃棒倒入布氏漏斗中，并用少量母液将黏附在容器壁上的残留晶体转移至布氏漏斗中。滤完，要用玻璃塞或玻璃棒挤压晶体，以尽量除去母液。滤得的固体，习惯称滤饼。

晶体表面吸附的母液会沾污晶体，可用新鲜溶剂进行洗涤，用量要少些，以减少溶解损失。洗涤时应先将安全瓶上的活塞打开连通大气，用玻璃棒轻轻挑松晶体（勿将滤纸弄破)，加入少量溶剂，使全部晶体被溶剂润湿，然后关闭安全瓶上的活塞，继续抽气过滤，把溶剂尽量抽净，一般重复洗涤1～2次即可。最后用玻璃钉将晶体压紧，抽干溶剂，用小刮刀将晶体刮下，放在表面皿上，把晶体摊开。抽滤后的母液，若有必要，可将其蒸发浓缩，便可得到一部分纯度较低的晶体。

7. 干燥

用重结晶法纯化后的晶体，其表面吸附有少量溶剂，因此必须用适当的方法进行干燥。干燥方法很多，可根据重结晶所用的溶剂及结晶的性质来选择。当使用的溶剂沸点比较低时，可在室温下使溶剂自然挥发达到干燥的目的。当使用的溶剂沸点比较高（如水）而产品又不易分解和升华时，可用红外灯烘干。当产品易吸水或吸水后易发生分解时，应用真空干燥器进行干燥。

晶体不充分干燥，熔点要下降，晶体经充分干燥后通过熔点测定来检验其纯度，如发现纯度不符合要求，可重复上述操作直至熔点不再改变为止。

实验11 非水溶剂重结晶法提纯硫化钠

一、实验目的

1. 学习非水溶剂重结晶方法和操作。

2. 练习冷凝管的安装和回流操作。

二、实验原理

硫化钠俗称硫化碱，纯的硫化钠是含有不同数目结晶水的无色晶体，如 $Na_2S \cdot 6H_2O$、$Na_2S \cdot 9H_2O$ 等，工业硫化钠因含有大量杂质（重金属硫化物、煤粉等）而呈现红至黑色。本实验利用硫化钠能溶于热酒精，其他杂质可在趁热过滤时除去，或在冷却后硫化钠结晶析出时留在母液中除去，达到使硫化钠纯化的目的。

三、实验用品

仪器与材料：圆底烧瓶（250mL)、水浴锅、直型（或球形）冷凝管、铁架台、铁夹、铁圈、石棉网、酒精灯、火柴、布氏漏斗、吸滤瓶、循环水泵、台秤、量筒、滤纸。

固体试剂：硫化钠（工业级)。

液体试剂：酒精（95%)。

四、实验步骤

在台秤上称取已粉碎的工业级硫化钠18g，放入250mL圆底烧瓶中，再加入150mL

95%的酒精和20mL水。按图2-80回流加热装置，装上直型或球形冷凝管，并向冷凝管中通入冷却水。水浴加热，从烧瓶内酒精开始沸腾起，回流约40min，停止加热。将烧瓶在水浴锅中静置5min后取下，用两层滤纸趁热抽滤，以除去不溶性杂质。

将滤液转入一只250mL的烧杯中，不断搅拌以促使硫化钠晶体大量析出，再放置一段时间，冷却至室温。倾析出上层母液，再用少量95%的酒精在烧杯中用倾析法洗涤硫化钠晶体1～2次，然后抽滤。抽干后，再用滤纸吸干，称量，计算产率。母液装入指定的回收瓶中。本法制得的产品为$Na_2S \cdot 9H_2O$晶体。

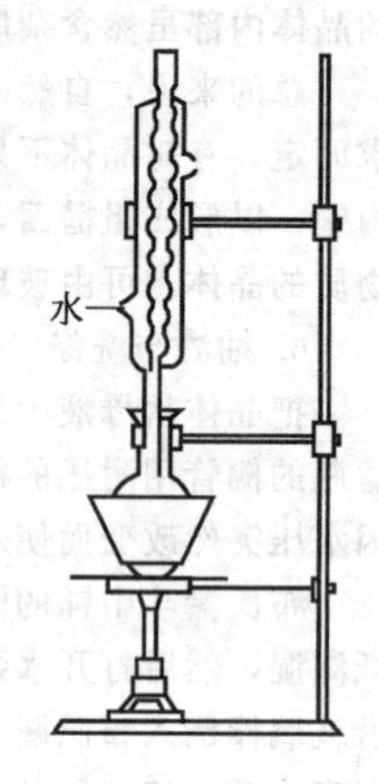

图2-80 硫化钠的纯化装置

五、预习内容

非水溶剂重结晶提纯硫化钠的实验原理。

六、思考题

用非水溶剂重结晶法提纯工业硫化钠时，为什么要采用水浴加热并回流的方法？

实验12 萃取

一、实验目的

1. 学习萃取法提取和纯化化合物的原理和方法。
2. 掌握分液漏斗的使用方法。
3. 了解萃取选择溶剂的原则。

二、基本原理

萃取是有机化学实验中用来提取或纯化有机化合物的常用操作之一，应用萃取可从固体或液体混合物中提取出所需要的物质，也可以用于除去混合物中的少量杂质，通常把前者称为“萃取”，把后者称为“洗涤”。萃取和洗涤在理论上和基本操作上有许多相同之处，但目的不同。根据被萃取物质形态的不同，萃取又可分为从溶液中萃取（液-液萃取）和从固体中萃取（固-液萃取）两种萃取方法。

萃取是利用化合物在两种互不相溶（或微溶）的溶剂中的溶解度或分配系数的不同，使化合物从一种溶剂中转移到另一种溶剂中，而达到分离和提纯目的的一种操作。

有机物质在有机溶剂中的溶解度一般比在水中的溶解度大，所以可将它们从水溶液中萃取出来。在一定温度下，一种物质在两种不相溶的溶剂中分配比为一常数，即：

$$\frac{c_A}{c_B}=K(\text{分配系数})$$

式中，c_A、c_B分别为物质在原溶液A和溶剂B中的浓度；K是常数，称为“分配系数”。它可近似地看作化合物在两溶剂中的溶解度之比。

要把所需要的化合物从溶液中完全萃取出来，通常萃取一次是不够的，必须重复萃取数次。由分配定律关系式，可以算出经过萃取后化合物的剩余量以及萃取效率。

设：V为水溶液的体积；s为每次所用萃取剂的体积；m_0为溶解于水中的有机物的质量（克）；m_1，…，m_n分别为萃取一次至n次后留在水中的有机物克数。根据分配系数的定义，进行以下推导：

一次萃取：

$$K=\frac{c_A}{c_B}=\frac{m_1/V}{(m_0-m_1)/s};\qquad m_1=m_0\cdot\frac{KV}{KV+s}$$

二次萃取：

$$K=\frac{m_2/V}{(m_1-m_2)/s};\qquad m_2=m_1\cdot\frac{KV}{KV+s}=m_0\cdot\left(\frac{KV}{KV+s}\right)^2$$

同理，经 n 次萃取后，在原溶液中溶质的剩余量为：

$$m_n=m_0\cdot\left(\frac{KV}{KV+s}\right)^n$$

式$\frac{KV}{KV+s}<1$，所以，当用一定量的溶剂萃取时，n 值越大，即当萃取的次数越多时，水中有机物的剩余量越少，说明效果越好。这表明，当所用的溶剂的量一定时，把溶剂分成数次萃取比用全部溶剂一次萃取的效果好。这一点十分重要，它是提高分离效率的有效途径。上面的公式只是近似的，但可以定性地指出预期的结果。

例如：在 100mL 水中含有 4g 正丁酸，在 15℃时用 100mL 苯来萃取。设已知分配系数 K 为 1/3，一种方法是用 100mL 苯一次萃取；另一种方法是用 100mL 苯分三次萃取，每次用 33.33mL，比较萃取效果。

(1) 用 100mL 苯一次萃取，正丁酸在水溶液中的剩余量为：

$$m_1=m_0\cdot\frac{KV}{KV+s}=4\times\frac{\frac{1}{3}\times 100}{\frac{1}{3}\times 100+100}=1.0(\text{g})$$

萃取效率为：$$\frac{4\text{g}-1.0\text{g}}{4\text{g}}\times 100\%=75\%$$

(2) 100mL 苯每次用 33.33mL 分三次萃取，正丁酸在水溶液中的剩余量为：

$$m_3=4\times\left(\frac{\frac{1}{3}\times 100}{\frac{1}{3}\times 100+33.33}\right)^3=0.5(\text{g})$$

萃取效率为：$$\frac{4\text{g}-0.5\text{g}}{4\text{g}}\times 100\%=87.5\%$$

从上面的计算可知，用同样量的溶剂，分多次用少量溶剂来萃取，其效率要比一次用全量溶剂来萃取高。因此实验中一般都要求进行多次萃取。但是，连续萃取的次数不是无限度的，当溶剂总量保持不变时，萃取次数（n）增加，s 就要减小，$n>5$ 时，n 和 s 这两个因素的影响就几乎相互抵消了，再增加 n，m_n/m_{n+1} 的变化不大。因此，一般以萃取三次为宜。

除了利用分配比不同来萃取外，另一类萃取剂的萃取原理是利用它们能与被萃取物质起化学反应而进行萃取。这类操作经常应用在有机合成反应中，以除去杂质或分离出有机物。常用的萃取剂有 5%氢氧化钠、5%或 10%的碳酸钠、碳酸氢钠溶液、稀盐酸、稀硫酸等。碱性萃取剂可以从有机相中移出有机酸，或从有机溶剂中除去酸性杂质（使酸性杂质生成钠盐溶解于水中），这种萃取常被称为“洗涤”；反之，酸性萃取剂可从混合物中萃取碱性物质（杂质）等。

三、实验用品

仪器与材料：分液漏斗、锥形瓶、烧杯、试管、酒精灯、短颈漏斗、滴管、碱式滴定管。

药品：5%苯酚水溶液、乙酸乙酯、2% $FeCl_3$ 溶液、冰醋酸与水的混合液（冰醋酸与水以 1∶19 的体积比相混合)、乙醚、0.2mol·L^{-1}标准氢氧化钠溶液、酚酞。

四、实验步骤

(一)用乙酸乙酯从苯酚水溶液中萃取苯酚

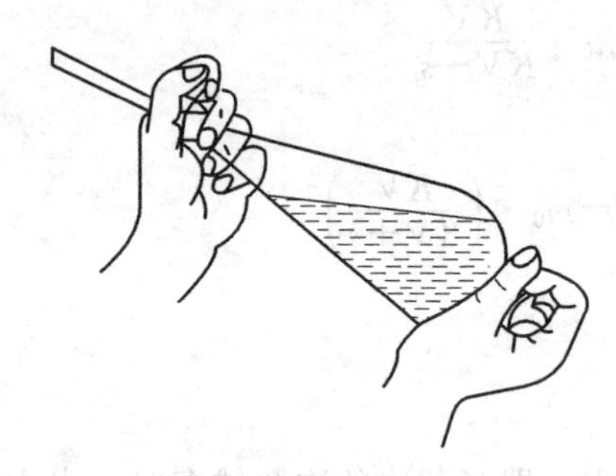

图 2-81 振荡分液漏斗

取 5%苯酚水溶液 20mL 加入到分液漏斗中[1],再加入 10mL 乙酸乙酯,用右手食指的末节顶住分液漏斗的顶塞,将分液漏斗平握(见图 2-81)轻轻摇动后,用左手开放活塞,放出因振摇而生成的气体,再关闭活塞。如此重复 2~3 次后将漏斗置于铁圈上,把上口顶塞打开(或把塞子上的小槽对准漏斗口颈上的通气孔)。待乙酸乙酯与水分成清晰的两层后(如果分层不明显的话可以适当加点盐,促使分层,为什么?),将下层水溶液流入一烧杯中,当下层液体接近流完时,逐渐关小活塞,待最后一滴水液流出后,完全关闭活塞。上层乙酸乙酯从上口倒入一干燥的锥形瓶中。将水液又倒入分液漏斗中,再用 10mL 乙酸乙酯再萃取一次。合并两次乙酸乙酯提取液,加入无水硫酸镁干燥,水浴蒸馏[2],回收乙酸乙酯,烧瓶中的残留物即为萃取得到的苯酚。称重,计算收率。

取 2 支试管分别加入萃取后的下层水溶液和未萃取的苯酚水溶液各 5 滴,各加入 2% $FeCl_3$ 溶液 5 滴,比较颜色深浅,颜色不同说明了什么问题?

(二)用乙醚从乙酸水溶液中萃取乙酸

1. 一次萃取法

用移液管准确量取 10mL 冰醋酸与水的混合液,放入分液漏斗中[1],用 30mL 乙醚萃取。注意近旁不能有火,否则易引起火灾。加入乙醚后,先用右手食指的末节将漏斗上端玻璃塞顶住,再用左手的大拇指和食指握住活塞柄向内使力,使振摇过程中(如图 2-81 所示)玻璃塞和活塞均夹紧。轻轻振摇分液漏斗,每隔几秒钟将漏斗倒置(活塞朝上),小心打开活塞,以平衡内外压力,重复操作 3~4 次,将分液漏斗置于铁圈上,当溶液分成两层后,小心旋开活塞,放出下层水溶液于锥形瓶内[3],加入 1~2 滴酚酞作指示剂,用 0.2mol·L^{-1}标准氢氧化钠溶液滴定,记录用去氢氧化钠溶液的体积(V_1)。

2. 多次萃取法

准确量取 10mL 冰醋酸与水的混合液于分液漏斗中,用 10mL 乙醚如上法萃取,分去乙醚溶液,将水溶液再用 10mL 乙醚萃取,分出乙醚溶液后,将第二次剩余的水溶液再用 10mL 乙醚萃取。如此前后共计 3 次。最后将用乙醚第三次萃取后的水溶液放入锥形瓶内,用 0.2mol·L^{-1}氢氧化钠溶液滴定,记录用去氢氧化钠溶液的体积(V_3)。

滴定 10mL 未经萃取的冰醋酸与水的混合液,记录用去氢氧化钠溶液的体积(V_0)。根据上述两种不同步骤所得数据,计算 K 值,比较两种萃取方法的 K 值是否相近和萃取乙酸的效率。

五、注释

[1] 常用的分液漏斗有球形、锥形和梨形 3 种,在有机化学实验中,分液漏斗主要应用于:

① 分离两种分层而不起作用的液体。

② 从溶液中萃取某种成分。

③ 用水或碱或酸洗涤某种产品。

④ 用来滴加某种试剂(即代替滴液漏斗)。

在使用分液漏斗前必须检查:

① 分液漏斗的玻璃塞和活塞有没有用棉线绑住。

② 玻璃塞和活塞紧密否?如有漏水现象,应及时按下述方法处理:脱下活塞,用滤纸擦净活塞及活塞

孔道的内壁，然后，用玻璃棒蘸取少量凡士林，先在活塞“大头”的一端抹上一层凡士林（注意不要把凡士林涂在活塞孔上，以免堵塞），再在孔道内壁的“小头”端抹上一层凡士林，然后插上活塞，逆时针旋转至透明时，即可使用。

分液漏斗用后，应用水冲洗干净，玻璃塞用薄纸包裹后塞回去。使用分液漏斗时应注意：

① 不能把活塞上附有凡士林的分液漏斗放在烘箱内烘干。

② 不能用手拿住分液漏斗的下端。

③ 不能用手拿住分液漏斗进行分离液体。

④ 上口玻璃塞打开后才能开启活塞。

⑤ 上层的液体不要由分液漏斗下口放出。

[2] 蒸馏用的烧瓶应事先干燥并称重。

[3] 不能将醚层放入锥形瓶内，亦不能将水层留于分液漏斗内。把水层放出后，须等待片刻，观察是否还有水层出现，如有，应将此水层再放入锥形瓶内。总之，放出下层液体时，注意不要使它流得太快，待下层液体流出后，关上活塞，等待片刻，观察还有无水层分出，若尚有，应将水层放出，而上层液体，则应从分液漏斗上口倾入另一容器中。

六、预习内容

1. 萃取与洗涤的区别与联系。

2. 萃取作为分离、纯化物质的手段对萃取剂有何要求？

3. 用分液漏斗萃取（或洗涤）的操作方法及要注意的问题。

七、思考题

1. 实验室现有一混合物待分离提纯，已知其中含有甲苯、苯胺和苯甲酸。请选择合适的溶剂，设计合理方案从混合物中经萃取分离、纯化得到纯净甲苯、苯胺、苯甲酸。

2. 使用分液漏斗的目的是什么？使用时要注意哪些事项？

3. 用乙醚萃取水中的有机物时，要注意哪些事项？

4. 用分液漏斗萃取时，为什么要放气？

5. 若用有机溶剂萃取水溶液，而又不能确定有机溶剂在分液漏斗的哪一层，应如何做出迅速决定？

八、附注

1. 选择萃取剂的原则

一般从水中萃取有机物，要求溶剂在水中溶解度很小或几乎不溶；被萃取物在溶剂中要比在水中溶解度大；对杂质溶解度要小；溶剂与水和被萃取物都不发生反应；萃取后溶剂应易于用常压蒸馏回收。此外，价格便宜、操作方便、毒性小、溶剂沸点不宜过高、化学稳定性好、密度适当也是应考虑的条件。

一般选择萃取剂时，可应用“相似相溶”原理，难溶于水的物质用石油醚提取，较易溶于水的物质用乙醚或苯萃取，易溶于水的物质则用乙酸乙酯或类似的物质作萃取剂效果较好。

常用的溶剂有乙醚、苯、四氯化碳、氯仿、石油醚、二氯甲烷、二氯乙烷、正丁醇、乙酸乙酯等。其中乙醚效果较好，使用乙醚的最大缺点是容易着火，在实验室中可以小量使用，但在工业生产中不宜使用。

2. 从液体中萃取

(1) 准备萃取　萃取的主要仪器是分液漏斗，操作前要求检查分液漏斗是否漏水。萃取时先把分液漏斗放在铁架台的铁圈上，关闭活塞，取下顶塞，从漏斗上口将被萃取液体倒入分液漏斗中，然后再加入萃取剂，塞紧顶塞。

(2) 振荡萃取　取下分液漏斗以右手手掌（或食指的末节）紧顶住漏斗顶塞并抓住漏斗，而漏斗的活塞部分放在左手的虎口内并用大拇指和食指握住活塞柄向内使力，中指垫在塞座旁边，无名指和小指在塞座另一边与中指一起夹住漏斗，如图 2-81 所示。振摇时，将漏斗上口向下倾斜，下口管指向斜上方，开始时要轻轻振荡（前后摇动或作圆周运动，使液体振动起来，两相充分接触），在振摇过程中应注意不断放气，以免萃取或洗涤时，由于漏斗中的压力超过了大气压，塞子可能被顶开，使液体喷出而出现危险。放气时，将漏斗的下口向上倾斜，使液体集中在下面，用控制活塞的拇指与食拇打开活塞放气，要注意不要对着人，一般振摇 2～3 次就放气一次。经几次摇荡、放气后，把漏斗架在铁圈上。

(3) 静置分层 让漏斗中的液体静置，使乳浊液分层。静置时间越长，越有利于两相的彻底分离。此时，应注意仔细观察两相的分界线，有的很明显，有的则不易分辨。一定要确认两相的界面后，才能进行下面的操作，否则还需要静置一段时间。

(4) 分离 分液漏斗中的液体分成清晰的两层以后，就可以进行分离。先把上口顶塞打开（或把塞子上的小槽对准漏斗口颈上的通气孔）。把分液漏斗的下端靠在接收器的壁上。实验者的视线应盯住两相的界面，缓缓打开活塞，让液体流下，当液体中的界面接近活塞时，关闭活塞，静置片刻。这时下层液体往往会增多一些。再把下层液体仔细地放出，然后把剩下的上层液体从上口倒到另一个干燥的锥形瓶里（切不可从下面旋塞放出，以免漏斗活塞下面颈部所附着的残液把上层液体沾污）。如两相间有少量絮状物时，应把它分到水层中。

当要进行多次萃取时，把从下层放出的液体再倒回分液漏斗中，再用新的萃取剂萃取。萃取次数决定于分配系数，一般为 3～5 次。将所有萃取液合并，加入适当的干燥剂进行干燥，再蒸去溶剂，萃取后所得化合物视其性质确定纯化方法。若分不清哪一层是有机溶液，可取少量任何一层液体放在试管内，再加一些水进行试验，如加水后分层，即为有机相；不分层，说明是水相。在实验结束前，均不要把萃取后的水溶液倒掉，以免一旦弄错无法挽救！有时溶液中溶有有机物后，密度会改变，不要以为密度小的溶剂在萃取时一定在上层。

用乙醚萃取时，应特别注意周围不要有明火。刚开始摇荡时，用力要小，时间短。应多摇动多放气，否则，漏斗中蒸气压力过大，液体会冲出造成事故。

用分液漏斗进行萃取，应选择比被萃取液大 1～2 倍体积的分液漏斗，所以，首先要估计溶液和溶剂的体积，以免将分液漏斗中的溶液和溶剂装得很满，分液漏斗过小，振摇时不能使溶剂和溶液分散为小的液滴，被萃取物质不能与两溶液充分接触，影响了该物质在两溶液中的分配，降低了萃取效率。

在萃取某些含有碱性或表面活性较强的物质时（如蛋白质、长链脂肪酸等），易出现经摇振后溶液乳化，不能分层或不能很快分层的现象。原因可能是由于两相分界之间存在少量轻质的不溶物；也可能是两液相交界处的表面张力小；或由于两液相密度相差太小。碱性溶液（例如氢氧化钠等）能稳定乳状液的絮状物而使分层更困难，在这种情况下可采取如下措施：①采取长时间静置；②利用盐析效应，在水溶液中先加入一定量的电解质（如氯化钠）或加饱和食盐水溶液，以提高水相的密度，同时又可以减小有机物在水相中的溶解度；③滴加数滴醇类化合物（乙醇、异丙醇或丁醇），改变表面张力；④加热，破坏乳状液（注意防止易燃溶剂着火）；⑤过滤除去少量轻质固体物（必要时可加入少量吸附剂，滤除絮状固体）。如若在萃取含有表面活性剂的溶液时形成乳状溶液，当实验条件允许时，可小心地改变 pH，使之分层。当遇到某些有机碱或弱酸的盐类，因在水溶液中能发生一定程度解离，很难被有机溶剂萃取出水相，为此，在溶液中要加入过量的酸或碱，以达到顺利萃取的目的。

3. 从固体混合物中萃取

从固体混合物中萃取所需的物质，常用以下几种方法。

(1) 浸泡萃取 将固体混合物研细后放在容器里用溶剂长时间静置浸泡萃取，或用外力振荡萃取，然后过滤，从萃取液中分离出萃取物质，但此法效率不高，时间长，溶剂用量大，实验室不常采用。

(2) 过滤萃取 若被提取的物质特别容易溶解，也可以把研细的固体混合物放在有滤纸的玻璃漏斗中，用溶剂洗涤。如果萃取物质的溶解度很小，用洗涤方法则要消耗大量的溶剂和很长的时间，这时可用下面的方法萃取。

(3) 索氏提取器萃取 用索氏（Soxhlet）提取器来萃取，是一种效率较高的萃取方法。该法是通过对溶剂加热回流及虹吸现象，使固体物质每次均被新的溶剂所萃取，效率高，可以节约溶剂。但该法对受热易分解或变色的物质不宜采用；高沸点溶剂也不宜采用此法萃取。

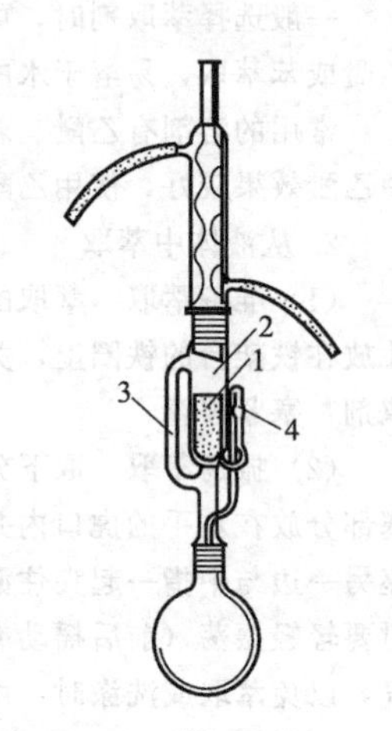

图 2-82 索氏提取器

萃取前应先将固体物质研细，以增加固-液接触面积，然后将固体物质放入滤纸筒 1 内，（见图 2-82，将滤纸卷成圆柱状，直径略小于提取筒 2 的内径，下端用线扎紧），轻轻压实，上面盖一小圆形滤纸。提取器的下端和盛有溶剂的圆底烧瓶连接，上端接冷凝管，开始加热，溶剂沸腾进行回流，蒸气通过玻璃管 3 上升至冷凝管，溶剂冷凝成液体，滴入提取器中，当液面超过虹吸管 4 顶端时，即产生虹吸现象，萃取液自动回流入加热烧瓶中，萃取出部分物质。再蒸发溶剂，如此循环，直到被萃取物质大部分被萃取出来为止。固体中的可溶性物质富集于烧瓶中，然后用适当方法将萃取物质从溶液中分离出来。

实验 13　旋光度的测定

一、实验目的

1. 掌握比旋光度的概念及表示方法。

2. 了解旋光仪的原理，熟悉其使用方法。

二、基本原理

比旋光度是光学活性物质特有的物理常数之一，手册、文献上多有记载。测定旋光度可以鉴定光学活性物质的纯度和含量。

对映异构体的物理性质（如沸点、熔点、折射率等）和化学性质（非手性环境下）基本相同，只是对平面偏振光的旋光性能不同。当偏振光通过具有光学活性的物质时，由于光学活性物质的旋光作用，其振动方向会发生偏转，所旋转的角度 α 称为旋光度。

化合物的旋光程度可以用旋光仪来测定。旋光仪的工作原理见图 2-83，它主要由光源、起偏镜、样品管和检偏镜几部分组成。光源为炽热的钠光灯。起偏镜是由两块光学透明的方解石黏合而成，也称尼科尔棱镜。尼科尔棱镜的作用就像一个栅栏。普通光是在所有平面振动的电磁波，通过棱镜时只有振动平面和棱镜晶轴平行的光才能通过，从而产生了平面偏振光。这种只在一个平面振动的光叫做平面偏振光。样品管装待测的旋光性液体或溶液，其长度有 1dm 和 2dm，对旋光度较小或溶液浓度较稀的样品，最好用 2dm 长的样品管。检偏镜的旋转角度与化合物的旋光度对应。使偏振光平面向右旋转（即顺时针方向）的旋光物质叫做右旋体，向左旋转（即逆时针方向）的叫左旋体。

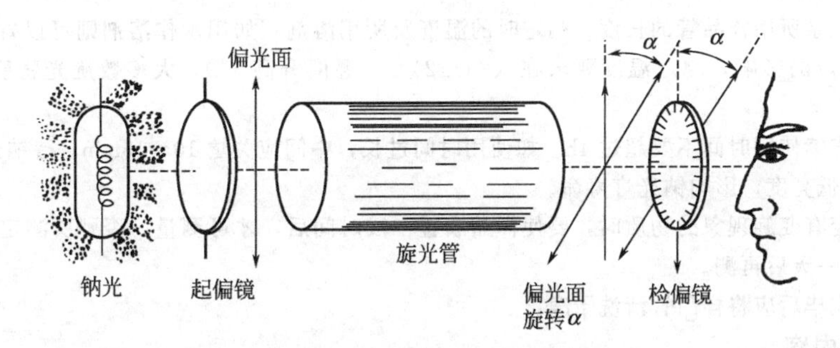

图 2-83　旋光仪示意图

物质的旋光度与测定时所用溶液的浓度、样品管长度、温度、所用光源的波长及溶剂的性质等因素有关。因此常用比旋光度 [α] 来表示物质的旋光性。当光源、温度和溶剂固定时，[α] 等于单位长度、单位浓度物质的旋光度。比旋光度 [α] 是只与被测物质的分子结构有关的特征常数。

比旋光度 [α] 的计算公式为：

$$[\alpha]_{\lambda}^{T}=\frac{\alpha}{lc}$$

式中　[α]——旋光性物质在温度为 T(℃)，光源波长为 λ（通常是钠光源中的 D 线波长

593.3nm，以 D 表示）时的比旋光度；

α——旋光仪显示器的旋光度读数值；

l——样品管的长度，单位以分米（dm）表示；

c——溶液浓度，以 1mL 溶液所含溶质的质量（$1g \cdot mL^{-1}$）表示。

如果测定的旋光性物质为纯液体，比旋光度可由下式求出：

$$[\alpha]_{\lambda}^{T}=\frac{\alpha}{ld}$$

式中，d 为纯液体的密度，$g \cdot cm^{-3}$。

表示比旋光度时通常还需标明测定时所用的溶剂。

三、实验用品

仪器与材料：WZZ-2B 型自动旋光仪、滴管。

药品：10%蔗糖水溶液、未知浓度葡萄糖水溶液、蒸馏水。

四、实验步骤

1. 用蒸馏水做空白清零。
2. 旋光度的测定：分别将 10%蔗糖水溶液和未知浓度葡萄糖水溶液[7]装入样品管测定旋光度[8]，记下样品管的长度及溶液浓度。
3. 按公式计算蔗糖的比旋光度和葡萄糖水溶液的浓度。

五、注释

[1] 样品管中装入蒸馏水或样品溶液时，应使液面凸出管口，将玻璃盖沿着管口轻轻推盖好。尽量不要带入气泡，然后垫好橡胶圈。旋转螺帽，使其不漏水，但也不要过紧，否则玻璃产生扭力，致使管内有空隙，而造成读数误差。盖好后如发现管内仍有气泡，应先让气泡浮在凸颈处，以免影响测定结果。通光面两端的雾状水滴，应用软布擦干。

[2] 洗涤干净样品管在首次装载测试的样品时，样品管内腔应用少量被测试样冲洗 3～5 次。

[3] 应注意样品管的方向，不要将样品管颠倒过来，否则将影响测定结果。

[4] 如样品超过测量范围，仪器在 ±45°处来回振荡。此时，取出样品管，仪器即转回零位。此时可将试液稀释一倍再测。

[5] 注意记录所用样品管的长度、测定时的温度及所用溶剂（如用水作溶剂则可以省略）。温度变化对旋光度具有一定的影响，测定温度要求在（20±2)℃。温度升高 1℃，大多数旋光物质的旋光度减少 0.3%左右。

[6] 仪器连续使用时间不要超过 4h。如使用时间过长，中间应关熄 10～15min，待钠光灯冷却后再继续使用，以免降低亮度，影响钠光灯寿命。

[7] 对测定有变旋现象的物质时，要使样品放置一段时间后，才可测量，否则所测定旋光度不正确。糖的溶液应放置一天后再测。

[8] 实验完毕后应将样品管清洗干净。

六、预习内容

1. 复习偏振光、旋光度、比旋光度、手性等概念。
2. 熟悉影响旋光度的因素及比旋光度的计算与表达方式。
3. 阅读并领会旋光度测定的原理和操作方法。

七、思考题

1. 旋光度和比旋光度的联系与区别是什么？
2. 有哪些因素影响物质的比旋光度？测定旋光度时应注意哪些事项？
3. 糖的溶液为何要放置一天后再测旋光度？

八、附注

旋光仪测定操作方法：

以 WZZ-2B 自动旋光仪为例，介绍旋光度测量的操作方法（图 2-84）。

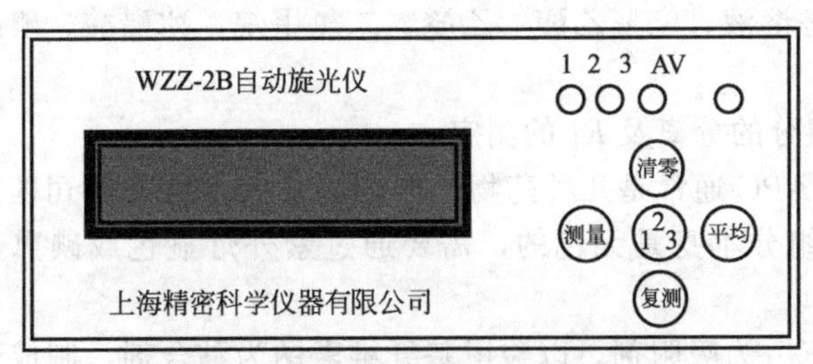

图 2-84 WZZ-ZB 自动旋光仪面板

(1) 向上打开电源开关（右侧面），这时钠光灯在交流工作状态下起辉，经 5min 钠光灯激活后，钠光灯才发光稳定。向上打开光源开关（右侧面），仪器预热 20min（若光源开关扳上后，钠光灯熄火，则再将光源开关上下重复扳动 1～2 次，使钠光灯在直流下点亮，为正常）。

(2) 按“测量”键，这时液晶屏应有数字显示。注意：开机后“测量”键只需按一次，如果误按该键，则仪器停止测量，液晶屏无显示。这时可再次按“测量”键，液晶重新显示，此时需要重新校零（若液晶屏已有数字显示，则不需按“测量”键）。

(3) 零点校正：将装有蒸馏水的样品管放入样品室[1]，盖上箱盖，待示数稳定后，按“清零”键，使显示器回零。样品管安放时应注意标记的位置和方向。

(4) 测定旋光度：将待测样品的样品管[2]，按测空白时相同的位置和方向放入样品室内[3]，盖好箱盖，仪器将自动显示出该样品的旋光度的读数值[4]。此时指示灯“1”点亮。按“复测”键一次，指示灯“2”点亮，表示仪器显示第一次复测结果，再次按“复测”键，指示灯“3”点亮，表示仪器显示第二次复测结果。按“1、2、3”键，可切换显示各次测量的旋光度值。按“平均”键，显示平均值[5]，指示灯“AV”点亮。

(5) 关闭仪器[6]，使用完毕后，应依次关闭光源、电源开关。

实验 14 薄层色谱

一、实验目的

1. 学习薄层色谱的原理，学会用薄层色谱法来鉴别、分离、提纯有机物的操作方法。
2. 掌握薄层色谱的操作技术。

二、基本原理

薄层色谱（简称 TLC）是一种微量、快速、简单的分析分离方法。薄层色谱的原理与柱色谱的基本相同，常用的有薄层吸附色谱和薄层分配色谱两种，本实验属薄层吸附色谱。此法是将吸附剂均匀地涂在玻璃板上作为固定相，经干燥活化后点上样品，以具有适当极性的有机溶剂作为展开剂（即流动相）。当展开剂沿薄层展开时（流动相沿着薄板上的吸附剂向上移动），混合样品中易被固定相吸附的组分（即极性较强的成分）移动较慢，而较难被固定相吸附的组分（即极性较弱的成分）移动较快。经过一定时间的展开后，不同组分彼此分开，形成互相分离的斑点。

薄层色谱法兼有柱色谱和纸色谱的优点，它不仅可以分离少量样品（几微克），而且也可以分离较大量的样品（可达 500mg）。此法对于挥发性较小，或在较高温时易变化而不能用气相色谱法分析的物质特别适用。薄层色谱常用于有机物的鉴定和分离，如通过与已知结构的化合物相比较，可鉴定有机混合物的组成。

三、实验用品

仪器与材料：薄层板、层析缸、毛细管、滴管、254nm 紫外分析仪。

药品：APC镇痛药片，1%阿司匹林的95%乙醇溶液，1%非那西汀的95%乙醇溶液、1%咖啡因的95%乙醇溶液，95%乙醇，乙醚，二氯甲烷，冰醋酸、碘晶体。

四、实验步骤

镇痛药片APC组分的分离及R_f的测定。

普通的镇痛药如APC通常是几种药物的混合物，大多含有阿司匹林、非那西汀、咖啡因和其他成分，由于组分本身是无色的，需要通过紫外灯显色或碘熏显色，并与纯组分的R_f比较才能加以鉴定。

本实验以硅胶GF_{254}为吸附剂，以羧甲基纤维素钠为黏合剂，制成薄层硬板[3]。用无水乙醚5mL、二氯甲烷2mL、冰醋酸7滴的混合溶液作展开剂，分离样品镇痛药片APC，并在同样条件下，点上纯样品对照，确定它们的斑点。

取镇痛药片APC半片，研成粉状。取一滴管，用少许棉花塞住其细口部，然后将粉状APC转入其中。另取一只滴管，将2.5mL 95%乙醇滴入盛有APC的滴管中，流出的萃取液收集于一小试管中。

在离薄层板一端约1cm处，用铅笔轻轻画一直线（起点线）。用固定的毛细管分别吸取事前配制好的APC的萃取液和1%阿司匹林的95%乙醇溶液、1%非那西汀的95%乙醇溶液、1%咖啡因的95%乙醇溶液三个标准样品。轻轻触及薄层板的起点线（即点样）。晾干后，将薄层板放入已装有10～15mL展开剂的层析缸（液层厚度约0.5cm）中进行展开。观察展开剂前沿，当上升至离板的上端1cm时取出，迅速在前沿处画线并晾干。

将干后的薄层板放入254nm紫外分析仪中显色，可清晰地看到展开得到的粉红色斑点，用铅笔把其画出，求出每个点的R_f，并将未知物与标准样品比较。

可把以上的薄板再置于放有几粒碘结晶的广口瓶内，盖上瓶盖，直至薄板上暗棕色的斑点明显时取出，并与先前在紫外灯下观察做出的记号比较。

五、注释

[1] 点样不能戳破薄层板面。

[2] 展开时，不要让展开剂前沿上升至顶端，否则，无法确定展开剂上升高度，即无法求得R_f值和准确判断混合物中各组分在薄层板上的相对位置。

[3] 薄层板的制备：取10cm×4cm的玻璃片，洗净晾干（不要被手污染）。在小烧杯中放2.5g硅胶GF_{254}，7mL 0.5%～1%的羧甲纤维素钠水溶液，调成糊状，均匀地铺在玻璃板上，在室温晾干后，放入烘箱中，缓慢升温至110℃，恒温0.5h，取出，置干燥器中备用。

六、预习内容

1. 了解薄层色谱的有关概念及其原理、主要步骤和操作方法。
2. 了解R_f的意义和计算方法。

七、思考题

1. 用薄层色谱分离混合物时，如何判断各组分在薄层上的位置？
2. 点样时，样品浓度太高或斑点太大对分离效果会产生什么影响？
3. 若实验时不慎将斑点浸入展开剂中，会产生什么后果？
4. 在一定的操作条件下，为什么可利用R_f值来鉴定化合物？
5. 两个组分A和B已用TLC分开，当溶剂前沿从样品原点算起，移动了6.5cm时，A距原点0.5cm，而B距原点3.6cm，计算A和B的R_f值。

八、附注

薄层色谱的操作要点

1. 薄层板的制备

铺板薄层板制备方法有两种：一种是干法制板；另一种是湿法制板。

干法制板：一般用氧化铝作吸附剂，涂层时不加水，将氧化铝倒在玻璃板上，取直径均匀的一根玻璃棒，将两端用胶布缠好，在玻璃板上滚压，把吸附剂均匀地铺在玻璃板上。这种方法操作简便，展开快，但是样品展开点易扩散，制成的薄板不易保存。

湿法制板：是实验室最常用的制板方法。取 2g 硅胶 G，加入 5～7mL 0.7%的羧甲基纤维素钠（CMC）水溶液，调成糊状（此量可铺 7.5cm×2.5cm 载玻片 4～5 块）。注意硅胶 G 糊易凝结，所以必须现用现配，不宜久放。

对湿板按铺层的方法不同可分为平铺法、倾注法和浸涂法三种。

平铺法：用购置或自制的薄层涂布器进行制板，见图 2-85。把干净的玻璃板在涂布器中摆好，上、下两边各夹一块比前者厚 0.25mm 或 1mm 的玻璃板，将糊状物均匀铺于玻璃板上。涂层既方便又均匀，是科研中常用的方法。当大量铺板或铺较大板时常用此法。若无涂布器，也可用边沿光滑的不锈钢尺、玻璃片或玻璃棒两端加皮套，将糊状物自左向右或自右向左（总是朝一个方向）刮平。注意厚度要固定。

倾注法：是将调好的匀浆等量倾注在两块洗净、晾干的玻璃片上。用食指和拇指拿住玻璃片两端，前后左右轻轻摇晃，使流动的匀浆均匀地铺在玻璃片上，使表面光洁、平整。然后把铺好的薄板水平放置晾干。这种制板的方法厚度不易控制。

浸涂法：将两块干净的玻璃板对齐紧贴在一起，浸入盛有糊状物的容器中，使玻璃板上涂上一层均匀的吸附剂，如图 2-86 所示。取出分开，晾干。

薄层板制备的好坏直接影响色谱分离的效果，在制备过程中应注意以下几点：

要制备均匀而又不带块状的糊状涂层浆料，应把硅胶加到溶剂中去，边加边搅拌混合物。若把溶剂加到吸附剂中，常会产生团块。一般宜将吸附剂调得稀一些；铺板前，一定要将玻璃板洗净、擦干，涂布速度要快；铺板时，尽量均匀，不能有气泡或颗粒等，且厚度（0.25～1mm）要固定，否则，在展开时溶剂前沿不齐，色谱结果也不易重复；湿板铺好后，应放在比较平的地方晾干，然后转移至试管架上慢慢地自然干燥，千万不要快速干燥，否则薄层板会出现裂痕。

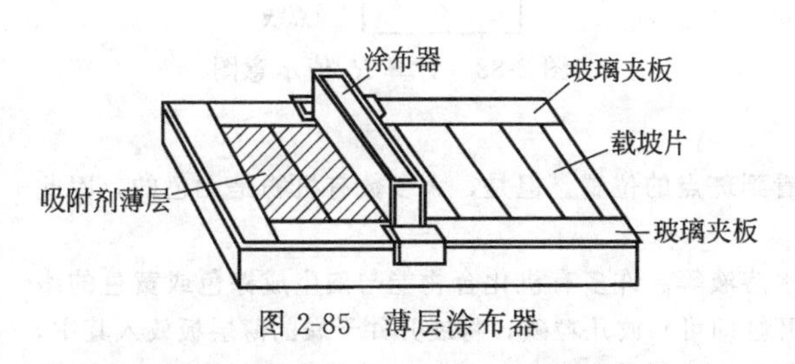

图 2-85 薄层涂布器

图 2-86 载玻片浸渍涂浆

2. 薄板层的活化

薄板层经过自然干燥后，再放入烘箱中活化，进一步除去水分。不同的吸附剂及配方，需要不同的活化条件。例如：硅胶一般在烘箱中逐渐升温，在 105～110℃下，加热 30min；氧化铝在 200～220℃下烘干 4h 可得到活性为Ⅱ级的薄层板，在 150～160℃下烘干 4h 可得到活性Ⅲ～Ⅳ级的薄层板，当分离某些易吸附的化合物时，可不用活化。所制得的薄板应该均匀，没有裂缝。将符合要求并活化的薄板置于干燥器中保存备用。

3. 点样

将样品用易挥发溶剂配成 1%～5%的溶液。在距薄层板的一端约 1cm 处，用铅笔轻轻地画一条横线作为点样时的起点线（画线时不能将薄层板表面破坏）。用内径小于 1mm 干净并且干燥、管口平齐的毛细管吸取少量的样品，轻轻触及薄层[1]板的起点线（即点样），然后立即抬起，待溶剂挥发后，再触及第二次。

这样点 3～5 次即可，如果样品浓度低可多点几次，但应控制样品的扩散直径不超过 2mm。点好样品的薄层板待溶剂挥发后再放入展开缸中进行展开。

4. 展开

在此过程中，选择合适的展开剂是至关重要的。一般展开剂的选择与柱色谱中洗脱剂的选择类似，即极性化合物选择极性展开剂，非极性化合物选择非极性展开剂。表 2-8 给出了常见溶剂在硅胶板上的展开能力。当一种展开剂不能将样品分离时，可选用混合展开剂。一般展开能力与溶剂的极性成正比，溶剂的极性越大，则对化合物的洗脱力也越大，即 R_f 值也越大。如发现样品各组分的 R_f 值较大，可考虑换用一种极性较小的溶剂，或在原来的溶剂中加入适量极性较小的溶剂去展开，如原用氯仿为展开剂，则可加入适量的苯。相反，如原用展开剂使样品各组分的 R_f 值较小，则可加入适量极性较大的溶剂，如氯仿中加入适量的乙醇进行展开，以达到分离的目的。

表 2-8 TLC 常用的展开剂

溶剂名称
戊烷、四氯化碳、苯、氯仿、二氯甲烷、乙醚、乙酸乙酯、丙酮、乙醇、甲醇
⟶
极性及展开能力增加

薄层色谱需要在密闭的容器中展开，为此可使用特制的层析缸（图 2-87），也可用广口瓶代替。将配好的展开剂倒入层析缸（液层厚度约 0.5cm）。将点好样品的薄层板放入缸内，点样一端在下（注意展开剂液面的高度应低于样品斑点）。盖好缸盖，此时展开剂即沿薄层上升。当展开剂前沿上升到距薄层板顶端 1cm 左右时[2]，取出薄层板，尽快用铅笔标出前沿位置，然后置于通风处晾干，或用电吹风吹干。

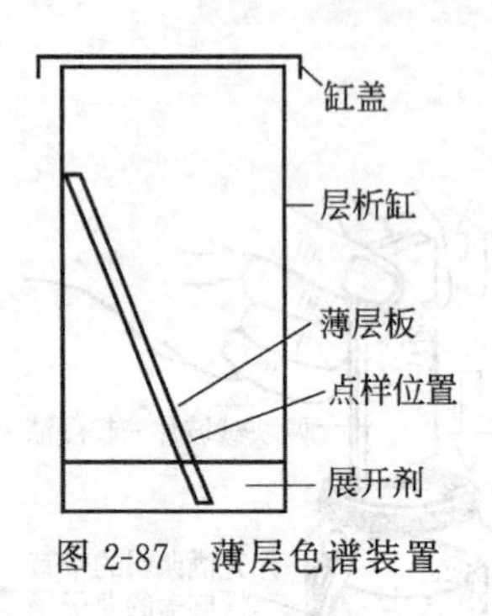

图 2-87 薄层色谱装置

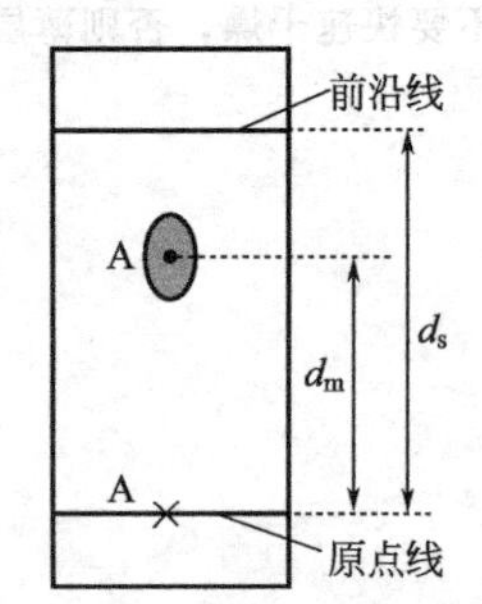

图 2-88 计算 R_f 值示意图

5. 显色

薄层展开后，如果样品本身带颜色，则可直接看到斑点的位置。但是，大多数有机物是无色的，因此就存在显色的问题。常用的显色方法有两种：

（1）显色剂法：常用的显色剂有碘和三氯化铁水溶液等。许多有机化合物能与碘生成棕色或黄色的络合物。利用这一性质，在一密闭容器中（一般用展开缸即可）放几粒碘，将展开并干燥的薄层板放入其中，稍稍加热，让碘升华，当样品与碘蒸气反应后，薄层板上的样品点处即可显示出黄色或棕色斑点，取出薄层板用铅笔将点圈好即可。除饱和烃和卤代烃外，均可采用此方法。三氯化铁溶液可用于带有酚羟基化合物的显色。

（2）紫外光显色法：用硅胶 GF_{254} 制成的薄板层，由于加入了荧光剂，在 254nm 波长的紫外灯下，可观察到暗色斑点，此斑点就是样品点。

用各种显色方法，使斑点出现后，应立即用铅笔圈好斑点的位置，并计算 R_f 值。以上这些显色方法在柱色谱和纸色谱中同样适用。

6. 比移值 R_f 的计算

某种化合物在薄层板上上升的高度与展开剂上升高度的比值称为该化合物的比移值，常用 R_f 来表示：

$$R_f=\frac{d_m}{d_s}=\frac{\text{样品中某组分移动离开原点的距离}}{\text{展开剂前沿距原点中心的距离}}$$

图 2-88 给出了某化合物的展开过程及 R_f 值。对于一种化合物，当展开条件相同时，R_f 只是一个常数。因此可用 R_f 作为定性分析的依据。但是，由于影响 R_f 值的因素较多，如展开剂、吸附剂、薄层板的厚度、温度等均能影响 R_f 值，因此同一化合物 R_f 值与文献值会相差很大。在实验中常采用的方法是，在一块板上同时点一个已知物和一个未知物，进行展开，通过计算 R_f 值来确定是否为同一化合物。

实验 15 纸色谱

一、实验目的

1. 学习纸色谱的原理与应用。
2. 掌握纸色谱的操作技术。

二、基本原理

纸色谱和薄层色谱一样，主要用于反应混合物的分离和鉴定。纸色谱的优点是操作简单，价格便宜，所得到的色谱图可以长期保存。缺点是展开时间较长，因为在展开过程中，溶剂的上升速度随着高度的增加而减慢。由于纸色谱对亲水性较强的组分分离效果较好，故特别适用于多官能团或高极性化合物，如糖、氨基酸等的分离。

纸色谱属于分配色谱的一种。纸色谱的溶剂是由有机溶剂和水组成的，当有机溶剂和水部分溶解时，即有两种可能，一相是以水饱和的有机溶剂相，另一相是以有机溶剂饱和的水相。纸色谱的分离作用不是靠滤纸的吸附作用，而是以滤纸作为惰性载体，因为纤维和水有较大的亲和力，对有机溶剂则较差。以吸附在滤纸上的水为固定相（干燥滤纸本身有 6%～7%的水，另外将它置于饱和的湿气当中，还可吸收 20%～30%的水），被水饱和的有机相为流动相，称为展开剂。展开剂如常用的正丁醇-水，这是指用水饱和的正丁醇。在滤纸的一定部位点上样品，当有机相沿滤纸流动经过原点时，原点的样品即在滤纸上的水与流动相间连续发生多次分配，利用样品中各组分在两相中分配系数的不同，结果在流动相具有较大溶解度的物质随溶剂移动的速度较快，有较高的 R_f 值，而在水中溶解度较大的物质随溶剂移动的速度较慢，这样便能达到把混合物分离的目的。

纸色谱操作过程与薄层色谱一样，所不同的是薄层色谱需要吸附剂作为固定相，而纸色谱只用一张滤纸，在滤纸上吸附相应的溶剂作为固定相。

三、实验用品

仪器与材料：层析缸（或 250mL 广口瓶）、毛细管、铅笔、米尺、新华 1 号滤纸条（3.5cm×14cm，应戴手套裁纸）、喷雾器、电吹风。

药品：1%甘氨酸溶液，1%酪氨酸溶液，1%甘氨酸和 1%酪氨酸的等量混合溶液；展开剂：丁醇∶冰醋酸∶水＝4∶1∶2（体积比）；显色液：0.2%茚三酮的无水乙醇溶液。

四、实验步骤

（1）准备工作：将预先裁好的滤纸条平铺于洁净的垫纸上，在滤纸条的一端 2cm 处，用铅笔轻轻地画一条横线作为点样时的“起始线”和点样点（如图 2-89 所示），手不能接触滤纸工作部分[1]，以免污染。在干燥洁净的层析缸中，盛入约 10cm 高的展开剂，盖好让溶剂蒸气充满层析缸内。

（2）点样：用毛细管取氨基酸混合样品小心地在“起始线”1 处点样，再分别用另一毛细管取单一已知氨基酸样品小心地在“起始线”的 2 和 3 处点样。点样直径不应大于 3mm[2]，两点之间的距离应大于 5mm，待其自然干燥。

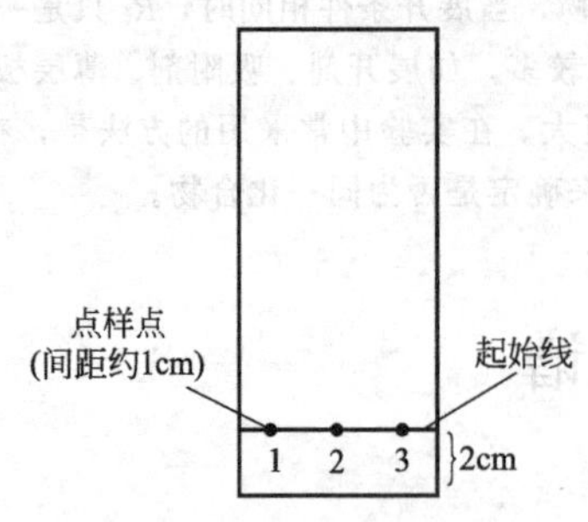

图 2-89 滤纸条的标记

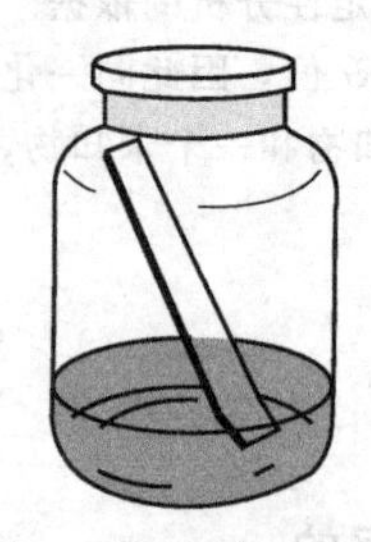
图 2-90 纸色谱装置

(3) 展开：手持滤纸上端，小心地置于事先盛有展开剂的层析缸中，使纸条下端插入展开剂中[3]，然后盖好盖子，静置（图 2-90）。

(4) 显色：当溶剂前沿接近 7～8cm 即可（约需 40min），取出纸条，在溶剂前沿处画线，然后晾干。用喷雾器将 0.2%茚三酮显色液均匀地喷在滤纸条上，用电吹风小心烘吹或在约 80℃下烘烤[4]，直到显出色斑。用铅笔在斑点周围画圈。

(5) 计算 R_f 值：量出原点至溶剂前沿的距离和原点至每个斑点中心的距离，求 R_f（公式见薄层色谱）。

五、注释

[1] 本实验非常灵敏。手指上的油脂中含有相当量的氨基酸，若触及滤纸会沾染在滤纸上，在以后的显色步骤中会显出颜色，与样点颜色混淆或出现错误的斑点，故取拿滤纸条时，手不能接触纸条的中部，应抓住滤纸条的最上角或用镊子来取拿滤纸条。

[2] 点样时管尖不可触及滤纸，而只使露出管尖的半滴样液触及滤纸。

[3] 插入滤纸条时，点样点千万不能被液体冲动或浸入液面以下。

[4] 用显色剂喷雾后，需先用电吹风烘吹或在烘箱中烘烤（或用其他方法稍稍加热），然后才能显色。如果仅仅晾干，则不易看到色点。加热切勿温度过高，将滤纸烧焦。

六、预习内容

1. 了解纸色谱的原理和操作步骤。
2. 了解 R_f 的意义和计算方法。

七、思考题

1. 纸色谱与柱色谱的分离原理有何不同？
2. 为什么展开剂的液面要低于样品斑点？如果液面高于斑点会出现什么后果？
3. 实验中，样品斑点过大有什么坏处？
4. 为什么展开容器必须密封？

3 物质基本性质实验

实验 16　摩尔气体常数的测定

一、实验目的

1. 加深理解理想气体状态方程式和分压定律。

2. 学习一种测定摩尔气体常数的方法及其操作。

3. 练习使用量气管和气压计。

二、实验原理

在一定温度（T）和压力（p）下，用已知质量的金属镁（m_{Mg}）与过量的稀硫酸反应产生一定量的氢气（m_{H_2}），测出反应所放出氢气的体积（V_{H_2}），代入理想气体状态方程式 $pV=nRT$，即可计算出摩尔气体常数 R 的数值。

反应：　　$Mg(s)+H_2SO_4(aq)=\!=\!=MgSO_4(aq)+H_2(g)$

实验时温度和压力可分别由温度计和气压计测得，氢气的物质的量（n）可通过反应中 Mg 的质量求得。由于氢气是在水面上收集，氢气中混有水蒸气，在此温度下，水的饱和蒸气压 p_{H_2O} 可从数据表中查出。根据分压定律，$p_{总}=p_{H_2}+p_{H_2O}$，则氢气的分压为 $p_{H_2}=p_{总}-p_{H_2O}$。将以上各项代入 $R=pV/nT$ 式中（其中 $n_{H_2}=n_{Mg}$），即可求出 R 的值。

$$R=\frac{p_{H_2}V_{H_2}}{n_{H_2}T}$$

三、实验用品

仪器与材料；电子天平、量筒（10mL）、量气管（可用 50mL 碱式滴定管代替）、橡皮管、橡皮塞、小试管、铁架台、铁夹、气压计、温度计。

试剂：H_2SO_4（$3mol \cdot L^{-1}$）、镁条（去氧化膜）。

四、实验步骤

1. 用电子天平准确称取两份已去氧化膜的镁条，每份质量为 0.0200～0.0300g（准至 0.0001g）。

2. 按图 3-1 所示装配好仪器。打开试管的塞子，由漏斗往量气管内注入水至略低于刻度“0.00”的位置。上下移动漏斗以赶尽附着在胶管和量气管内壁的气泡，然后把试管的塞子塞紧。

3. 检查装置是否漏气。把漏斗端向下（或向上）移动一段距离，使漏斗端的水面略低于（或高于）量气管的水面，固定后，量气管中的水面如果不断下降（或上升），表示装置漏气。应检查各连接处是否接好（经常是由于橡皮塞没有塞紧）。经检查与调整后，再重复试验，直至不漏气为止。

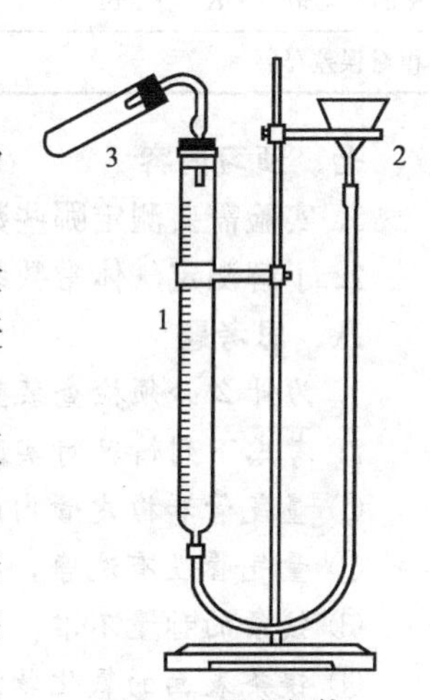

图 3-1　测定气体常数的装置
1—量气管；2—漏斗；3—试管

4. 取下试管，使量气管内水面保持在刻度“0.00”以下，然后用另一漏斗将 5mL $3mol \cdot L^{-1}$ 硫酸注入试管中（切勿使硫酸碰到试管壁上），稍倾斜试管，将已称重的镁条蘸少许水，贴在试管内壁上部，确保镁条不与稀硫酸接触。然后将试管的塞子塞紧，再检查一次装置是否漏气。

5. 把漏斗移至量气管的右侧，使两者的水面保持同一水平，记下量气管中的水面读数。然后把试管底部略微抬高，使镁条与稀硫酸接触。这时由于反应产生的氢气进入量气管中，把管中的水压入漏斗内。为了避免管内压力过大而造成漏气，在管内水面下降的同时，漏斗也应相应地向下移动，使管内水面和漏斗中水面大体上保持同一水平面。镁条反应完毕，待试管冷至室温，然后再移动漏斗，使漏斗与量气管中水面处于同一水平，记下量气管中的水面读数，稍等2～3min，再记录一次读数，如两次读数相等，说明管内气体温度已与室温一样。

6. 记录室温和当时的大气压力，并从表中查出室温时的饱和蒸气压。

7. 用另一份镁条重复实验一次。

五、注意事项

1. 在往试管中加硫酸时，注意不要沾污试管内壁，否则与镁条接触就会反应。

2. 读取量气管读数时，必须使漏斗与量气管中水面处于同一水平。

3. 第二次读取量气管读数时，必须待试管冷却至室温。

4. 量气管的起始水面不要太低，否则反应后水面会低于50mL处，使无法读取第二次量气管的读数。

六、数据记录与处理

温度：________　大气压：________

项　目	第(1)份	第(2)份
镁条质量 m/g		
氢气体积 V_{H_2}/mL		
镁条的物质的量($n_{H_2}=n_{Mg}$)/mol		
室温时水的饱和蒸气压 p_{H_2O}/Pa		
氢气分压 $p_{H_2}=p-p_{H_2O}$/Pa		
摩尔气体常数 R/J·K^{-1}·mol^{-1}		
R 的平均值/J·K^{-1}·mol^{-1}		
相对误差/%		

七、预习内容

1. 实验需要测定哪些数据？如何得到？

2. 了解测定气体常数装置及操作要点。

八、思考题

1. 为什么必须检查装置是否漏气？如果装置漏气，将会造成怎样的误差？

2. 考虑下列情况对实验结果有何影响？

① 量气管和橡皮管内的气泡没有赶净。

② 量气管没有洗净，排水后内壁上有水珠。

③ 镁条的称量不准。

④ 镁条表面的氧化物没有除尽。

⑤ 镁条装入时碰到酸。

⑥ 读取液面位置时，量气管和漏斗中的液面不在同一水平。

⑦ 读数时，量气管的温度还高于室温。

⑧ 反应过程中，由量气管压入漏斗的水过多而溢出。

九、附注

不同温度下水的饱和蒸气压

温度/℃	压力/Pa	温度/℃	压力/Pa	温度/℃	压力/Pa	温度/℃	压力/Pa
10	1228	16	1817	22	2643	28	3779
11	1312	17	1937	23	2809	29	4006
12	1402	18	2068	24	2984	30	4242
13	1497	19	2197	25	3167	31	4492
14	1598	20	2338	26	3361	32	4754
15	1705	21	2486	27	3565	33	5030

实验 17　化学反应速率与活化能的测定

一、实验目的

1. 进一步了解浓度、温度、催化剂对化学反应速率的影响，加深对反应速率、反应级数和活化能概念的理解。

2. 了解过二硫酸钾与碘化钾反应的反应速率测定原理和方法，学习通过数据处理和作图求算反应级数和反应的活化能。

3. 练习在水浴中保持恒温的操作。

二、实验原理

在水溶液中，过二硫酸钾和碘化钾发生以下反应

$$S_2O_8^{2-}+3I^- = 2SO_4^{2-}+I_3^- \qquad (1)$$

根据反应速率方程，若用 $S_2O_8^{2-}$ 量随时间的不断降低来表示反应速率，则：

$$r=-\frac{dc(S_2O_8^{2-})}{dt}=k\cdot c^m(S_2O_8^{2-})\cdot c^n(I^-)$$

本实验测定的是一段时间 Δt 内反应的平均速率 $\bar{r}$，由于在 Δt 时间内本反应的 r 变化较小，故可用平均速率近似代替起始速率。即：

$$\bar{r}=-\frac{\Delta c(S_2O_8^{2-})}{\Delta t}\approx k\cdot c^m(S_2O_8^{2-})\cdot c^n(I^-)$$

式中，$\Delta c(S_2O_8^{2-})$ 为 Δt 时间内 $S_2O_8^{2-}$ 浓度的改变值；$c(S_2O_8^{2-})$、$c(I^-)$ 分别为两种离子的初始浓度；k 为反应速率常数；m、n 为决定反应级数的两个值；$m+n$ 即为反应级数。

为了测定在一定时间 Δt 内 $S_2O_8^{2-}$ 的变化值，可在混合 $(NH_4)_2S_2O_8$ 溶液和 KI 溶液的同时，加入一定体积已知浓度的 $Na_2S_2O_3$ 溶液和淀粉溶液，在反应（1）进行的同时，也同时进行着如下反应：

$$2S_2O_3^{2-}+I_3^- = S_4O_6^{2-} + 3I^- \qquad (2)$$

反应(2) 比反应(1) 进行得快，瞬间即可完成。由反应（1）生成的碘能立即与 $S_2O_3^{2-}$ 作用，生成无色的 $S_4O_6^{2-}$ 和 I^-。因此，在开始一段时间内，看不到碘与淀粉作用所显示的蓝色，但当 $S_2O_3^{2-}$ 用尽，反应（1）继续生成的微量 I_3^- 与淀粉作用，使溶液显示出蓝色。

根据此原理及从反应(1) 和反应(2) 可看出，从反应开始到溶液出现蓝色所需的时间 Δt 内，$S_2O_8^{2-}$ 浓度的改变量为 $S_2O_3^{2-}$ 在溶液中浓度的一半。由此，可计算出平均

反应速率，再根据平均反应速率和反应物浓度的关系，进而求出反应级数和反应速率常数。

根据 Arrhenius 公式，反应速率常数与温度的关系为：

$$\ln(k/[\mathrm{k}])=-\frac{E_a}{RT}+\ln(A/[\mathrm{A}])$$

式中，E_a为反应的活化能；R 为摩尔气体常数（8.314J·K^{-1}·mol^{-1}）；A 为指前因子；T 为热力学温度；[k] 和 [A] 是代表该量的单位。

因此，可通过改变反应的温度，测得反应速率，此时可用反应速率代替反应速率常数，进而求得反应的活化能。

三、实验用品

仪器与材料：秒表、烧杯（400mL、50mL）、大试管、玻璃棒、恒温水浴槽、电磁搅拌器、温度计、吸量管（5mL、2mL、1mL）。

试剂：KNO_3（0.1mol·L^{-1}）、K_2SO_4（0.2mol·L^{-1}）、$K_2S_2O_8$（0.2mol·L^{-1}）、$Na_2S_2O_3$（0.01mol·L^{-1}）、$Cu(NO_3)_2$（0.02mol·L^{-1}）、KI（0.1mol·L^{-1}）、淀粉（0.2%）。

四、实验内容

1. 浓度对化学反应速率的影响

表 3-1 共设计有五组实验。在室温下，按表 3-1 所设计的试剂量，准确取出每组实验所需的 0.1mol·L^{-1} KI 溶液，0.2mol·L^{-1} K_2SO_4，0.01mol·L^{-1} $Na_2S_2O_3$，0.1mol·L^{-1} KNO_3 和 0.2%淀粉溶液于同一 50mL 小烧杯中，将小烧杯放在电磁搅拌器上搅拌，然后准确量取所需 0.2mol·L^{-1} $K_2S_2O_8$ 溶液，迅速加入小烧杯中，同时用秒表计时，待溶液刚一出现蓝色，立即停止计时，并记录 Δt。

本实验通过加入不同体积的 0.1mol·L^{-1} KNO_3 和 0.2mol·L^{-1} K_2SO_4 溶液，使各组实验的总体积、离子强度保持不变，达到实验具有可比性。

表 3-1　浓度对化学反应速率的影响

实验编号		Ⅰ	Ⅱ	Ⅲ	Ⅳ	Ⅴ
试剂用量/mL	0.2mol·L^{-1} $K_2S_2O_8$	4.0	2.0	1.0	4.0	4.0
	0.1mol·L^{-1} KI	4.0	4.0	4.0	2.0	1.0
	0.01mol·L^{-1} $Na_2S_2O_3$	1.0	1.0	1.0	1.0	1.0
	0.2%淀粉溶液	1.0	1.0	1.0	1.0	1.0
	0.1mol·L^{-1} KNO_3	0	0	0	2.0	3.0
	0.2mol·L^{-1} K_2SO_4	0	2.0	3.0	0	0
混合液中反应物的起始浓度/mol·L^{-1}	$K_2S_2O_8$					
	KI					
	$Na_2S_2O_3$					
反应时间 Δt/s						
$S_2O_8^{2-}$ 的浓度变化 $\Delta c(S_2O_8^{2-})$/mol·L^{-1}						
反应速率 r						

2. 温度对化学反应速率的影响

根据表 3-1 中 5 组实验的结果，选取你认为最合适的一组配方，做温度对化学反应速率的影响。具体做法为：选取两支大试管，一支按配方量加入 0.1mol·L^{-1} KI，0.2%淀粉，0.01mol·L^{-1} $Na_2S_2O_3$，0.1mol·L^{-1} KNO_3 和 0.2mol·L^{-1} K_2SO_4 混合溶液，另一支大试管加入 0.2mol·L^{-1} $K_2S_2O_8$ 溶液，然后将两支大试管同时放入比室温高 10℃的恒温水浴槽中，待试管中溶液与水温相同时，把 $K_2S_2O_8$ 迅速加到 KI 混合液中，同时启动秒表，并不断搅拌。当溶液刚出现蓝色时，停止计时，并记录 Δt。

实验编号	Ⅵ	Ⅶ
反应温度/℃		
反应时间 Δt/s		
反应速率 r		

可在比室温低 10℃或高 20℃条件下，重复上述操作，记录 Δt，求出反应活化能。

3. 催化剂对化学反应速率的影响

按表 3-1 中实验编号Ⅳ的试剂用量将 KI，$Na_2S_2O_3$，0.2%淀粉和 KNO_3 加入到一大试管中，再加入 2 滴 0.02mol·L^{-1} $Cu(NO_3)_2$ 溶液，摇匀后，迅速加入 4mL 0.2mol·L^{-1} $K_2S_2O_8$溶液，振荡试管，记下反应时间，并与实验编号Ⅳ（不加催化剂）的反应时间相比较，得出定性结论。

五、数据处理

1. 反应级数和反应速率常数的计算

将反应速率表达式 $r=kc^m(S_2O_8^{2-})\,c^n(I^-)$ 两边取对数：

$$\lg r=m\lg c(S_2O_8^{2-})+n\lg c(I^-)+\lg k$$

当 $c(I^-)$ 不变时（即实验Ⅰ、Ⅱ、Ⅲ），以 $\lg r$ 对 $\lg c(S_2O_8^{2-})$ 作图，可得一直线，直线斜率即为 m。同理，当 $c(S_2O_8^{2-})$ 不变时（即实验Ⅰ、Ⅳ、Ⅴ），以 $\lg r$ 对 $\lg c(I^-)$ 作图，可求得 n，此反应的级数则为 $m+n$。

将求得的 m 和 n 代入 $r=kc^m(S_2O_8^{2-})c^n(I^-)$ 即求得反应速率常数 k。将数据填入下表。

实验编号	Ⅰ	Ⅱ	Ⅲ	Ⅳ	Ⅴ
$\lg r$					
$\lg c(S_2O_8^{2-})$					
$\lg c(I^-)$					
m					
n					
反应速率常数 k					

2. 反应活化能的计算

反应速率数据 k 与反应温度 T 一般有以下关系：

$$\ln(k/[k])=-\frac{E_a}{RT}+\ln(A/[A])$$

测出不同温度时的 k 值，以 $\ln k$ 对 $1/T$ 作图，可得一直线，则由直线斜率可求得反应的活化能 E_a。将数据填入下表。

实验编号	Ⅵ	Ⅶ
反应速率常数 k		
$\ln k$		
$1/T$		
反应活化能 E_a		

本实验活化能测定值的误差不超过10%（文献值 $51.8\text{kJ}\cdot\text{mol}^{-1}$）。

六、预习内容

1. 熟悉实验原理和数据处理方法。

2. 浓度、温度、催化剂对反应速率有何影响？

七、思考题

1. 不用 $c(S_2O_8^{2-})$ 而用 $c(I^-)$ 或 $c(I_3^-)$ 表示反应速率，速率常数是否一致？

2. 本实验中，溶液出现蓝色是否表示反应终止？

3. “催化剂加入后，一定能加快化学反应的速率”，这句话对吗？

八、附注

直角坐标图的绘制技巧

利用图形可以直观显示出数据特点、变化规律，并能利用图形作进一步的求解，获得斜率、截距、外推值等。因此作图技术的高低与科学实验的正确结论有密切的联系。下面就直角坐标图的绘制技术作一简要介绍。

1. 坐标轴比例尺选择要点

用直角坐标纸时，一般以自变量为横坐标，因变量为纵坐标。坐标原点不一定从零开始。坐标轴应注明所代表变量的名称和单位。一般将坐标轴表示的物理量除以其单位得到的纯数作为绘图的坐标。如某坐标轴表示物理量温度，其单位为K（或℃），若用温度除以基本单位1K（或1℃），其结果就成为纯数，这样的处理给绘图带来规范化和方便，从图中读出数据时应注意单位的变化。

坐标轴的比例尺选择要适宜，使图上的各种物理量的全部有效数字能恰当表达出来，图上的最小分度值与实验值应一致。

要使测量的数据各点分散，匀称分布在全图，不要使各点过分集中，偏于某一角上。若图形是一直线时，需求其斜率、截距等数据。直线与横坐标的夹角应在45°左右为宜，角度过大、过小都会带来较大的误差。

2. 图形的绘制

根据实验数据在坐标纸上标出各点后，按各点分布情况连接成曲线或直线，以表示其物理量的变化规律。绘出的曲线（或直线）不必通过所有各点，只要这些点能准均匀分布在线条的两侧即可，若有个别偏离太远，绘制曲线时可不考虑。一般绘制成一条光滑曲线（或直线），不绘成折线。

3. 由直线图形求斜率

对于直线可用方程 $y=ax+b$ 表示，为求其斜率可在直线上任取两点（两点距离不宜太近）或者取两组实验数据代替（除非两点刚好都在直线上）。如两点的坐标值为（x_1、y_1），（x_2、y_2），则直线斜率为 $a=(y_2-y_1)/(x_2-x_1)$。

下面三张图是从同一实验结果作出的直线图形，试比较哪个图绘制得更好些。

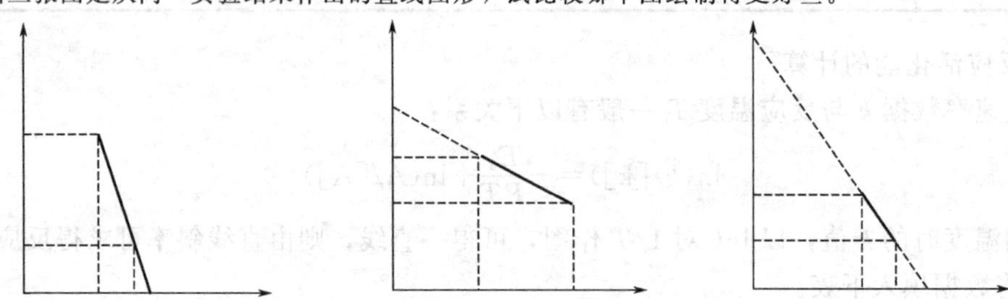

实验18 电解质溶液与离子平衡

一、实验目的

1. 加深对电离平衡、同离子效应、盐类水解等理论的理解。

2. 配制缓冲溶液并验证其性质。

3. 了解沉淀溶解平衡及溶度积规则的应用。

4. 学习离心分离操作和离心机的使用。

二、实验原理

电解质溶液中的离子反应和离子平衡是化学反应和化学平衡的一个重要内容。无机化学反应大多数是在水溶液中进行的，参与这些反应的物质主要是酸、碱、盐。它们都是电解质，在水溶液中能够完全或部分电离成带电离子。因此酸、碱、盐之间的反应实际上是离子反应。

1. 电解质的分类和弱电解质的电离

电解质一般分为强电解质和弱电解质，在水溶液中能完全电离成为离子的电解质称为强电解质，在水溶液中仅能部分电离的电解质称为弱电解质。弱电解质在水溶液中存在下列电离平衡，如一元弱酸 HA：

$$HA + H_2O \rightleftharpoons H_3O^+ + A^- \qquad K_a(HA) = \frac{[H_3O^+][A^-]}{[HA]}$$

2. 同离子效应

在弱电解质溶液中，由于加入与该弱电解质有相同离子（阳离子或阴离子）的强电解质，使弱电解质的电离度下降的现象称为同离子效应。例如在 HAc 溶液中加入 NaAc：

$$HAc + H_2O \rightleftharpoons H_3O^+ + Ac^-$$

由于增加了 Ac^- 的浓度，使 HAc 电离度降低，酸性降低，pH 值增大。

同理，在氨水溶液中加入 NH_4Cl，由于增加了 NH_4^+ 的浓度，可使氨水的电离度降低，pH 值降低。

3. 缓冲溶液

一般水溶液，常易受外界加酸、加碱或稀释而改变其原有的 pH 值。但也有一类溶液的 pH 值在一定范围内并不因此而有什么明显的变化，这类溶液称为缓冲溶液。常见的缓冲溶液为弱酸及其弱酸盐所组成的混合溶液或弱碱及其弱碱盐所组成的混合溶液。

缓冲溶液的 pH 值取决于 pK_a（或 pK_b）及 c(酸)/c(盐)[或 c(碱)/c(盐)]。当 c(酸)=c(盐）时，pH=pK_a；当 c(碱)=c(盐）时，pOH=pK_b。故配制一定 pH 值的缓冲溶液时，可根据需要，选 pK_a 与 pH 相近的弱酸及其盐（或 pK_b 与 pOH 相近的弱碱及其盐）。

4. 盐类的水解

盐类的水解反应是由于组成盐的离子和水解离出来的 H^+ 或 OH^- 离子作用，生成弱酸或弱碱的反应过程。水解反应往往使溶液显酸性或碱性。通常水解后生成的酸或碱越弱，则盐的水解度越大。

水解是中和反应的逆反应，是吸热反应，加热能促进水解作用。同时，水解产物的浓度也是影响水解平衡移动的因素。

5. 沉淀溶解平衡

在难溶电解质的饱和溶液中，未溶解的固体和溶解后形成的离子间在一定温度下存在多相离子平衡：

$$A_mB_n(s) \rightleftharpoons mA^{n+} + nB^{m-} \qquad K_{sp} = [A^{n+}]^m[B^{m-}]^n$$

K_{sp}称为溶度积，表示难溶电解质固体和它的饱和溶液达到平衡时的平衡常数。溶度积的大小与难溶电解质的溶解有关，反应了物质的溶解能力。

溶度积可作为沉淀与溶解的判断基础。对难溶电解质 A_mB_n，在一定的温度下，若：

$c^m(A^{n+})c^n(B^{m-}) > K_{sp}$时，溶液过饱和，有沉淀析出；

$c^m(A^{n+})c^n(B^{m-}) = K_{sp}$时，沉淀-溶解达到动态平衡，无沉淀析出；

$c^m(A^{n+})c^n(B^{m-}) < K_{sp}$时，溶液未饱和，无沉淀析出。

如果在溶液中有两种或两种以上的离子都可以与同一沉淀剂反应生成难溶电解质，沉淀的先后次序与所需沉淀剂离子浓度的大小有关。所需沉淀剂离子浓度小的先沉淀，所需沉淀剂离子浓度大的后沉淀，这种先后沉淀的现象叫分步沉淀。

使一种难溶电解质转化为另一种难溶电解质，即把沉淀转化为另一种沉淀的过程称为沉淀的转化。一般来说，溶解度大的难溶电解质易转化为溶解度小的难溶电解质。

三、实验用品

仪器与材料：酸度计、离心机、离心管、试管、烧杯、酒精灯、试管夹、pH 试纸（广泛、精密）。

固体试剂：NaAc(C. P.)、NH_4Cl(C. P.)、$Fe(NO_3)_3 \cdot 9H_2O$(C. P.)、Zn 粒。

酸碱溶液：HCl（$0.1mol \cdot L^{-1}$，$2mol \cdot L^{-1}$），HAc（$0.1mol \cdot L^{-1}$，$2mol \cdot L^{-1}$），HNO_3（$6mol \cdot L^{-1}$），H_2S（$0.1mol \cdot L^{-1}$），NaOH（$0.1mol \cdot L^{-1}$，$2mol \cdot L^{-1}$），$NH_3 \cdot H_2O$（$0.1mol \cdot L^{-1}$，$2mol \cdot L^{-1}$）。

盐溶液：NaAc（$0.1mol \cdot L^{-1}$），NH_4Cl（$0.1mol \cdot L^{-1}$，饱和），$FeCl_3$（$0.1mol \cdot L^{-1}$），$Pb(NO_3)_2$（$0.1mol \cdot L^{-1}$），Na_2SO_4（$0.1mol \cdot L^{-1}$，饱和），$K_2Cr_2O_7$（$0.1mol \cdot L^{-1}$），K_2CrO_4（$0.1mol \cdot L^{-1}$），NaCl（$0.1mol \cdot L^{-1}$），Na_2CO_3（$0.1mol \cdot L^{-1}$），NH_4Ac（$0.1 mol \cdot L^{-1}$），$AgNO_3$（$0.1mol \cdot L^{-1}$），$CaCl_2$（$0.1mol \cdot L^{-1}$），$MgCl_2$（$0.1mol \cdot L^{-1}$），$NaHCO_3$（$0.1mol \cdot L^{-1}$），$Al_2(SO_4)_3$（$0.1mol \cdot L^{-1}$），Na_2S（$0.1mol \cdot L^{-1}$），$(NH_4)_2C_2O_4$（饱和溶液）。

其他溶液：0.2%酚酞乙醇溶液、0.2%甲基橙溶液。

四、实验内容

1. 强电解质和弱电解质

(1) 比较盐酸和乙酸的酸性

① 取两支试管，一支滴入 5 滴 $0.1mol \cdot L^{-1}$ HCl，另一支滴入 5 滴 $0.1mol \cdot L^{-1}$ HAc，然后再各滴加 1 滴甲基橙指示剂，并稀释至 5mL，观察溶液的颜色。

② 用 pH 试纸分别测定 $0.1mol \cdot L^{-1}$ HCl 和 $0.1mol \cdot L^{-1}$ HAc 溶液的 pH 值，观察 pH 试纸的颜色变化并判断 pH 值。

③ 取两支试管，一支加入 10 滴 $0.1mol \cdot L^{-1}$ HCl，另一支滴加 10 滴 $0.1mol \cdot L^{-1}$ HAc，再各加 1 颗锌粒，并加热试管，比较两支试管中反应的快慢。

将实验结果填入下表。

酸	加甲基橙颜色	pH(测定)	pH(计算)	加锌粒反应现象
$0.1mol \cdot L^{-1}$ HCl				
$0.1mol \cdot L^{-1}$ HAc				

通过以上实验，比较盐酸和乙酸的酸性有何不同，为什么？

(2) 酸碱溶液的 pH

用 pH 试纸测定下列溶液的 pH 值，并与计算结果比较。

0.1mol·L^{-1} NaOH，0.1mol·L^{-1} NH_3·H_2O，0.1mol·L^{-1} H_2S，0.1mol·L^{-1} HAc。

2. 同离子效应和缓冲溶液

(1) 取 2mL 0.1mol·L^{-1} HAc 溶液，加入 1 滴甲基橙指示剂，摇匀，溶液是什么颜色？再加入少量 NaAc 固体，使它溶解后，溶液的颜色有何变化？试解释。

(2) 取 2mL 0.1mol·L^{-1} NH_3·H_2O 溶液，加入 1 滴酚酞指示剂，摇匀，溶液是什么颜色？再加入少量 NH_4Cl 固体，使它溶解后，溶液的颜色有何变化？试解释。

(3) 用 0.1mol·L^{-1} HAc 和 0.1mol·L^{-1} NaAc 溶液，配制 pH＝4.1 的缓冲溶液 20mL。用酸度计或精密 pH 试纸测定其 pH 值。然后分别取两份缓冲溶液各 3mL，第一份加入 2 滴 0.1mol·L^{-1} HCl，摇匀，测定其 pH 值；另一份加入 2 滴 0.1mol·L^{-1} NaOH，摇匀，测其 pH 值，解释观察到的现象。

(4) 在试管中加 6mL 蒸馏水，测其 pH 值。将其均分成两份，第一份加入 2 滴 0.1mol·L^{-1} HCl，摇匀，测定其 pH 值；另一份加入 2 滴 0.1mol·L^{-1} NaOH，摇匀，测其 pH 值，解释观察到的现象。与实验 (3) 相比较，得出什么结论。

3. 盐类水解

(1) 用精密 pH 试纸分别测定浓度为 0.1mol·L^{-1}的下列各溶液的 pH：

NaCl、NH_4Cl、Na_2S、NH_4Ac、Na_2CO_3，解释观察到的现象。

(2) 在试管中加入少量固体 $Fe(NO_3)_3$·$9H_2O$，用少量蒸馏水溶解后，观察溶液的颜色，然后均分为三份。第一份留作比较；第二份加 3 滴 6mol·L^{-1} HNO_3 溶液，摇匀；第三份小火加热煮沸。观察三份溶液的颜色有何不同？解释实验现象。加入 HNO_3 或加热对水解平衡有何影响？试加以说明。

(3) 取两支试管，一支加 1mL 0.1mol·L^{-1} $Al_2(SO_4)_3$ 溶液，另一支加 1mL 0.1mol·L^{-1} $NaHCO_3$ 溶液，用 pH 试纸分别测试它们的 pH 值，写出它们水解反应方程式。然后将 $NaHCO_3$ 溶液倒入 $Al_2(SO_4)_3$ 溶液中，观察有何现象？试加以说明。

总结影响盐类水解的因素。

4. 沉淀的生成和溶解

(1) 在两支离心试管中均加入约 0.5mL 饱和 $(NH_4)_2C_2O_4$ 溶液和 0.5mL 0.1mol·L^{-1} $CaCl_2$ 溶液，混合均匀，观察沉淀颜色。离心分离，弃去溶液，在一支离心试管内缓慢滴加 2mol·L^{-1} HCl，并不断振荡，观察沉淀是否溶解；在另一支离心试管内逐滴加入饱和 NH_4Cl 溶液，并不断振荡，观察沉淀是否溶解？写出反应方程式。

通过实验现象，比较在 CaC_2O_4 沉淀中加入 2mol·L^{-1} HCl 和饱和 NH_4Cl 后，对平衡的影响如何？

(2) 在两支离心试管中均加入 1mL 0.1mol·L^{-1} $MgCl_2$ 溶液，并逐滴加入 6mol·L^{-1} NH_3·H_2O 至有白色 $Mg(OH)_2$ 沉淀生成，离心分离，弃去溶液，然后在一支离心试管中加入 2mol·L^{-1} HCl，并不断振荡，观察沉淀是否溶解；在另一支离心试管内逐滴加入饱和 NH_4Cl 溶液，并不断振荡，观察沉淀是否溶解？写出反应方程式。

通过实验现象，比较在 $Mg(OH)_2$ 沉淀中加入 2mol·L^{-1} HCl 和饱和 NH_4Cl 后，对平衡的影响如何？

(3) 在离心试管中加入 0.1mol·L^{-1} $AgNO_3$ 溶液 10 滴，再滴入 0.1mol·L^{-1} NaCl 溶液 10 滴，混合均匀，离心分离，弃去溶液，在沉淀上滴加 2mol·L^{-1}氨水溶液，有什么现象产生？写出反应方程式。

(4) 在离心试管中加入 0.1mol·L^{-1} $AgNO_3$ 溶液 5 滴，再滴入 0.1mol·L^{-1} Na_2S 溶液 10 滴，混合均匀，观察现象，离心分离，弃去溶液，在沉淀上滴加 6mol·L^{-1} HNO_3 溶液少许，然后转入试管中进行加热，有什么现象产生？写出反应方程式。

(5) $Ca(OH)_2$、$Mg(OH)_2$ 和 $Fe(OH)_3$ 沉淀的溶解度的比较

① 取三支试管，第一支试管加 0.5mL 0.1mol·L^{-1} $MgCl_2$ 溶液，第二支试管加入 0.5mL 0.1mol·L^{-1} $CaCl_2$ 溶液，第三支试管加入 0.5mL 0.1mol·L^{-1} $FeCl_3$ 溶液，然后各加入约 2mol·L^{-1} NaOH 溶液数滴，观察记录三支试管中有无沉淀生成。

② 另取三支试管，一支试管取约 0.5mL 0.1mol·L^{-1} $MgCl_2$ 溶液，一支试管取约 0.5mL 0.1mol·L^{-1} $CaCl_2$ 溶液，第三支试管取约 0.5mL 0.1mol·L^{-1} $FeCl_3$ 溶液，然后在每支试管内各加入 6mol·L^{-1} $NH_3·H_2O$ 溶液数滴，观察记录三支试管中有无沉淀生成。

③ 分别于三支试管中各取 4 滴饱和 NH_4Cl 和 6mol·L^{-1} $NH_3·H_2O$ 相混合的溶液（体积比为 1∶1），然后在第一支试管中加入约 0.5mL 0.1mol·L^{-1} $MgCl_2$ 溶液，第二支试管中加入 0.5mL 0.1mol·L^{-1} $CaCl_2$ 溶液，第三支试管中加入 0.5mL 0.1mol·L^{-1} $FeCl_3$，观察并记录三支试管中有无沉淀产生。

通过上述实验 [（5）中的①、②、③]，比较 $Ca(OH)_2$、$Mg(OH)_2$ 和 $Fe(OH)_3$ 沉淀的溶解度的相对大小，并加以解释。

5. 沉淀转化

(1) 在一支试管中加入 0.1mol·L^{-1} $Pb(NO_3)_2$ 溶液约 0.5mL，然后再加入约 0.5mL 0.1mol·L^{-1} Na_2SO_4，观察沉淀的产生并记录沉淀的颜色。再加入约 0.5mL 0.1mol·L^{-1} $K_2Cr_2O_7$ 溶液，观察沉淀颜色的改变，写出反应式并根据溶度积的原理进行解释。

(2) 在一支离心试管中取数滴 0.1mol·L^{-1} $AgNO_3$ 溶液，加入 2 滴 0.1mol·L^{-1} K_2CrO_4 溶液，观察沉淀的颜色。将沉淀离心分离，洗涤沉淀 2～3 次。然后往沉淀中加入 0.1mol·L^{-1} NaCl 溶液，观察沉淀颜色的变化，写出反应方程式并根据溶度积原理进行解释。

五、预习内容

1. 电离平衡、同离子效应、盐类水解等理论的理解。
2. 试管操作的规则。
3. 计算“实验内容 1.(2)”中各溶液的 pH 值。

六、思考题

1. 加热对水解有何影响？
2. 将 10mL 0.2mol·L^{-1} HAc 与 10mL 0.1mol·L^{-1} 的 NaOH 混合，同所得的溶液是否具有缓冲作用？这个溶液的 pH 值在什么范围之内？
3. 沉淀的溶解和转化条件有哪些？
4. 欲得氢氧化物沉淀是否一定要在碱性条件下？是否溶液的碱性越强（即加的碱越多），氢氧化物就沉淀得越完全？

七、附注

1. pH 试纸的使用

① 检查溶液的酸碱性　将 pH 试纸剪成小块，放置于洁净干燥的白瓷板或表面皿上，用玻璃棒蘸取待测溶液滴入 pH 试纸中心，与标准比色卡对比确定 pH 值。

② 检查气体的酸碱性　将 pH 试纸用蒸馏水润湿，贴在表面皿或玻璃棒上置于试管口（不能与试管接

触)，根据 pH 试纸变色确定逸出气体的酸碱性，这种方法不能用来测 pH 值。

③ $Pb(Ac)_2$ 试纸的使用　用蒸馏水将试纸润湿，置试纸于待检物的试管口。如试纸变黑表示有 H_2S 气体逸出。

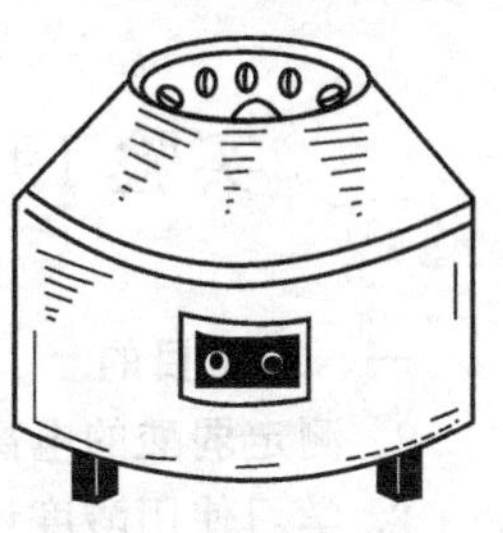

图 3-2　电动离心机

2. 离心机的使用

将盛有沉淀和溶液的离心试管放入电动离心机（图 3-2）的塑料套管内，为保持平衡，几个试管要放在对称的位置，如果只有一个试样，可在对称位置放一支装等量水的试管。盖好盖子，开始时，应将变速旋钮调到最低挡，以后逐渐加速。受到离心作用，试管中的沉淀聚集在底部，实现固液分离。几分钟后，将旋钮逆时针旋到停止位置，任离心机自动停止（不可用外力强制它停止运动）。取出离心试管，可用倾析法分离溶液和沉淀。

如果要得到纯净的沉淀，必须经过洗涤。此时可往盛沉淀的离心管中加入适量的蒸馏水或其他洗涤液，用细搅拌棒充分搅拌后，再进行离心沉降，如此重复操作直至洗净。

3. 试剂的取用

取用试剂时必须遵守两个原则：一是不沾污试剂，不能用手接触试剂，瓶塞应倒置桌面上，取用试剂后，立即盖严，将试剂瓶放回原处，标签朝外；二是节约，尽量不多取试剂，多取的试剂不能倒回原瓶，以免影响整瓶试剂纯度，应放在合适容器中另作处理或供他人使用。遵照这两条原则，请按以下方法取用液体试剂和固体试剂。

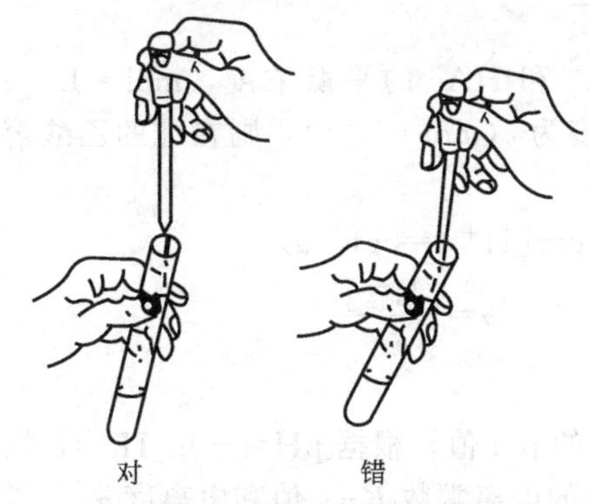

图 3-3　液体试剂的取用

(1) 液体试剂的取用

① 从滴瓶中取用试剂时，应先提取滴管，使管口离开液面，用手指捏瘪滴管的橡皮帽，再将滴管伸入液体中汲取。滴加液体时，滴管要垂直，这样量取液体的体积才准确。滴管口应距离受器口 3～5mm（见图 3-3），以免滴管与器壁接触沾上其他试剂，滴管再插回原滴瓶时，瓶内试剂就会被沾污。注意不要倒持滴管，以免试剂流入橡皮帽，可能与橡皮发生反应，引起瓶内试剂变质。如果需从滴瓶中取出较多的试剂，可以直接倾倒，先将滴管内的液体排出，然后将滴管夹持在食指和中指之间，倒出所需试剂。滴管不能随意放置，以免弄脏滴管。

不准将自用的滴管伸入试剂瓶中取试剂。如果确需滴加试剂，而试剂瓶又不带滴管，可将液体试剂倒入小试管中，再取用。

② 用倾注法取用液体试剂，倾注液体试剂时，应手心向着试剂瓶标签握住瓶子（有双面标签的试剂瓶，则应手握标签处），以免试剂流到标签上。瓶口要紧靠容器，使倒出的试剂沿容器壁流下，或沿玻璃棒流入容器，倒出所需量后，瓶口不离开容器（或玻璃棒），稍微竖起瓶子，将瓶口倒出液体处在容器（或玻璃棒）上沿水平或垂直方向“刮”一下，然后竖起瓶子，这样可避免遗留在瓶口的试剂流到瓶的外壁。万一试剂流到瓶外，务必立即擦干净，腾空倾倒试剂是不对的。

③ 有些实验（如许多试管里进行的定性反应），不必准确量取试剂，所以必须学会估计从瓶内取出试剂的量，如 1mL 液体相当于多少滴，将它倒入试管中，液柱大约有多高等。如果需准确量取液体，则要根据准确度要求，选用量筒、移液管或滴定管。

(2) 固体试剂的使用

① 要用干净的药匙取固体试剂，用过的药匙要洗净擦干后才能再用。如果只取少量的粉末试剂，使用药匙末端的小凹处挑取。

② 如果要将粉末试剂放进小口容器底部，避免容器其余内壁沾有试剂，需使用干燥的容器，或者先将试剂放在平滑干净的纸片上，再将纸片卷成小筒，送进平放的容器中，然后竖立容器，用手轻弹纸卷，让试剂全部落下（注意，纸条不能重复使用）。

③ 取用粒状固体或其他坚硬且相对密度较大的固体时，应将容器斜放，然后慢慢竖立容器，使固体沿着容器外壁滑到底部，以免击破容器底部。

实验19 乙酸电离度和电离常数的pH法测定

一、实验目的

1. 测定弱酸的电离度和电离常数，以加深对电离平衡和缓冲作用的理解。
2. 学习使用酸度计。
3. 进一步熟练溶液的配制和酸碱滴定操作。

二、实验原理

乙酸是一种弱酸，在水溶液中存在下列电离平衡：

$$\mathrm{HAc} \rightleftharpoons \mathrm{H^+} + \mathrm{Ac^-}$$

其平衡关系式为：

$$K_{\mathrm{HAc}} = \frac{[\mathrm{H^+}][\mathrm{Ac^-}]}{[\mathrm{HAc}]}$$

式中，$[\mathrm{H^+}]$、$[\mathrm{Ac^-}]$ 和 $[\mathrm{HAc}]$ 分别为 $\mathrm{H^+}$、$\mathrm{Ac^-}$ 和 HAc 的平衡浓度，$\mathrm{mol \cdot L^{-1}}$；$K_{\mathrm{HAc}}$为乙酸的酸常数（电离常数）。若 HAc 的起始浓度为 $c(\mathrm{mol \cdot L^{-1}})$，则在纯的乙酸溶液中：

$$[\mathrm{H^+}] = [\mathrm{Ac^-}] = c\alpha \qquad [\mathrm{HAc}] = c - [\mathrm{H^+}] = c(1-\alpha)$$

$$K_{\mathrm{HAc}} = \frac{[\mathrm{H^+}][\mathrm{Ac^-}]}{[\mathrm{HAc}]} = \frac{[\mathrm{H^+}]^2}{c - [\mathrm{H^+}]} \qquad \alpha = \frac{[\mathrm{H^+}]}{c}$$

α 为乙酸的电离度。

在一定温度下，用酸度计测定已知浓度的乙酸溶液的 pH 值，根据 $\mathrm{pH} = -\lg[\mathrm{H^+}]$，换算成 $[\mathrm{H^+}]$，代入上述关系式中，可求得该温度下乙酸的电离常数 K_{HAc}值和电离度 α。

若将纯乙酸体系改成已知浓度的 HAc-NaAc 缓冲溶液体系，测定其 pH 值，同样也可得到乙酸的电离常数 K_{HAc}。

HAc-NaAc 缓冲溶液体系中：

$$[\mathrm{H^+}] = K_{\mathrm{HAc}} \frac{c(\mathrm{HAc})}{c(\mathrm{Ac^-})}$$

$$K_{\mathrm{HAc}} = [\mathrm{H^+}] \frac{c(\mathrm{Ac^-})}{c(\mathrm{HAc})}$$

三、实验用品

仪器与材料：酸度计、容量瓶（50mL）、吸量管（10mL）、移液管（25mL）、碱式滴定管、滴定管夹、铁架台、锥形瓶（250mL）、烧杯（50mL）、洗瓶、洗耳球、卷纸。

酸碱溶液：标准 NaOH 溶液（$0.1000\mathrm{mol \cdot L^{-1}}$）、乙酸溶液（约 $0.1\mathrm{mol \cdot L^{-1}}$）。

其他溶液：NaCl($0.1\mathrm{mol \cdot L^{-1}}$)、0.2%酚酞乙醇溶液、标准缓冲溶液（pH=4.003）。

四、实验内容

1. 乙酸溶液浓度的测定

用移液管吸取 25.00mL 的约 $0.1\mathrm{mol \cdot L^{-1}}$ HAc 溶液，置于 250mL 锥形瓶中，加 2～3 滴酚酞指示剂，用标准 NaOH 溶液滴定至溶液呈现微红色，并在半分钟内不褪色为止。准确记录所用 NaOH 溶液的体积 V。重复滴定 2 次（前后滴定所用 NaOH 的体积差应小于 0.02mL）。计算乙酸溶液的准确浓度。

2. 配制不同浓度的乙酸溶液

用移液管和吸量管分别取已测得准确浓度的乙酸溶液 25.00mL 和 5.00mL 分别放入 2

只50mL的容量瓶中，再用蒸馏水稀释至刻度摇匀备用。计算所配制的各乙酸溶液的浓度。

3. 测定不同浓度的乙酸溶液的pH值

用三个洁净干燥的50mL小烧杯，分别取上述三种不同浓度的乙酸溶液，按由稀到浓的顺序在酸度计上分别测出它们的pH值。记录pH数据和室温。

4. 在缓冲体系中测定乙酸的电离常数

用移液管分别取已测得准确浓度的乙酸溶液25.00mL 3份，分别放入3只50mL的容量瓶中，再用吸量管分别取$\frac{1}{4}V$（V为实验内容1. 中NaOH滴定乙酸所用体积）、$\frac{1}{2}V$和$\frac{3}{4}V$的标准NaOH溶液，依次放入3只50mL的容量瓶中，最后用0.1mol·L^{-1} NaCl溶液稀释至刻度摇匀。在酸度计上分别测出它们的pH值并记录数据。

五、实验数据和结果处理

1. 乙酸溶液浓度的测定

滴定序号		Ⅰ	Ⅱ	Ⅲ
乙酸溶液的用量/mL				
NaOH标准溶液的浓度/mol·L^{-1}				
NaOH开始读数/mL				
NaOH最后读数/mL				
用去NaOH溶液体积/mL				
HAc溶液的浓度/mol·L^{-1}	测定值			
	平均值			

2. 不同浓度的乙酸溶液的pH值

室温　　℃

溶液编号	c(HAc)/mol·L^{-1}	pH	[H$^+$]/mol·L^{-1}	解离度α	K_{HAc}	
					测定值	平均值
1						
2						
3						

3. 在缓冲体系中测定乙酸的电离常数

溶液编号	c(HAc)/mol·L^{-1}	c(Ac$^-$)/mol·L^{-1}	pH	[H$^+$]/mol·L^{-1}	解离度α	K_{HAc}	
						测定值	平均值
1							
2							
3							

将两种方法测得的乙酸电离平衡常数K_{HAc}进行比较，对照文献值（25℃为1.76×10^{-5}），对实验误差作简单的讨论。

六、预习内容

1. 用pH法测定乙酸的电离常数的依据是什么？由测得的pH值，如何计算乙酸的电离常数？

2. HAc-NaAc 缓冲溶液 pH 值的计算。

七、思考题

1. 用 NaOH 标准溶液测定乙酸溶液的浓度时，滴定已达到终点（即酚酞指示剂呈微红色半分钟内不褪色），但久置后，红色褪掉了。有人说："是由于刚才的终点不是真正的终点所致"。你认为这种说法对吗？为什么？

2. 如果改变所测乙酸溶液的温度，则乙酸的电离度和电离常数有无变化？若有变化，会有怎样的变化？

3. 测定不同浓度乙酸溶液的 pH 值时，为什么要从由稀到浓的顺序进行？

4. 在实验内容 4. 中，配制 HAc-NaAc 缓冲溶液，为什么最后要用 0.1mol·L^{-1} NaCl 溶液稀释至刻度？

八、附注

pH510 型酸度计及其使用方法

1. 仪器的安装

见图 3-4，装好电极杆，接通电源。电压必须符合标牌上所指明的数值，电压太低或电压不稳会影响使用。

2. 启动

(1) 开关仪器：按"ON/OFF"键进行仪器的开启和关闭。

(2) 选择测量模式：若当前模式不是 pH 模式，可按"MODE"键选择 pH 模式。

(3) 选择 pH 缓冲标准（可在使用前设定）：

关闭仪器→按住"MODE"键后再按"ON/OFF"键，仪器自动进入（CLR）P1.0 程序模式→按"MI/▲"或"MR/▼"键选择（BUF）P3.0 程序模式→按"ENTER"键进入 P3.0 程序→按"MI/▲"或"MR/▼"键选择缓冲标准（USA 缓冲、NST 缓冲）→按"ENTER"键确认缓冲标准→按"CAL/MEAS"键回到测量模式。

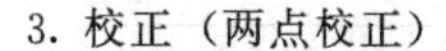

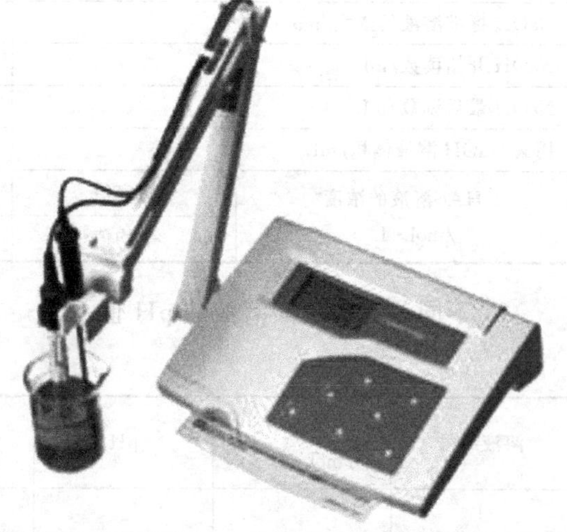

图 3-4 pH510 型酸度计示意图

3. 校正（两点校正）

(1) 在 pH 测量模式下，扭开电极保护套，将电极放入自来水中轻轻搅动 1～2min，使 pH 值在 6.5～7.5 之间，出现 [READY] 状态时取出电极并吸干水。

(2) 将电极和温度探头伸入 pH 7.00 或 pH 6.86 标准缓冲溶液（根据所设定的 pH 缓冲标准而定）中，轻轻搅动电极使尽量均匀。

(3) 按"CAL/MEAS"键，使处于 [CAL] 状态下的 pH 校正模式。待 pH 测量值稳定（液晶板左边出现 [READY]）后，若测量值和实际值在可接受的范围之内（不出现"ERR"错误信号），则可按"ENTER"键储存校正点。

(4) 取出电极和温度探头进行冲洗，用自来水浸泡电极至 pH 6.5～7.5 时，取出吸干后，将电极和探头伸入 pH 4.01 或 pH 10.01 (pH 9.18) 标准缓冲溶液（根据待测样品的酸碱度确定）中，待 pH 测量值稳定后，按"ENTER"键储存校正点。

(5) 按"CAL/MEAS"键返回 pH 测量模式，此时两点校正完毕。

4. 测量

(1) 在 pH 测量模式下，将已经校正好的电极和温度探头放入待测样品中，轻轻搅动 1～2min，待读数稳定（出现 [READY]）后，读取数据。

(2) 若待测样品不止一个，可将电极、探头冲洗后再测定，或根据浓度从稀到浓依次测定。

(3) 测量结束后，用蒸馏水冲洗电极，吸干，将电极放在橡胶保护套内。

注：

USA 缓冲标准：pH 4.01、pH 7.00、pH 10.01。

NIST 缓冲标准：pH 4.01、pH 6.86、pH 9.18。

实验 20 硫酸钙溶度积的测定及碱土金属的性质

一、实验目的

1. 了解用离子交换法测定难溶电解质的溶解度和溶度积的原理和方法。
2. 了解离子交换树脂的一般使用方法。
3. 进一步练习酸碱滴定的操作。
4. 熟悉碱土金属化合物的性质及碱土金属离子的鉴定方法。

二、实验原理

碱土金属是周期系中ⅡA 族元素，其价电子构型为 ns^2，因此都很容易失去 2 个价电子成为惰性气体的稳定结构。因而碱土金属单质呈还原性，它们的活泼性仅次于ⅠA 族的碱金属。

钙、锶、钡的化合物在高温火焰中电子易激发，当电子从较高能级跃迁回低能级时，便以光的形式释放出能量，使火焰呈现特征颜色，这是定性分析中焰色反应的基础。其中钙呈橙红色，锶呈洋红色，钡呈绿色。将它们的盐类以适当比例混合，可以制信号弹，加入镁粉、松香、火药之类可制作各色焰火。

碱土金属的氢氧化物均为白色固体，在水中的溶解度较低，同族自上而下溶解度依次增大。自上而下随离子半径的增大，氢氧化物的碱性依次增强。如 $Be(OH)_2$ 为两性，$Ca(OH)_2$为中强碱，而 $Ba(OH)_2$ 为强碱。

碱土金属的盐类多为无色离子晶体，有不少是难溶于水的。碱土金属的硝酸盐、氯酸盐、高氯酸盐和乙酸盐等是易溶的，草酸盐、碳酸盐、磷酸盐等都是难溶于水的，而硫酸盐和铬酸盐的溶解度差别较大。硫酸盐和铬酸盐的溶解度自上而下依次降低，$MgSO_4$、$MgCrO_4$ 易溶，$BaSO_4$、$BaCrO_4$ 的溶解度最小。在实验中常利用它们溶解度的差异进行沉淀分离和离子检出。

难溶盐的溶解能力可以用溶度积或溶解度来表示，离子交换法是测定难溶电解质的溶解度和溶度积的方法之一。

离子交换树脂是含有能与其他物质进行离子交换的活性基团的一大类高分子化合物，包含天然的和人工合成的。其中最主要的是人工合成的有机合成树脂，常称为离子交换树脂。它是分子中含有活性基团并能与其他物质的离子进行选择性的离子交换反应的固态、球状高分子聚合物。含有酸性基团（如磺酸基—SO_3H、羧酸基—COOH）能与其他物质交换阳离子的树脂称为阳离子交换树脂；含有碱性基团（如—NH_3Cl、═NOH）而能与其他物质交换阴离子的树脂称为阴离子交换树脂。离子交换树脂广泛地应用于元素的分离、提纯、纯化和脱色精制有机物，以及溶液和水的净化等方面。

本实验用强酸型阳离子交换树脂（用 R—SO_3H 表示）交换硫酸钙饱和溶液中的 Ca^{2+}，其交换反应为：

$$2R—SO_3H + Ca^{2+} \rightleftharpoons (R—SO_3)_2Ca + 2H^+$$

由于 $CaSO_4$ 是微溶盐，其溶解部分除 Ca^{2+} 和 SO_4^{2-} 外，还有离子对形式的

$[Ca^{2+}SO_4^{2-}]$存在于水溶液中，饱和溶液中存在着离子对和简单离子间的平衡：

$$[Ca^{2+}SO_4^{2-}](aq) \rightleftharpoons Ca^{2+}(aq) + SO_4^{2-}(aq) \quad (1)$$

当溶液流经离子交换树脂时，由于 Ca^{2+} 被交换，平衡向右移动，$[Ca^{2+}SO_4^{2-}]$ 解离，结果全部的钙离子被交换为 H^+，因此流出液应是硫酸溶液。用已知浓度的氢氧化钠溶液滴定全部酸性流出液，即可求得流出液的 $c(H^+)$，从而可计算出 $CaSO_4$ 的摩尔溶解度 S（用 $mol \cdot L^{-1}$表示）：

$$S = c(Ca^{2+}) + c(Ca^{2+}SO_4^{2-}) = c(H^+)/2 \quad (2)$$

从溶解度计算 $CaSO_4$ 溶度积 K_{sp}的方法如下：

设饱和 $CaSO_4$ 溶液中 $c(Ca^{2+}) = c(SO_4^{2-}) = c$，由式(2) 可知：

$$c(Ca^{2+}SO_4^{2-}) = S - c$$

从式(1) 可写出：

$$\frac{c(Ca^{2+})c(SO_4^{2-})}{c(Ca^{2+}SO_4^{2-})} = \frac{cc}{S-c} = K_d$$

K_d 称为离子对解离常数。对 $CaSO_4$ 来说，25℃时，$K_d = 5.2 \times 10^{-3}$，因此：

$$\frac{c(Ca^{2+})c(SO_4^{2-})}{c(Ca^{2+}SO_4^{2-})} = \frac{cc}{S-c} = 5.2 \times 10^{-3}$$

$$c^2 + 5.2 \times 10^{-3}c - 5.2 \times 10^{-3}S = 0$$

$$c = \frac{-5.2 \times 10^{-3} + \sqrt{2.7 \times 10^{-5} + 2.08 \times 10^{-2}S}}{2}$$

把 $S = c(H^+)/2$ 代入上式，即可求得 c。

按溶度积定义即可计算出 K_{sp}

$$K_{sp} = c(Ca^{2+}) \cdot c(SO_4^{2-}) = c^2$$

三、实验用品

仪器与材料：25mL 移液管、离子交换柱一根、洗耳球、碱式滴定管一支、250mL 锥形瓶、100mL 量筒、点滴板、强酸型阳离子交换树脂（732 型）、pH 试纸。

酸碱溶液：HCl($2mol \cdot L^{-1}$)、HAc($2mol \cdot L^{-1}$)、NaOH($2mol \cdot L^{-1}$)、$NH_3 \cdot H_2O$ ($2mol \cdot L^{-1}$)、NaOH 标准溶液（$0.05mol \cdot L^{-1}$）。

盐溶液：新过滤的 $CaSO_4$ 饱和溶液，$MgCl_2$（$0.1mol \cdot L^{-1}$，$0.5mol \cdot L^{-1}$），$CaCl_2$（$0.1mol \cdot L^{-1}$，$0.5mol \cdot L^{-1}$），$BaCl_2$（$0.1mol \cdot L^{-1}$，$0.5mol \cdot L^{-1}$），$(NH_4)_2C_2O_4$（饱和，$0.5mol \cdot L^{-1}$），K_2CrO_4（$0.1mol \cdot L^{-1}$，$1mol \cdot L^{-1}$），$CaSO_4$（饱和），Na_2SO_4（$0.5mol \cdot L^{-1}$），NH_4Cl(饱和)，$MgCl_2$、$CaCl_2$ 和 $BaCl_2$ 混合液（$0.5mol \cdot L^{-1}$）。

其他试剂：溴百里酚蓝（0.01%）、镁试剂。

四、实验内容

1. $CaSO_4$ 溶度积的测定

(1) 装柱

在离子交换柱的底部填入少量玻璃纤维，将阳离子交换树脂（已由实验室将钠型转化为氢型）带水一起注入交换柱内。加水太多，可以打开并调节螺丝夹，让水以每分钟约 50 滴的速度通过交换柱，待柱中溶液液面下降至略高于树脂时，分批加入约 50mL 去离子水洗涤树脂，直到流出液呈中性（用 pH 试纸检验）。此流出液全部弃去。

[注] 在使用交换树脂时，都应使之常处于湿润状态。为此，在任何情况下交换树脂上方都应保持有足够的溶液或去离子水。填充的离子交换树脂间不能留有气泡，否则影响交换效果。

(2) 交换和洗涤

用移液管准确量取 25.00mL $CaSO_4$ 饱和溶液，慢慢注入交换柱内。流出液用 250mL 锥形瓶承接，流出液的流出速度控制在每分钟 40～50 滴，不宜太快。待柱内 $CaSO_4$ 饱和溶液的液面下降至略高于树脂时，分 4 次加入总共约 80mL（用量筒量取）去离子水洗涤树脂，直到流出液呈中性（用 pH 试纸检验）。全部的流出液用同一锥形瓶承接。在整个交换和洗涤过程中应注意勿使流出液损失。

离子交换树脂
玻璃纤维
橡皮管
螺丝夹
玻璃尖嘴

(3) 滴定

往装有全部流出液的锥形瓶中加入 2～3 滴溴百里酚蓝指示剂，用 NaOH 标准溶液滴定至终点（溶液由黄色变为鲜明的蓝色，且半分钟内不褪色，此时溶液的 pH=6.2～7.6）。记录实验时的温度，并根据所用 NaOH 标准溶液的浓度和体积，计算淋洗液的 $c(H^+)$，并计算该温度下 $CaSO_4$ 的溶解度（S）和溶度积（K_{sp}）。

2. 碱土金属化合物的性质和离子鉴定

(1) 碱土金属盐的溶解性

① 碳酸盐

取 3 支离心试管，分别加入 0.5mL 0.1mol·L^{-1} $MgCl_2$、$CaCl_2$ 和 $BaCl_2$ 溶液，再各加数滴 1mol·L^{-1} Na_2CO_3 溶液，观察现象，离心分离，弃去清液，试验 3 种沉淀能否溶于 2mol·L^{-1} HAc 溶液中，写出反应方程式。

② 草酸盐

取 3 支离心试管，分别加入 0.5mL 0.1mol·L^{-1} $MgCl_2$、$CaCl_2$ 和 $BaCl_2$ 溶液，再各加数滴饱和 $(NH_4)_2C_2O_4$溶液，观察现象，若有沉淀产生，离心分离，弃去清液，试验沉淀能否溶于 2mol·L^{-1} HAc 溶液中，若不溶，用 2mol·L^{-1} HCl 代替 2mol·L^{-1} HAc，写出反应方程式。

③ 铬酸盐

取 3 支离心试管，分别加入 0.5mL 0.1mol·L^{-1} $MgCl_2$、$CaCl_2$ 和 $BaCl_2$ 溶液，再各加数滴 0.1mol·L^{-1} K_2CrO_4 溶液，观察现象，若有沉淀产生，离心分离，弃去清液，试验沉淀能否溶于 2mol·L^{-1} HCl 溶液中，写出反应方程式。

④ 硫酸盐

取 3 支离心试管，分别加入 0.5mL 0.1mol·L^{-1} $MgCl_2$、$CaCl_2$ 和 $BaCl_2$ 溶液，再各加数滴 0.5mol·L^{-1} Na_2SO_4溶液，观察现象，若有沉淀产生，离心分离，弃去清液，试验沉淀能否溶于 2mol·L^{-1} HCl 溶液中，写出反应方程式。

另取 2 支试管，分别加入 0.5mL 0.1mol·L^{-1} $MgCl_2$ 和 $BaCl_2$ 溶液，再各加数滴饱和 $CaSO_4$溶液，观察现象（如无沉淀，可用玻璃棒摩擦试管内壁），写出反应方程式。

通过上述实验，说明 $MgSO_4$、$CaSO_4$ 和 $BaSO_4$ 溶解度的相对大小。

(2) 碱土金属离子的鉴定

① Mg^{2+} 的鉴定反应（对硝基苯偶氮间苯二酚即镁试剂）

取 1 滴 0.5mol·L^{-1} Mg^{2+} 试液滴在点滴板上，加 2 滴 2mol·L^{-1} NaOH 溶液和 1～2 滴镁试剂，若生成蓝色沉淀，表示有 Mg^{2+} 存在。

② Ca^{2+} 的鉴定反应

取 1 滴 0.5mol·L^{-1} Ca^{2+} 试液滴入离心试管，加 4～5 滴 0.5mol·L^{-1} $(NH_4)_2C_2O_4$，

再加 2mol·L^{-1} $NH_3 \cdot H_2O$ 至呈碱性，在水浴上加热，生成白色沉淀，表示有 Ca^{2+} 存在。

③ Ba^{2+} 的鉴定反应

取 1 滴 0.5mol·L^{-1} Ba^{2+} 试液滴入离心试管，加 1 滴 2mol·L^{-1} HAc 和 1 滴 1mol·L^{-1} K_2CrO_4，生成黄色沉淀，离心分离，沉淀上加 2 滴 2mol·L^{-1} NaOH，沉淀不溶解，表示有 Ca^{2+} 存在。

④ Mg^{2+}、Ca^{2+}、Ba^{2+} 混合液的分离鉴定

根据碱土金属离子的鉴定反应以及碱土金属盐的溶解性，试设计一方案，对 Mg^{2+}、Ca^{2+}、Ba^{2+} 混合液进行分离鉴定。

五、数据记录与处理

室温：__________℃；$CaSO_4$ 饱和溶液的温度：__________℃；

$V(CaSO_4)$：__________mL；$c(NaOH)$：__________mol·L^{-1}；$V(NaOH)$：__________mL；

$CaSO_4$ 饱和溶液的溶解度 S：__________mol·L^{-1}；$CaSO_4$ 的溶度积 K_{sp}：__________。

数据的计算过程应写进实验报告，对照 $CaSO_4$ 溶解度的文献值，计算实验误差，并讨论产生误差的原因。

六、预习内容

1. 如何根据实验结果计算溶解度和溶度积？

2. 写出碱土金属化合物性质实验的所有反应方程式。

七、思考题

1. 为什么要精确量取 $CaSO_4$ 溶液的体积？

2. 离子交换操作过程中，为什么要控制液体的流速不宜太快？为什么要自始至终注意液面不得低于离子交换树脂？

3. $CaSO_4$ 饱和溶液通过离子交换柱时，为什么要用去离子水洗涤至溶液呈中性，且不允许流出液有所损失？

八、附注

1. $CaSO_4$ 溶解度的文献值

温度/℃	0	10	20	30
溶解度/mol·L^{-1}	1.29×10^{-2}	1.43×10^{-2}	1.50×10^{-2}	1.54×10^{-2}

2. $CaSO_4$ 饱和溶液的制备

过量 $CaSO_4$（分析纯）溶于经煮沸除去 CO_2 的纯水（或新鲜的去离子水）中，加热到 80℃，搅拌，冷却至室温，实验前用定量滤纸过滤（所用的漏斗和容器必须是干燥的），即得 $CaSO_4$ 饱和溶液。

实验 21　氧化还原反应与电化学

一、实验目的

1. 观察原电池产生电流的现象，了解氧化还原反应的本质。

2. 掌握电极电势的概念，加深理解电极电势对氧化还原反应的影响。

3. 试验并掌握氧化态、还原态物质浓度和溶液的酸度对电极电势及氧化还原反应的影响。

二、实验原理

氧化还原反应是物质之间发生电子转移的一类重要反应。氧化剂在反应中得到电子，而

还原剂失去电子，其得、失电子能力的大小，或者说氧化、还原能力的强弱，可用其氧化态-还原态组成的共轭电对的电极电势的相对高低来衡量。若以还原电势为准，则一个氧化还原电对的电极电势 φ 越大，表明氧化还原电对的氧化态越易得到电子，即氧化态物质的氧化能力越强，而还原态物质的还原能力越弱；相反，若一个氧化还原电对的电极电势 φ 越小，表明氧化还原电对的还原态越易给出电子，即该还原态物质的还原能力越强，而氧化态物质的氧化能力越弱。

因为氧化还原反应是由两个或两个以上氧化还原电对共同作用的结果。所以，自发进行的氧化还原反应的方向都可由电对电极电势数值的相对大小加以判断：即从较强的氧化剂和较强的还原剂向着生成较弱的还原剂和较弱的氧化剂的方向进行。

此时，φ(氧化剂电对)>φ(还原剂电对)。

通常情况下，常用标准电极电势（$\varphi^{\ominus}$）大小比较氧化还原电对的氧化、还原能力的强弱。标准电极电势是处于标准状态的电对相对于标准氢电极的电极电势，规定标准氢电极的电极电势 $\varphi^{\ominus}(H^+/H_2)=0.0000V$。利用电对的标准电极电势（$\varphi^{\ominus}$）可以判断氧化还原反应进行的方向和限度，计算氧化还原反应的标准平衡常数。

即：$\varphi^{\ominus}_{(+)}$（氧化剂电对）>$\varphi^{\ominus}_{(-)}$（还原剂电对），反应正向进行。

$$\ln K^{\ominus}=nF[\varphi^{\ominus}_{(+)}-\varphi^{\ominus}_{(-)}]/(RT)$$

当 $T=298K$ 时，$\ln K^{\ominus}=n[\varphi^{\ominus}_{(+)}-\varphi^{\ominus}_{(-)}]/0.0592$

电对的电极电势不仅取决于电对的本性，而且还受电对平衡式中各物种的浓度和温度的影响。如某电对的电极反应为：

$$a[\text{氧化态}]+ne^- \rightleftharpoons b[\text{还原态}]$$

其电对的电极电势与浓度和温度的关系可以用 Nernst 方程式来表示：

$$\varphi=\varphi^{\ominus}+\frac{RT}{nF}\ln\frac{c^a(\text{氧化态})}{c^b(\text{还原态})}$$

当 $T=298K$ 时，Nernst 方程可写成：

$$\varphi=\varphi^{\ominus}+\frac{0.0592}{n}\lg\frac{c^a(\text{氧化态})}{c^b(\text{还原态})}$$

氧化态物种的浓度越大或还原态物种的浓度越小，其电极电势越高。反之越低。其他影响氧化态或还原态浓度的因素（如形成配合物、生成沉淀以及介质的 H^+ 或 OH^- 浓度)，同样影响电对的电极电势，从而影响氧化还原反应。即：①对有沉淀生成的电极反应或有配合物生成的电极反应，沉淀或配合物的生成都会大大改变氧化态或还原态浓度；②对有 H^+ 或 OH^- 参加的电极反应，不但氧化态或还原态的浓度对电极电势有很大影响，而且 H^+ 或 OH^- 浓度对电极电势也有很大影响。

三、实验用品

仪器与材料：伏特计（或 pH 计)、盐桥（U 形管)、电极（锌片、铜片)、导线、烧杯(50mL)、试管。

固体试剂：NH_4F（C.P.)。

酸碱溶液：H_2SO_4（$2mol\cdot L^{-1}$)、$NH_3\cdot H_2O$（$6mol\cdot L^{-1}$)、NaOH（$6mol\cdot L^{-1}$)。

盐溶液：$Fe_2(SO_4)_3$($0.1mol\cdot L^{-1}$)，$FeCl_3$($0.1mol\cdot L^{-1}$)，KBr($0.1mol\cdot L^{-1}$)，$FeSO_4$($0.1mol\cdot L^{-1}$，$1mol\cdot L^{-1}$)，KI($0.1mol\cdot L^{-1}$)，$K_2Cr_2O_7$（$0.1mol\cdot L^{-1}$)，$KMnO_4$($0.01mol\cdot L^{-1}$)，Na_2SO_3($0.1mol\cdot L^{-1}$)，KIO_3($0.1mol\cdot L^{-1}$)，$CuSO_4$($0.1mol\cdot L^{-1}$，$1.0mol\cdot L^{-1}$)，$K_3[Fe(CN)_6]$（$0.1mol\cdot L^{-1}$)，$ZnSO_4$($0.1mol\cdot L^{-1}$，$1.0mol\cdot L^{-1}$)。

其他试剂：Br_2-H_2O、I_2-H_2O、CCl_4、淀粉（1%)。

四、实验内容

1. 原电池实验

(1) 在一个 50mL 的烧杯中加入 20mL 1.0mol·L^{-1}的 $CuSO_4$ 溶液，并插入铜电极，组成一个半电池。在另一个 50mL 的烧杯中加入 20mL 1.0mol·L^{-1}的 $ZnSO_4$ 溶液，插入锌电极，组成另一个半电池。用盐桥连接两个半电池，用导线把铜极与 pH 计（或伏特计）的“+”极相连，锌极与“-”极相连。pH 计上的 pH-mV 开关扳向“mV”处，测出此原电池的电动势。见图 3-5。

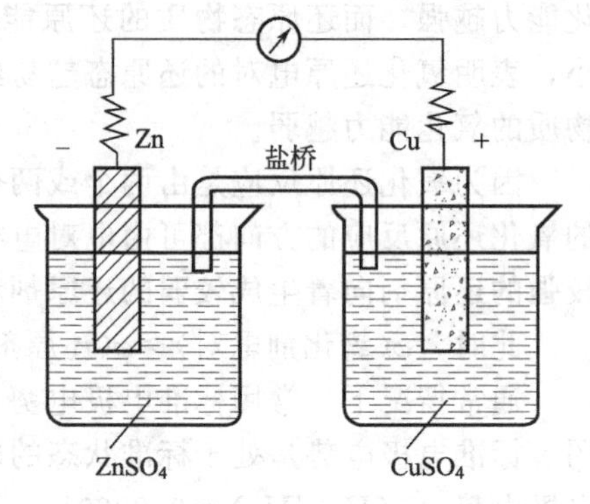

图 3-5 Cu-Zn 原电池

(2) 在 Zn|$ZnSO_4$ (1.0mol·L^{-1}) 半电池的 $ZnSO_4$ 溶液中，缓慢加入 6mol·L^{-1}的氨水（加氨水前必须取出盐桥），边加氨水边搅拌，直至沉淀溶解完全，生成无色的 $[Zn(NH_3)_4]^{2+}$ 溶液后（准确记录氨水用量），插上盐桥，与 Cu|$CuSO_4$ (1.0mol·L^{-1}) 组成原电池，测定电动势，并与实验 (1) 比较，说明 Zn^{2+} 生成配合物对 $\varphi_{Zn^{2+}/Zn}$的影响。

(3) 在 Cu|$CuSO_4$(1.0mol·L^{-1}) 半电池的 $CuSO_4$ 溶液中，缓慢加入 6mol·L^{-1}的氨水（加氨水前必须取出盐桥），边加氨水边搅拌，直至沉淀溶解完全，生成深蓝色的 $[Cu(NH_3)_4]^{2+}$ 溶液后（准确记录氨水用量）。插上盐桥，与 (2) 中员极半电池组成原电池，测定电动势，并与 (2) 比较，说明 Cu^{2+} 生成配合物对 $\varphi_{Cu^{2+}/Cu}$的影响。

根据实验，总结浓度对电极电势的影响。

2. 浓度对氧化还原反应的影响

(1) 在试管中依次加入 H_2O、CCl_4 和 0.1mol·L^{-1} $Fe_2(SO_4)_3$ 各 0.5mL，振荡试管，混合均匀，再逐滴加入 0.1mol·L^{-1} KI 溶液，振荡试管，观察 CCl_4 层的颜色。

(2) 在试管中依次加入 CCl_4、1.0mol·L^{-1} $FeSO_4$ 和 0.1mol·L^{-1} $Fe_2(SO_4)_3$ 各 0.5mL，振荡试管，混合均匀，再逐滴加入 0.1mol·L^{-1} KI 溶液，振荡试管，观察 CCl_4 层的颜色。

(3) 在试管中依次加入 H_2O、CCl_4 和 0.1mol·L^{-1} $Fe_2(SO_4)_3$ 各 0.5mL，NH_4F 固体少许，振荡试管，使 NH_4F 固体溶解，混合均匀，再逐滴加入 0.1mol·L^{-1} KI 溶液，振荡试管，观察 CCl_4 层的颜色。

说明氧化态、还原态物质的浓度对氧化还原反应的影响，写出相关反应方程式。

3. 酸度对氧化还原反应的影响

(1) 取三支试管，先各加入 0.5mL 0.1mol·L^{-1}的 Na_2SO_3 溶液，然后在第一支试管中加入 10 滴 2.0mol·L^{-1} H_2SO_4 溶液，第二支试管中加入 10 滴 H_2O，第三支试管中加入 10 滴 6mol·L^{-1} NaOH 溶液，振荡试管，混合均匀，然后往三支试管中分别加入0.01mol·L^{-1} $KMnO_4$ 溶液 2 滴。观察颜色的变化有何不同，写出相应的氧化还原反应方程式。

(2) 在试管中加入 0.1mol·L^{-1} KI 溶液 10 滴和 0.1mol·L^{-1} KIO_3 溶液 2～3 滴，再加几滴淀粉溶液，混匀后观察溶液颜色有无变化。再加入 2～3 滴 2.0mol·L^{-1} H_2SO_4 溶液酸化混合液，观察有什么变化。再逐滴加入 6.0mol·L^{-1} NaOH 溶液，使混合液为碱性，观察反应的现象，写出有关反应方程式。说明介质对氧化还原反应方向的影响。

4. 沉淀对氧化还原反应的影响

(1) 往试管中加入 0.5mL 0.1mol·L^{-1} KI 溶液和 5 滴 0.1mol·L^{-1} $K_3[Fe(CN)_6]$ 溶液，混匀后，再加入 0.5mL CCl_4，充分振荡，观察 CCl_4 层的颜色有无变化？然后加入 10 滴 0.1mol·L^{-1} $ZnSO_4$ 溶液，充分振荡，观察现象并加以解释。

提示：$2I^- + 2[Fe(CN)_6]^{3-} \rightleftharpoons I_2 + 2[Fe(CN)_6]^{4-} \xrightarrow{Zn^{2+}} Zn_2[Fe(CN)_6]$(白色↓)

(2) 在试管中加入10滴0.1mol·L^{-1} $CuSO_4$溶液，加入10滴0.1mol·L^{-1} KI溶液，观察沉淀的生成。再加入15滴CCl_4，充分振荡，观察CCl_4层的颜色有何变化。查出$\varphi^{\ominus}(Cu^{2+}/Cu)$和$\varphi^{\ominus}(I_2/I^-)$，解释实验现象并写出反应方程式。

5. 设计实验

(1) 根据实验室准备的药品：H_2SO_4、Br_2-H_2O、CCl_4、$FeCl_3$、KBr、KI、$K_2Cr_2O_7$、$KMnO_4$等，设计实验，证明I^-的还原能力大于Br^-的还原能力。

(2) 根据实验室准备的药品：Br_2-H_2O、I_2-H_2O、CCl_4、$FeSO_4$、KBr、KI等，设计实验，证明Br_2的氧化能力大于I_2的氧化能力。

五、注意事项

本实验氧化剂、还原剂及酸、碱的用量、浓度以及加入的先后次序都会对氧化还原反应的产物、方向、现象等产生影响，因而必须严格控制。

六、预习内容

1. 列出实验中所用到的氧化剂和还原剂，并查出相应的标准电极电势。

2. 按实验要求，制定设计实验（1）和（2）的实验方案。

七、思考题

1. 通过本实验归纳影响电极电势的因素，是如何影响的？

2. 实验内容3.（1）能否说明高锰酸钾的氧化性随酸度的提高而增强？为什么？

八、附注

1. 直流伏特计的使用

测量电路两端的电压可用伏特计，伏特计有很多种，JO408型伏特计就是其中的一种，见图3-6。它有两个量程：一个最大可以测量到3V，一个可以测量到15V，两个量程共用一个“－”接线柱。使用前先检查指针是否对准零位，如有偏移，可调节机械零位调节器，使指针指向零位。在读取数据时，要先确认所用伏特计的量程，然后根据量程确认刻度盘上每个大格和每个小格表示的电压值。被测电压不能超过伏特计的最大测量值，若事先不知被测电流的值，可先选用大的量程挡即15V挡，如实测电压不超过3V时，为提高读数的准确性，可改用小的量程挡即3V挡进行测量。“＋”、“－”接线柱的接法要正确，连接伏特计时，必须使电流从“＋”接线柱流入伏特计，若反接，指针偏向负值。

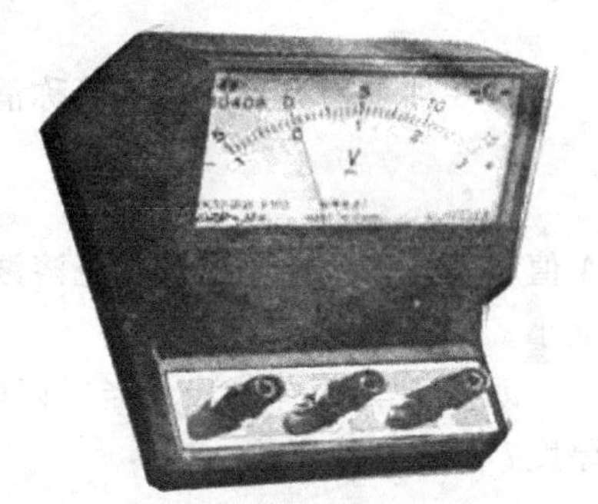

图3-6 直流伏特计

2. 盐桥的制法

称取1g琼脂，放在100mL饱和的KCl溶液中浸泡一会，加热煮成糊状，乘热倒入U形玻璃管中（里面不能留有气泡），冷却后即成。制好的盐桥不用时可浸在饱和KCl溶液中保存。KCl在不同温度下的饱和溶解度（g/100g水）如下：

T/℃	10	20	30	40
溶解度/(g/100g水)	20.9	31.6	45.7	63.9

实验22 磺基水杨酸合铁（Ⅲ）配合物的组成及其稳定常数的测定

一、实验目的

1. 掌握等摩尔连续变化法测定配合物组成及其稳定常数的原理和方法。

2. 学习分光光度计的使用。

3. 进一步巩固溶液的配制、液体的移取等操作。

二、实验原理

在溶液中，磺基水杨酸（HO—C₆H₃(COOH)—SO_3H，简写为 H_3R）与 Fe^{3+} 可以形成稳定的配合物，因溶液 pH 值的不同，形成配合物的组成也不同。在 pH 10 左右，可生成 1∶3 的配合物，呈黄色。在 pH 值为 4～10 之间生成红色的 1∶2 配合物。在 pH<4 时，形成 1∶1 的配合物，呈紫红色（也有称红褐色），配位反应为：

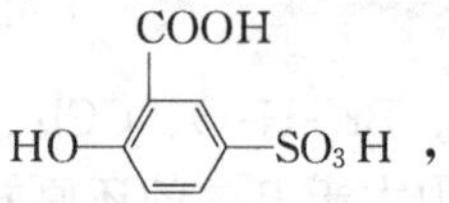

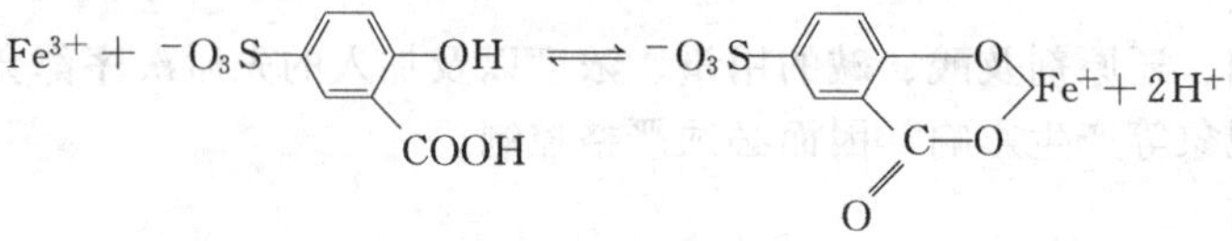

$$Fe^{3+} + {}^{-}O_3S\text{—}C_6H_3(COOH)\text{—}OH \rightleftharpoons {}^{-}O_3S\text{—}C_6H_3(O)(COO)Fe^{+} + 2H^{+}$$

本实验通过加入一定量的 $HClO_4$ 溶液来控制溶液的 pH 值，测定 pH<2.5 时所形成的紫红色的磺基水杨酸合铁(Ⅲ)配离子的组成及稳定常数。

目前测定配合物组成及稳定常数的方法很多，其中分光光度法是常用的方法之一。其基本原理如下。

当一束波长一定的单色光通过有色溶液时，光的一部分被溶液吸收，另一部分透过溶液。对光的吸收和透过程度，通常有两种表示方法：

一种是用透光率 T 表示，即透过光的强度 I_t 与入射光强度 I_0 之比，即：

$$T=\frac{I_t}{I_0}$$

另一种是用吸光度 A（又称消光度，光密度）来表示，它是透光率的负对数，即

$$A=-\lg T=\lg\frac{I_0}{I_t}$$

A 值越大，表示单色光被有色溶液吸收的程度越大，反之 A 值小，光被有色溶液吸收的程度小。

朗伯-比尔定律指出：当一束单色光通过溶液时，溶液的吸光度与溶液的浓度 c 和液层厚度 l 的乘积成正比，即：

$$A=\varepsilon cl$$

式中，ε 为摩尔吸光系数，在一定波长下，它是有色物质的一个特征常数。

在用分光光度法测定溶液中配合物的组成时，通常有摩尔比法、等摩尔连续变化法、斜率法和平衡移动法等，每种方法都有一定的适用范围，本实验采用等摩尔连续变化法。由于所测溶液中，磺基水杨酸是无色的，Fe^{3+} 溶液的浓度很稀，也可认为是无色的，只有磺基水杨酸合铁配离子（MR_n）是有色的，因此溶液的吸光度只与配离子的浓度成正比。通过对溶液吸光度的测定，可以求出该配离子的浓度，从而确定其组成和稳定常数。

所谓等摩尔连续变化法就是保持溶液中金属离子 M 和配位体 R 的总物质的量［$n(M)+n(R)$］不变的前提下，使 $\frac{n(R)}{n(M)+n(R)}$［即 $x(R)$］或 $\frac{n(M)}{n(M)+n(R)}$［即 $x(M)$］连续变化，而配制一系列溶液，在这一系列溶液中，有一些溶液中的金属离子是过量的，而另一些溶液中配体是过量的。在这两部分溶液中，配离子的浓度都不可能达到最大值，只有当溶液中金属离子与配体的物质的量之比与配离子的组成一致时，配离子的浓度才能达到最大。由于中心离子和配体基本无色，只有配离子有色，所以配离子的浓度越大，溶液的颜色越深，其吸光

度也就越大。因而吸光度最大的溶液，$n(\mathrm{R})/n(\mathrm{M})$即为配合物中配体和金属离子的个数比。实验中用物质的量浓度相等的金属离子溶液和配体溶液，按照不同的体积比（即物质的量之比）配成一系列溶液，测定其吸光度A。若以吸光度（A）为纵坐标，以$\dfrac{n(\mathrm{R})}{n(\mathrm{M})+n(\mathrm{R})}$为横坐标作图，可得一曲线（如图3-7所示）。将曲线两边的直线部分延长相交于O，即O点的吸光度A_1最大，由O点的横坐标值F可以计算配离子中金属与配体的配位比，即可求得配合物MR_n中配体的数目n值［$n=x(\mathrm{R})/x(\mathrm{M})$］。

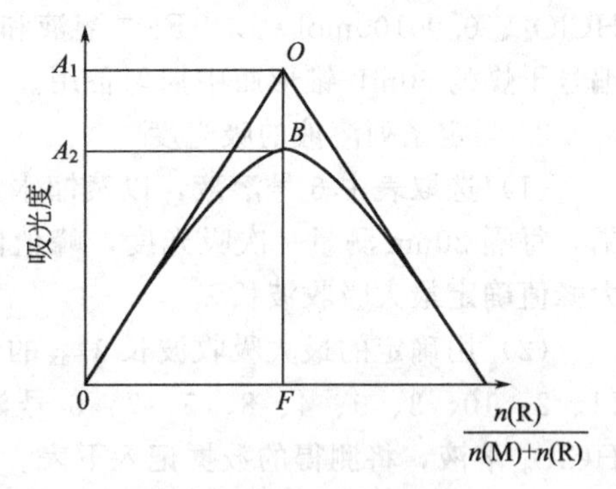

图 3-7 吸光度-组成曲线图

由图3-7可看出，最大吸光度O点可认为是M和R全部形成配合物时的吸光度，其值为A_1，由于配离子有一部分离解，其浓度要稍小一些，所以实验测得的最大吸光度在B点，其值为A_2。因此配离子的离解度α可表示为：

$$\alpha=\frac{A_1-A_2}{A_1}=1-\frac{A_2}{A_1}$$

设c为配合物完全不离解时的浓度，其值为对应于O点的金属离子总浓度，即：$c=c(\mathrm{M})$；若配合物的配位数$n=1$，则根据配位反应：

$$\mathrm{M} \quad + \quad \mathrm{R} \rightleftharpoons \mathrm{MR}$$

平衡浓度 $\qquad c\alpha \qquad c\alpha \qquad c-c\alpha$

$$K=\frac{[\mathrm{MR}]}{[\mathrm{M}][\mathrm{R}]}=\frac{1-\alpha}{c\alpha^2}=\frac{A_2/A_1}{c(1-A_2/A_1)^2}$$

将相关数据代入上式，可计算出配位反应平衡常数。

本实验测得的是配位反应的表观稳定常数，如欲得到热力学$K_{稳}$，还需要控制测定时的温度，溶液的离子强度以及配位体在实验条件下的存在状态等因素。如当溶液具有一定酸度时，弱酸性的配体存在酸效应。溶液的酸度越大，酸效应越明显。如果考虑弱酸配体的电离平衡，则要对表观稳定常数加以校正，校正公式为：

$$\lg K_{稳}=\lg K^{*}+\lg\theta$$

对于磺基水杨酸，pH=2时，$\lg\theta=10.2$。

三、实验用品

仪器与材料：可见分光光度计、烧杯、容量瓶（100mL，2只）、吸量管（10mL，5支）、锥形瓶（50mL，11只）、洗耳球、镜头纸。

试剂：$HClO_4$（0.01mol·L^{-1}）、磺基水杨酸（0.0100mol·L^{-1}）、Fe^{3+}（0.0100mol·L^{-1}）。

四、实验步骤

1. 配制系列溶液

（1）配制0.00100mol·L^{-1} Fe^{3+}溶液。

准确吸取10.0mL 0.0100mol·L^{-1} Fe^{3+}溶液，注入100mL容量瓶中，用0.01mol·L^{-1} $HClO_4$溶液稀释至刻度，摇匀备用。

（2）配制0.00100mol·L^{-1}磺基水杨酸溶液。

按（1）相同的方法配制0.00100mol·L^{-1}磺基水杨酸溶液。

（3）用三支10mL刻度吸量管按照下表列出的体积数，分别吸取0.01mol·L^{-1}

$HClO_4$、0.00100mol·L^{-1} Fe^{3+}溶液和0.00100mol·L^{-1}磺基水杨酸溶液，一一注入11只编号干燥的50mL锥形瓶中摇匀备用。

2. 测定系列溶液的吸光度

(1) 选取表中6号溶液，以蒸馏水为参比，用可见分光光度计，在波长400～700nm范围，每隔20nm测量一次吸光度，峰值附近每隔5nm测量一次。作A-λ曲线，通过曲线最大峰值确定最大吸收波长λ_{max}。

(2) 用确定的最大吸收波长λ_{max}的光源，测定所配系列溶液的吸光度，测定次序为1、11、2、10、3、9、4、8、5、7、6号溶液，比色皿为1cm，参比溶液用0.01mol·L^{-1} $HClO_4$溶液，将测得的数据记入下表。

五、数据记录和处理

序　号	$V(HClO_4)$/mL	$V(Fe^{3+})$/mL	$V(H_3R)$/mL	$\frac{n(R)}{n(M)+n(R)}$	吸光度A
1	10.0	10.0	0.0		
2	10.0	9.0	1.0		
3	10.0	8.0	2.0		
4	10.0	7.0	3.0		
5	10.0	6.0	4.0		
6	10.0	5.0	5.0		
7	10.0	4.0	6.0		
8	10.0	3.0	7.0		
9	10.0	2.0	8.0		
10	10.0	1.0	9.0		
11	10.0	0.0	10.0		

1. 利用Excel电子表格绘制A-λ曲线，通过曲线最大峰值确定最大吸收波长λ_{max}。

2. 利用Excel电子表格绘制出配位体摩尔分数与所测吸光度A关系图，从图中找出最大吸收峰，求出配合物组成和稳定常数。

六、注意事项

1. 溶液配好之后，必须静置30min才能进行测定。

2. 测定溶液的吸光度时，比色皿应用蒸馏水润洗2～3次后，再用待测溶液润洗2～3次。溶液装入比色皿后，要用细软而吸水的镜头纸将比色皿外擦干（水滴较多时，应先用滤纸吸去大部分水，再用镜头纸擦净），擦时应注意保护其透光面，勿使产生斑痕，拿比色皿时，手只能拿毛玻璃面。

3. 比色皿放入比色架内时，应注意它们的位置，尽量使它们前后一致，否则容易产生混淆。

4. 为了防止仪器元件疲劳，在不测定时应关闭单色器光源的光闸门，同时核对微电计的“0”点位置是否有改变。

5. 仪器的连续使用时间，不应超过两小时，如果已经超过两小时，可间歇半小时再继续使用。

6. 测定时尽量使吸光度值在0.1～0.65之间进行，这样可以得到较高的准确度。

7. 选最大波长时，应采用两边逼近法，波长间隔由大到小，直到找出最大波长时为止。

七、预习内容

1. 本实验测定配合物组成及稳定常数的原理。
2. 本实验如何通过作图法计算出配合物的组成及稳定常数？

八、思考题

1. 用吸光度对配体的体积分数作图是否可求得配合物的组成？
2. 本实验中加入 $HClO_4$ 的目的是什么？酸度对配合物的生成有何影响？
3. 在测定吸光度时，如果温度变化较大，对测得的稳定常数有何影响？
4. 实验中每份溶液的 pH 是否一样？如不一样，对结果有何影响？
5. 使用分光光度计要注意哪些操作？

九、附注

1. 药品的配制

(1) 0.01mol·L^{-1} $HClO_4$ 溶液的配制

将4.4mL 70%的 $HClO_4$ 加入到50mL水中，再稀释到5000mL。

(2) 0.0100mol·L^{-1} Fe^{3+} 溶液的配制

称取4.82g分析纯 $(NH_4)Fe(SO_4)_2 \cdot 12H_2O$ 晶体，用0.01mol·L^{-1} $HClO_4$ 溶液配制成1L即可。

(3) 0.0100mol·L^{-1}磺基水杨酸溶液的配制

称取2.54g分析纯磺基水杨酸，用0.01mol·L^{-1} $HClO_4$ 溶液配制成1L即可。

2. 722型分光光度计的使用方法

见图3-8。

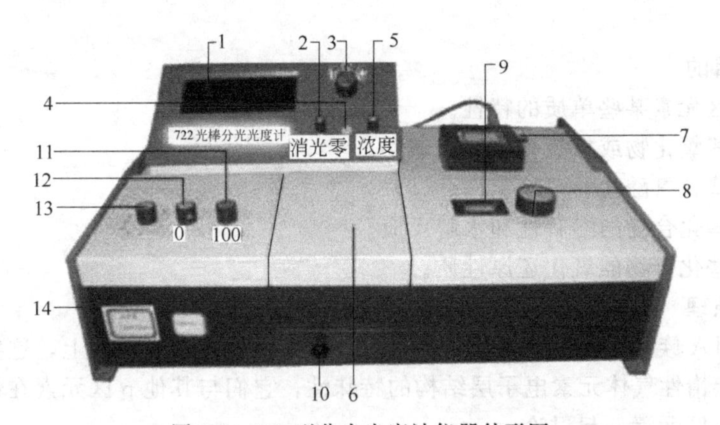

图3-8 722型分光光度计仪器外形图

1—数字显示器；2—吸光度调零施钮；3—选择开头；4—吸光度调斜率电位器；5—浓度旋钮；6—光源室；7—电源开关；8—波长手轮；9—波长刻度窗；10—试样架拉手；11—透光率100旋钮；12—透光率0旋钮；13—调灵敏度旋钮；14—干燥器

① 将灵敏度旋钮置“1”挡（放大倍率最小）。

② 选择开关置于“T”，开启电源，指示灯亮，仪器预热20min。

③ 预热后打开试样室（光门自动关闭），调节透光率“0”旋钮，使数字显示为“000.0”。

④ 将装有溶液的比色皿置于比色架中。

⑤ 旋动仪器波长手轮，调至所需波长刻度处。

⑥ 盖上样品室盖，将参比溶液比色皿置于光路，调节透光率“100”旋钮，使数字显示 T 为100.0（若显示不到100.0，则可适当增加灵敏度的挡数，同时应重复③，调整仪器的“000.0”）。

⑦ 将被测溶液置于光路中，数字表上直接读出被测溶液的透光率（T）值。

⑧ 吸光度（A）的测量　参照③、⑥，调整仪器的“000.0”和“100.0”，将选择开关置于A，旋动吸光度调零旋钮，使得数字显示为“000.0”，然后移入被测溶液，显示值即为试样的吸光度（A）值。

⑨ 浓度（c）的测量　选择开关旋至C，将已标定浓度的溶液移入光路，调节浓度旋钮，使得数字显示为标定值。将被测溶液移入光路，即可读出相应的溶液c值。

⑩ 仪器使用时，应常参照本操作方法中③、⑥进行调“000.0”和“100.0”的工作。

⑪ 每台仪器所配套的比色皿不能与其他仪器上的比色皿单个调换。

⑫ 本仪器数字显示后背带有外接插座，可输入模拟信号。插座1为正，2为负的接地线。

⑬ 若大幅度改变测试波长，需等数分钟才能工作（因波长由长波向短波或反之移动时，光能量变化急剧，光电管受光后响应迟缓，需一段光响应平衡时间）。

⑭ 仪器使用完毕后应用罩罩住，并放入硅胶保持干燥。

⑮ 比色皿用后应及时用蒸馏水洗净，用细软的纸或布擦干存于比色皿盒内。

3. Excel电子表格启动顺序

Excel电子表格启动前，计算机主机必须装有Office工具软件。启动顺序依次为：

开始→程序→Microsoft Excel（或开始→新建Office文档→空工作簿）

通过上述几步可调出Excel电子表格，然后将实验数据“配位体的摩尔分数”依次输入A列，对应的“吸光度A”依次输入B列，选中这两列数据（用鼠标抹黑），用鼠标点击工具栏中图表向导（或通过菜单栏中“插入→图表”），选择散点图，按提示即可得到所需图形。

注：用直线工具或添加趋势线绘出两条渐进直线。

实验23　主族元素化学（p区元素）

一、实验目的

1. 掌握p区元素某些单质的特性。
2. 掌握某些氧化物或氢氧化物的酸碱性。
3. 掌握某些含氧酸盐的热稳定性。
4. 掌握某些化合物的溶解性和水解反应。
5. 掌握某些化合物的氧化还原性质。

二、实验原理

周期系第ⅢA族到0族，元素原子的最后一个电子填充在p轨道上，这些元素称为p区元素。由于0族惰性气体元素电子层结构的特殊性，它们与其他p区元素在性质上有很大不同，一般不与p区元素一起讨论。

同一族p区元素的原子半径自上而下逐渐增大，它们获得电子的能力逐渐减小，元素的非金属性逐渐减弱，金属性逐渐增强。这些性质在第ⅢA族到ⅤA族元素中表现尤为突出。除ⅦA族外，同一族都由明显的非金属元素起，过渡到明显的金属元素止。

p区元素的价电子构型为$ns^2np^{1\sim5}$，除F元素外，一般呈现多种氧化态。第ⅢA族到ⅤA族元素其低氧化态的稳定性在同一族中自上而下增强，而其高氧化态的稳定性则逐渐减弱，高氧化态化合物表现出强的氧化性。

同一周期自左向右p区元素最高价氧化物及其水合物的酸性增强，碱性减弱；同一主族自上而下相同价态元素氧化物及其水合物，一般来说，酸性逐渐减弱，碱性逐渐增强。

位于元素周期表左下方的p区元素的金属氧化物及其水合物和硫化物，一般来说，难溶于水。

含氧酸盐中硝酸盐、氯酸盐都易溶于水，硫酸盐大部分溶于水，但 $SrSO_4$、$BaSO_4$ 和 $PbSO_4$ 等难溶于水，碳酸盐、磷酸盐大多数都难溶于水。易溶于水的盐类（除强酸强碱盐外）一般因水解而使溶液呈酸性或碱性。锡、锑、铋盐水解生成碱式盐沉淀。反应式如下：

$$SnCl_2 + H_2O \xlongequal{} Sn(OH)Cl\downarrow + HCl$$

$$SbCl_3 + H_2O \xlongequal{} SbOCl\downarrow + 2HCl$$

$$BiCl_3 + H_2O \xlongequal{} BiOCl\downarrow + 2HCl$$

许多含氧酸盐受热会发生分解反应。在常见的含氧酸盐中，磷酸盐、硅酸盐都比较稳定，它们在加热时一般不分解，但容易脱水缩合为多酸盐。比较不稳定的为硝酸盐及卤酸盐，碳酸盐和硫酸盐等居中。

氧化还原性是无机物的一个重要化学性质。p 区元素金属单质具有还原性。大多数非金属单质既具有氧化性又具有还原性，最高氧化态的含氧酸 HNO_3、H_2SO_4、$HClO_4$ 等都是强氧化剂。这些元素的最低氧化态化合物如 NH_3、H_2S 及 HCl 等为还原剂，而处于中间氧化态的 HNO_2、H_2O_2 及 H_2SO_3 等既是氧化剂又是还原剂。同一周期主族元素最高氧化态含氧酸的氧化性随原子序数递增而增强；同族主族元素最高氧化态含氧酸氧化性随原子序数增加而呈现锯齿形变化。同一元素不同氧化态的含氧酸中，低氧化态含氧酸氧化性较强，酸性介质中含氧酸氧化性大于碱性介质。

三、实验用品

仪器与材料：试管、离心试管、烧杯、酒精灯、pH 试纸、KI-淀粉试纸、离心机。

固体试剂：KI、KBr、MnO_2、$SbCl_3$、$Bi(NO_3)_3$、$KClO_3$、$(NH_4)_2S_2O_8$、$NaBiO_3$、PbO_2、$SnCl_2\cdot 2H_2O$、$CaCl_2$、$CuCl_2\cdot 2H_2O$、$CoCl_2\cdot 6H_2O$、$NiCl_2\cdot 6H_2O$、$MnCl_2\cdot 4H_2O$、$ZnCl_2$、$FeCl_3\cdot 6H_2O$、活性炭、硫黄、铝片。

酸碱溶液：HCl($2.0mol\cdot L^{-1}$，$6.0mol\cdot L^{-1}$，浓)，H_2SO_4($1.0mol\cdot L^{-1}$，$3.0mol\cdot L^{-1}$，浓)，HNO_3($2.0mol\cdot L^{-1}$，$6.0mol\cdot L^{-1}$，浓)，NaOH($2.0mol\cdot L^{-1}$，$6.0mol\cdot L^{-1}$)，$NH_3\cdot H_2O$($2.0mol\cdot L^{-1}$，$6.0mol\cdot L^{-1}$，浓)。

盐溶液：$NaNO_2$($0.1mol\cdot L^{-1}$，饱和)，KI($0.1mol\cdot L^{-1}$)，NaCl($0.1mol\cdot L^{-1}$)，KBr($0.1mol\cdot L^{-1}$)，Na_2SO_3($0.1mol\cdot L^{-1}$)，$Na_2S_2O_3$($0.1mol\cdot L^{-1}$)，Na_2CO_3($0.1mol\cdot L^{-1}$)，Na_2S($0.1mol\cdot L^{-1}$，$1mol\cdot L^{-1}$)，Na_3PO_4($0.1mol\cdot L^{-1}$)，Na_2HPO_4($0.1mol\cdot L^{-1}$)，NaH_2PO_4($0.1mol\cdot L^{-1}$)，K_2CrO_4($0.1mol\cdot L^{-1}$)，$KMnO_4$($0.01mol\cdot L^{-1}$)，$CaCl_2$($0.1mol\cdot L^{-1}$)，$BaCl_2$($0.1mol\cdot L^{-1}$)，Na_2SiO_3(20%)，$SnCl_2$($0.1mol\cdot L^{-1}$)，$Pb(NO_3)_2$($0.1mol\cdot L^{-1}$)，$AgNO_3$($0.1mol\cdot L^{-1}$)，$MnSO_4$($0.1mol\cdot L^{-1}$)，$ZnSO_4$($0.1mol\cdot L^{-1}$)，$CdSO_4$($0.1mol\cdot L^{-1}$)，$CuSO_4$($0.1mol\cdot L^{-1}$)，$FeCl_3$($0.1mol\cdot L^{-1}$)，$SbCl_3$($0.1mol\cdot L^{-1}$)，$Bi(NO_3)_3$($0.1mol\cdot L^{-1}$)，KIO_3($0.1mol\cdot L^{-1}$)，$K_3[Fe(CN)_6]$($0.1mol\cdot L^{-1}$)，NH_4Cl(饱和)。

其他试剂：氯水（新配制），溴水，碘水，H_2S（饱和，新配制），CCl_4，品红溶液，淀粉溶液（新配制）。

四、实验内容

1. 单质的性质

(1) 卤素单质的性质

① 取 1 支试管，加入 3 滴 $0.1mol\cdot L^{-1}$ KBr 溶液和 5 滴 CCl_4 后，滴加氯水，边滴加边振荡，观察水和 CCl_4 层的颜色变化，解释现象。

② 取 1 支试管，加入 3 滴 0.1mol·L^{-1} KI 溶液和 5 滴 CCl_4 后，滴加氯水，边滴加边振荡，观察水和 CCl_4 层的颜色变化，解释现象。

③ 取 1 支试管，加入 3 滴 0.1mol·L^{-1} KI 溶液和 5 滴 CCl_4 后，滴加溴水，边滴加边振荡，观察水和 CCl_4 层的颜色变化，解释现象。

根据以上实验结果，比较 Cl_2、Br_2、I_2 氧化性强弱，并写出反应方程式。

④ 取 1 支试管加入 5 滴 0.1mol·L^{-1} KBr 溶液，1 滴 0.1mol·L^{-1} KI 溶液和数滴 CCl_4，混匀后，逐滴加入氯水，同时振荡试管，仔细观察 CCl_4 层中先后出现的颜色，写出反应方程式。

⑤ 溴和碘的歧化反应：取 1 支试管加入 1 滴溴水，再滴入 1 滴 2mol·L^{-1} NaOH 溶液，振荡，有何现象发生。再加入 2 滴 2mol·L^{-1} HCl 溶液，又有何现象，写出反应式。用碘水代替溴水，进行上述实验。写出反应方程式并解释之。

(2) 碳的吸附作用（在溶液中对溶质的吸附）

① 取 1 支试管加入 1mL 品红溶液，再加入一小匙活性炭，振荡试管，放置片刻，等活性炭沉积下来后，观察溶液的颜色变化，解释现象。

② 在离心试管中加 0.1mol·L^{-1} $Pb(NO_3)_2$ 溶液 1 滴，加水 5mL，混合均匀，分成两份。在其中一支离心试管中加入 0.1mol·L^{-1} K_2CrO_4 溶液 2 滴，观察现象；在另一支离心试管中加入一小匙活性炭，摇匀，离心分离，取上层清液，加入 0.1mol·L^{-1} K_2CrO_4 溶液 2 滴，观察现象。通过比较，说明活性炭的作用。

(3) 金属铝的性质

取 3 支试管各放入一小块铝片，试管 1 中加水 1mL，试管 2 中加 2mol·L^{-1} HCl 1mL，试管 3 中加 2mol·L^{-1} NaOH 1mL，观察现象。若无明显现象，小火加热。解释现象并写出反应方程式。

2. 化合物的酸碱性

(1) 锡(Ⅱ)、铅(Ⅱ)氢氧化物的生成和酸碱性

① 在离心试管中加 0.1mol·$L^{-1}$$SnCl_2$ 溶液 1mL，逐滴加入 2mol·L^{-1}NaOH 溶液至刚好有白色沉淀生成，离心分离，弃去清液。沉淀中加水 10 滴，搅匀后，用滴管吸取一半，移入另一离心试管。一支加入 6mol·L^{-1} NaOH ，另一支加入 6mol·L^{-1} HCl，分别实验该沉淀对稀酸、稀碱的作用。

② 参照①的实验步骤制备 $Pb(OH)_2$ 沉淀，并试验其酸碱性（注意试验碱性时应该用什么酸?）。

(2) 锑(Ⅲ)、铋(Ⅲ)氢氧化物的生成和酸碱性

① 在离心试管中加 0.1mol·$L^{-1}$$SbCl_3$ 溶液 1mL，逐滴加入 2mol·L^{-1}NaOH 溶液至刚好有白色沉淀生成，离心分离，弃去清液。沉淀中加水 10 滴，搅匀后，用滴管吸取一半，移入另一离心试管。一支加入 6mol·L^{-1} NaOH ，另一支加入 6mol·L^{-1} HCl，分别试验该沉淀对稀酸、稀碱的作用。

② 参照①的实验步骤制备 $Bi(OH)_3$ 沉淀，并试验其酸碱性。

根据以上实验结果，比较锡(Ⅱ)、铅(Ⅱ)和锑(Ⅲ)、铋(Ⅲ)的氢氧化物的酸碱性，并指出它们的变化规律，写出反应方程式。

3. 含氧酸盐的热稳定性和分解反应

(1) 氯酸钾的热分解

取适量 $KClO_3$ 固体于干燥试管中，加少量 MnO_2(s)，混合均匀，酒精灯加热（如何加热?），检验是否有氧气生成（如何检验?），写出反应方程式。

(2) 硫代硫酸的生成和分解

在试管中加入 0.1mol·L^{-1} $Na_2S_2O_3$ 溶液 1mL，再加入 2mol·L^{-1}HCl溶液数滴，振荡均匀，观察现象，写出反应方程式。

(3) 亚硝酸的生成和分解

把盛有 10 滴饱和 $NaNO_2$ 溶液的试管置于冰水中冷却，再加入约 10 滴 3.0mol·L^{-1} H_2SO_4 溶液，混合均匀，观察亚硝酸的生成及颜色。然后将试管自冰水中取出并放置一段时间，观察亚硝酸在室温下迅速分解，写出反应方程式。

4. 化合物的溶解性

(1) 硫化物的溶解性

① 取 3 支离心试管，第一支加入 5 滴 0.1mol·L^{-1} $ZnSO_4$，第二支加入 5 滴 0.1mol·L^{-1} $CdSO_4$，第三支加入 5 滴 0.1mol·L^{-1} $CuSO_4$，然后分别在每支试管中加入几滴饱和 H_2S 水溶液，观察产生沉淀的颜色，写出反应方程式。分别将沉淀离心分离，弃去清液。现有 2mol·L^{-1} HCl，6mol·L^{-1} HCl，6mol·L^{-1} HNO_3，试检验上述三种沉淀与酸反应的情况。记录实验现象并写出反应方程式。

② 往盛有 1mL 0.1mol·$L^{-1}$$SbCl_3$ 溶液的离心试管中，加入饱和硫化氢水溶液至沉淀生成。观察沉淀的颜色，离心分离，弃去清液，沉淀中加入 1mol·L^{-1} Na_2S 溶液 10 滴，搅拌，观察沉淀是否溶解。若溶解，再加入 6mol·L^{-1} HCl 酸化，观察有何变化，写出反应方程式。

用 0.1mol·L^{-1} $Bi(NO_3)_3$ 溶液代替 $SbCl_3$，重复上述实验，观察有何不同？

从实验结果比较金属硫化物的溶解性。

(2) 水解反应

① 取少量 $SnCl_2 \cdot 2H_2O$ 晶体溶于 1mL 水中，观察现象，测定溶液的 pH。

② 取 2 支试管分别加入少量 $SbCl_3(s)$ 和 $Bi(NO_3)_3(s)$，加水溶解，观察现象，测定溶液的 pH。然后滴加 6mol·L^{-1} HCl 溶液，观察现象。解释现象并写出反应方程式。

(3) 沉淀反应

① 铅(Ⅱ)的难溶盐

取 3 支试管各加入 0.1mol·L^{-1} $Pb(NO_3)_2$ 溶液 1mL，再分别加入 2mol·L^{-1} HCl 溶液、0.1mol·L^{-1} K_2CrO_4 溶液和 1mol·L^{-1} H_2SO_4 溶液数滴，摇匀，观察各试管发生的现象，写出反应方程式。

② 正磷酸盐的性质

取 3 支试管，分别加入 1mL 0.1mol·L^{-1}的 Na_3PO_4 溶液、0.1mol·$L^{-1}$$Na_2HPO_4$ 溶液和 0.1mol·L^{-1} NaH_2PO_4 溶液，然后在每支试管中各加入 5 滴 0.1mol·L^{-1} $CaCl_2$ 溶液，观察有无沉淀产生？然后各加入 2mol·L^{-1}氨水使呈碱性，观察有何变化？再分别加入 2mol·L^{-1} HCl 使呈酸性，观察又有何变化？

通过实验，比较三种磷酸钙盐的溶解度大小，指出它们之间相互转化的条件，写出反应方程式。

③ 硅酸盐花园

在 100mL 的小烧杯中，加入约 50mL 20%的硅酸钠溶液（最好用市售水玻璃溶液），然后依次加入一小粒 $CaCl_2$、$CuCl_2 \cdot 2H_2O$、$CoCl_2 \cdot 6H_2O$、$NiCl_2 \cdot 6H_2O$、$MnCl_2 \cdot 4H_2O$、$ZnCl_2$、$FeCl_3 \cdot 6H_2O$（注意各固体之间保持一定间隔），隔一小时后，观察现象。

5. 氧化还原性

(1) ⅦA 族元素的氧化还原性

① 次氯酸盐的氧化性

取 2mL 氯水于试管中，逐滴加入 $2mol \cdot L^{-1}$ NaOH 溶液至碱性（用 pH 试纸检查），用此溶液进行以下三个实验。在试管 1 中加入上述溶液 0.5mL，再加入浓 HCl 5～6 滴，摇匀，用湿润的 KI-淀粉试纸检验产生的气体，写出反应方程式；在试管 2 中加入 $0.1mol \cdot L^{-1}$ KI 溶液和淀粉溶液各 4 滴，然后逐滴加入上述配制的 NaClO 溶液，观察现象，写出反应方程式；在试管 3 中加入所制的 NaClO 溶液 0.5mL，滴加数滴品红溶液，边加边摇，观察品红颜色是否褪去。

② 氯酸盐的氧化性

a. 取少量 $KClO_3$ 固体于试管中，滴入 4 滴浓 HCl，用湿润的 KI-淀粉试纸检验产生的气体，写出反应方程式。

b. 在试管中加入 $0.1mol \cdot L^{-1}$ KI 溶液 5 滴和 CCl_4 溶液 5 滴，再加入少量 $KClO_3$ 固体，振荡试管，观察有何现象。再用 $3mol \cdot L^{-1}$ H_2SO_4 酸化，并不断振荡试管，观察溶液颜色的变化，写出每步反应方程式。

③ 碘酸盐的氧化性

在试管中加入 5 滴 $0.1mol \cdot L^{-1}$ Na_2SO_3 溶液，再加入 2 滴 $3mol \cdot L^{-1}$ H_2SO_4 和 1 滴淀粉溶液，然后逐滴加入 $0.1mol \cdot L^{-1}$ KIO_3 溶液，边加边振荡，观察现象，写出反应方程式。

(2) ⅥA 族元素的氧化还原性

① H_2O_2 的氧化还原性

a. H_2O_2 的氧化性：在试管中加入 5 滴 $0.1mol \cdot L^{-1}$ KI 溶液和几滴 CCl_4 溶液，加 $1mol \cdot L^{-1}$ H_2SO_4 溶液酸化，摇匀，逐滴加入 3% H_2O_2 溶液，振荡试管，观察现象，写出反应方程式。

b. H_2O_2 的还原性：在试管中加入 1 滴 $0.01mol \cdot L^{-1}$ $KMnO_4$ 溶液和 9 滴水，再加 3 滴 $1mol \cdot L^{-1}$ H_2SO_4 溶液酸化，然后边振荡边滴加 3% H_2O_2 溶液，观察现象，写出反应方程式。

② H_2SO_3 的氧化还原性

a. 取 $0.1mol \cdot L^{-1}$ Na_2SO_3 溶液 1mL，加 $1mol \cdot L^{-1}$ H_2SO_4 溶液 3 滴，摇匀，将溶液分成两份。一份加 $0.01mol \cdot L^{-1}$ $KMnO_4$ 溶液 1～2 滴，观察现象，写出反应方程式。另一份加饱和 H_2S 溶液 5～6 滴，观察现象，写出反应方程式。

b. 取 $0.1mol \cdot L^{-1}$ Na_2SO_3 溶液 1mL，加 $1mol \cdot L^{-1}$ H_2SO_4 溶液酸化，摇匀，加品红溶液 2 滴，观察现象，加热，再观察现象。

(3) ⅤA 族元素的氧化还原性

① 亚硝酸的氧化还原性

a. 在试管中加入 10 滴 $0.1mol \cdot L^{-1}$ $NaNO_2$ 溶液，再加入 2 滴 $0.1mol \cdot L^{-1}$ KI 溶液，摇匀，观察现象。再滴加 $3mol \cdot L^{-1}$ H_2SO_4 溶液 2 滴，观察现象，写出反应方程式。

b. 在试管中加入 10 滴 $0.1mol \cdot L^{-1}$ $NaNO_2$ 溶液，再加入 2 滴 $0.01mol \cdot L^{-1}$ $KMnO_4$ 溶液，观察现象。再滴加 $3mol \cdot L^{-1}$ H_2SO_4 溶液 2 滴，观察现象，写出反应方程式。

② 硝酸的氧化性

取少量硫黄粉于试管中，加浓 HNO_3 1mL，振荡，加热至沸（在通风橱中），静置冷却一会，将清液吸至另一干净试管中，加水 10 滴，再加 $0.1mol \cdot L^{-1}$ $BaCl_2$ 溶液 2～3 滴，振荡试管，观察现象，得出结论，写出反应方程式。

③ 铋(Ⅲ)的还原性和铋(Ⅴ)的氧化性

a. 在离心试管中加入0.1mol·L^{-1} $Bi(NO_3)_3$溶液1mL，再加入6mol·L^{-1} NaOH溶液使呈碱性，加氯水5～6滴，摇匀后在水浴上加热，观察现象。离心分离，弃去溶液，在沉淀中加浓HCl，搅匀后用KI-淀粉试纸检验产生的气体，对实验现象进行解释，写出反应方程式。

b. 在试管中加0.1mol·L^{-1} $MnSO_4$溶液1滴，水9滴，3mol·L^{-1} H_2SO_4溶液2滴，摇匀，加少量$NaBiO_3$固体，水浴上加热片刻，观察溶液颜色的变化，写出反应方程式。

(4) ⅣA族元素的氧化还原性

① 锡(Ⅱ)的还原性

取10滴0.1mol·L^{-1} $FeCl_3$溶液，加0.1mol·L^{-1} $SnCl_2$溶液5～6滴，振荡均匀，取出1滴混合液于点滴板上，加0.1mol·L^{-1} $K_3[Fe(CN)_6]$溶液检验是否有Fe^{2+}生成，写出反应方程式。

② 铅(Ⅳ)的氧化性

a. 取少量PbO_2固体，加浓HCl，用KI-淀粉试纸检验产生的气体，写出反应方程式。

b. 取0.1mol·L^{-1} $MnSO_4$溶液1滴，水9滴，加6mol·L^{-1} HNO_3 4滴，摇匀，加少量PbO_2固体，观察上层溶液颜色变化，写出反应方程式。

五、预习内容

1. 查出本实验的所有反应方程式。

2. 实验中遇到氯气、溴水、NO_2、H_2S等有害有毒物质时，应怎样进行防护？

六、思考题

1. 归纳锡、铅、锑、铋的化合物高、低氧化态之间的酸碱性、氧化还原性递变规律。

2. 硝酸的还原产物与哪些因素有关？

实验24 常见阴离子的分离、鉴定

一、实验目的

1. 熟悉常见阴离子的有关分析特性。

2. 掌握常见阴离子的分离、鉴定原理和方法。

二、实验原理

ⅢA族到ⅦA族的22种非金属元素在形成化合物时常常生成阴离子，阴离子可分为简单阴离子和复杂阴离子，简单阴离子只含有一种非金属元素，复杂阴离子是由两种或两种以上元素构成的酸根或配离子。形成阴离子的元素虽然不多，但是同一元素常常不止形成一种阴离子。例如：由S就可以构成S^{2-}、SO_3^{2-}、SO_4^{2-}、$S_2O_3^{2-}$、$S_2O_8^{2-}$等常见的阴离子；由N也可以构成NO_3^-、NO_2^-等，存在形式不同，性质各异，所以分析结果要求知道元素及其存在形式。

大多数阴离子在分析鉴定中彼此干扰较少，而且可能共存的阴离子不多，许多阴离子还有特效反应，故常采用分别分析法。只有当先行推测或检出某些离子有干扰时才可适当地进行掩蔽或分离。

在进行混合阴离子的分析鉴定时，一般是利用阴离子的分析特性进行初步试验，确定离子存在的可能范围，然后进行个别离子的鉴定。阴离子的分析特性主要有：

(1) 低沸点酸和易分解酸的阴离子与酸作用放出气体或产生沉淀，利用产生气体的物理化学性质（表 3-2），可初步推断阴离子 CO_3^{2-}、SO_3^{2-}、$S_2O_3^{2-}$、S^{2-}、NO_2^- 是否存在。

表 3-2 阴离子与酸反应的现象与推断

观察到的现象(有气泡产生)			可能的结果		备注
气体的颜色	气体的气味	发生气体的性质	气体组成	存在的阴离子	
无色	无臭	发生气体时产生嗞嗞声，并使石灰水变浑浊	CO_2	CO_3^{2-}	SO_2 也能使石灰水变浑浊
无色	窒息性燃硫味	使 I_2-淀粉溶液或稀 $KMnO_4$ 溶液褪色	SO_2	SO_3^{2-} $S_2O_3^{2-}$(同时析出 S)	H_2S 也能使 I_2-淀粉溶液或稀 $KMnO_4$ 溶液褪色
无色	腐蛋气味	使 $Pb(Ac)_2$ 试纸变黑色	H_2S	S^{2-}	
棕色	刺激性臭味		NO NO_2	NO_2^-	

(2) 除碱金属盐和 NO_3^-、ClO_3^-、ClO_4^-、Ac^- 等阴离子形成的盐易溶解外，其余的盐类大多数是难溶的。目前一般多采用钡盐和银盐的溶解性差别，将常见 15 种阴离子分为 3 组，见表 3-3。由此可确定整组离子是否存在。

(3) 除 Ac^-、CO_3^{2-}、SO_4^{2-} 和 $PO_4{}^{3-}$ 外，绝大多数阴离子具有不同程度的氧化还原性，在溶液中可能相互作用，改变离子原来的存在形式。在酸性溶液中，强还原性的阴离子 SO_3^{2-}、$S_2O_3^{2-}$、S^{2-} 可被 I_2 氧化。利用加入 I_2-淀粉溶液后是否褪色，可判断这些阴离子是否存在。用强氧化剂 $KMnO_4$ 与之作用，若红色消失，还可能有 Br^-、I^- 弱还原性阴离子存在。如红色不消失，则上述还原性阴离子都不存在。Cl^- 的还原性更弱，只有在 Cl^- 和 H^+ 浓度较大时，Cl^- 才能将 $KMnO_4$ 还原。

表 3-3 常见 15 种阴离子的分组

组别	组试剂	组内阴离子	特　征
第一组	$BaCl_2$(中性或弱碱性)	CO_3^{2-}、SO_4^{2-}、SO_3^{2-}、$S_2O_3^{2-}$、SiO_3^{2-}、PO_4^{3-}、AsO_4^{3-}、AsO_3^{3-}(浓溶液中析出)	钡盐难溶于水(除 $BaSO_4$ 外其他钡盐溶于酸)；银盐溶于 HNO_3
第二组	$AgNO_3$(稀、冷 HNO_3)	Cl^-、Br^-、I^-、S^{2-}	银盐难溶于水和稀 HNO_3(Ag_2S 溶于热 HNO_3)
第三组	无组试剂	NO_2^-、NO_3^-、Ac^-	钡盐和银盐都溶于水

在酸性溶液中氧化性阴离子 NO_2^- 可氧化 I^- 成为 I_2，使淀粉溶液变蓝，用 CCl_4 萃取后，CCl_4 层呈现紫红色，而 NO_3^- 只有浓度大时才有类似反应。AsO_4^{3-} 氧化 I^- 成为 I_2 的反应是可逆的，若在中性或弱碱性时 I_2 能氧化 AsO_3^{3-} 生成 AsO_4^{3-}。

根据以上阴离子的分析特性进行初步试验，可以对试液中可能存在的阴离子作出判断，然后根据存在离子性质的差异和特征反应进行分别鉴定。

常见 15 种阴离子的初步试验步骤及反应概况列于表 3-4 中。

表 3-4 常见 15 种阴离子的初步试验

试剂 / 结果 / 阴离子	发生气体或沉淀试验（稀 H_2SO_4）	$BaCl_2$（中性或弱碱性）	$AgNO_3$（稀 NHO_3）	还原性阴离子试验		氧化性阴离子试验 KI（稀 H_2SO_4，CCl_4）
				I_2-淀粉（稀 H_2SO_4）	$KMnO_4$（稀 H_2SO_4）	
SO_4^{2-}		+				
SO_3^{2-}	+	+		+	+	
$S_2O_3^{2-}$	+	(+)	+	+	+	
CO_3^{2-}	+	+				
PO_4^{3-}		+				
AsO_4^{3-}		+				+
AsO_3^{3-}		(+)			+	
SiO_3^{2-}	(+)	+				
Cl^-			+		(+)	
Br^-			+		+	
I^-			+		+	
S^{2-}	+		+	+	+	
NO_2^-	+				+	+
NO_3^-						(+)
Ac^-	+					

注："+"为有反应现象；"(+)"为试验现象不明显，只有阴离子浓度大时才发生反应。

三、实验用品

仪器与材料：试管、离心试管、烧杯、点滴板、酒精灯、pH 试纸、KI-淀粉试纸、$Pb(Ac)_2$试纸、离心机。

固体试剂：$PbCO_3$、$NaNO_2$、$FeSO_4 \cdot 7H_2O$、锌粉。

酸碱溶液：HCl(2.0mol·L^{-1}，6.0mol·L^{-1}，浓)，H_2SO_4(1.0mol·L^{-1}，3.0mol·L^{-1}，6.0mol·L^{-1}，浓)，HNO_3(2.0mol·L^{-1}，6.0mol·L^{-1}，浓)，NaOH(2.0mol·L^{-1}，6.0mol·L^{-1})，$NH_3 \cdot H_2O$(2.0mol·L^{-1}，6.0mol·L^{-1}，浓)。

盐溶液：$NaNO_2$(0.1mol·L^{-1})，$NaNO_3$(0.1mol·L^{-1})，KI(0.1mol·L^{-1})，NaCl(0.1mol·L^{-1})，KBr(0.1mol·L^{-1})，Na_2SO_3(0.1mol·L^{-1})，$Na_2S_2O_3$(0.1mol·L^{-1})，Na_2CO_3(0.1mol·L^{-1})，Na_2S(0.1mol·L^{-1})，Na_2SO_4(0.1mol·L^{-1})，$AgNO_3$(0.1mol·L^{-1})，$(NH_4)_2MoO_4$(0.1mol·L^{-1})，$KMnO_4$(0.01mol·L^{-1})，$BaCl_2$(0.1mol·L^{-1})，$K_4[Fe(CN)_6]$(0.1mol·L^{-1})，$ZnSO_4$(饱和)。

其他试剂：$Na_2[Fe(CN)_5NO]$ 溶液（5%）、氯水（新配制）、I_2-淀粉溶液、CCl_4、对氨基苯磺酸（1%）、α-萘胺（0.4%）。

四、实验内容

1. 阴离子的初步试验

(1) 酸碱性试验

对于混合阴离子试液，首先用 pH 试纸测定其酸碱性，若试液呈强酸性，则低沸点酸或易分解酸的阴离子如 CO_3^{2-}、SO_3^{2-}、$S_2O_3^{2-}$、S^{2-}、NO_2^- 等不存在。若为中性或弱碱性，则继续以下试验。

（2）挥发性试验

待检阴离子：SO_3^{2-}、CO_3^{2-}、$S_2O_3^{2-}$、S^{2-}、NO_2^-。

在 5 支试管中分别滴加 SO_3^{2-}、CO_3^{2-}、$S_2O_3^{2-}$、S^{2-}、NO_2^- 的试液 3～4 滴，再加入 3.0mol・L^{-1} H_2SO_4 溶液 2 滴，用手指轻敲试管的下端，必要时在水浴中微热，观察微小气泡的产生，颜色及溶液是否变浑。如何检验产生的 SO_2、CO_2、H_2S 和 NO_2 气体？写出反应方程式。由此可判断这些阴离子是否存在。

（3）沉淀试验

① 与 $BaCl_2$ 的反应

待检阴离子：SO_4^{2-}、PO_4^{3-}、SO_3^{2-}、CO_3^{2-}、$S_2O_3^{2-}$。

在 5 支离心试管中分别滴加 SO_4^{2-}、PO_4^{3-}、SO_3^{2-}、CO_3^{2-}、$S_2O_3^{2-}$ 的试液 3～4 滴，然后滴加 0.1mol・L^{-1}的 $BaCl_2$ 溶液 3～4 滴，观察沉淀的生成。离心分离，试验沉淀在 6.0mol・L^{-1} HCl 溶液中的溶解性。解释现象并写出反应方程式。

② 与 $AgNO_3$ 的反应

待检阴离子：Cl^-、Br^-、I^-、SO_4^{2-}、PO_4^{3-}、SO_3^{2-}、CO_3^{2-}、S^{2-}、$S_2O_3^{2-}$。

在 9 支试管中分别滴加 Cl^-、Br^-、I^-、SO_4^{2-}、PO_4^{3-}、SO_3^{2-}、CO_3^{2-}、S^{2-}、$S_2O_3^{2-}$ 的试液 3～4 滴，再滴加 0.1mol・L^{-1}的 $AgNO_3$ 溶液 3～4 滴，观察沉淀的生成与颜色的变化（$Ag_2S_2O_3$ 刚生成时为白色，迅速变黄→棕→黑）。然后用 6.0mol・L^{-1} HNO_3 溶液酸化，观察哪些沉淀不溶于 HNO_3（若 S^{2-} 和 $S_2O_3^{2-}$ 生成的沉淀不溶解，可加热后再观察）。写出反应方程式。

（4）氧化还原性的试验

① 氧化性试验

待检阴离子：NO_2^-、NO_3^-。

在 2 支试管中分别滴加 NO_2^-、NO_3^- 试液 10 滴，用 3.0mol・L^{-1} H_2SO_4 溶液酸化后，加 CCl_4 10 滴和 0.1mol・L^{-1} KI 溶液 5 滴，振荡试管，观察现象，写出反应方程式。

② 还原性试验

a. I_2-淀粉试验

待检阴离子：SO_3^{2-}、S^{2-}、$S_2O_3^{2-}$。

在 3 支试管中分别滴加 SO_3^{2-}、S^{2-}、$S_2O_3^{2-}$ 的试液 3～4 滴，用 1.0mol・L^{-1} H_2SO_4 溶液酸化后，滴加 I_2-淀粉溶液 2 滴，观察现象，写出反应方程式。

b. $KMnO_4$ 试验

待检阴离子：Cl^-、Br^-、I^-、SO_3^{2-}、S^{2-}、$S_2O_3^{2-}$、NO_2^-。

在 7 支试管中分别滴加 Cl^-、Br^-、I^-、SO_3^{2-}、S^{2-}、$S_2O_3^{2-}$、NO_2^- 的试液 3～4 滴，用 1.0mol・L^{-1} H_2SO_4 溶液酸化后，滴加 0.01mol・L^{-1}的 $KMnO_4$ 溶液 2 滴，振荡试管，观察现象，写出反应方程式。

根据初步试验结果，可推断出混合液可能存在的离子，然后进行分别鉴定。

2. 常见阴离子的鉴定

（1）Cl^- 的鉴定

在离心试管中加 5 滴 0.1mol・L^{-1} NaCl 溶液，再加入 1 滴 6mol・L^{-1} HNO_3，振荡试

管，加入5滴0.1mol·L^{-1} $AgNO_3$，观察沉淀的颜色。然后离心沉降后，弃去清液，并在沉淀中加入数滴6mol·L^{-1} $NH_3 \cdot H_2O$，振荡后，观察沉淀溶解，然后再加入6mol·L^{-1} HNO_3，又有白色沉淀析出，就证明Cl^-的存在。

(2) Br^-的鉴定

取2滴0.1mol·L^{-1} KBr溶液于试管中，加入1滴1mol·L^{-1} H_2SO_4和5滴CCl_4，然后加入氯水，边加边摇，若CCl_4层出现棕色或黄色，表示有Br^-存在。

(3) I^-的鉴定

取2滴0.1mol·L^{-1} KI溶液于试管中，加入1滴1mol·L^{-1} H_2SO_4和5滴CCl_4，然后加入氯水，边加边摇，若CCl_4层出现紫色，再加氯水，紫色褪去，变成无色，表示有I^-存在。

(4) S^{2-}的鉴定

① 取0.1mol·L^{-1} Na_2S溶液5滴于试管中，加数滴2.0mol·L^{-1} HCl溶液，若产生的气体使$Pb(Ac)_2$试纸变黑，则表示有S^{2-}存在。

② 在点滴板上滴2滴0.1mol·L^{-1} Na_2S溶液，加2滴亚硝酰铁氰化钠（$Na_2[Fe(CN)_5NO]$）溶液，若溶液显示特殊的红紫色，则表示有S^{2-}存在。

(5) SO_3^{2-}的鉴定

① 取0.1mol·L^{-1} Na_2SO_3溶液5滴于试管中，加3滴I_2-淀粉溶液，用2.0mol·L^{-1} HCl溶液酸化，若蓝紫色褪去，则表示有SO_3^{2-}存在（但试液中要保证无S^{2-}和$S_2O_3^{2-}$，否则会干扰）。

② 在点滴板上滴1滴饱和$ZnSO_4$溶液，加1滴0.1mol·L^{-1} $K_4[Fe(CN)_6]$溶液，即有白色沉淀产生，继续加1滴$Na_2[Fe(CN)_5NO]$，1滴0.1mol·L^{-1} Na_2SO_3溶液，用稀氨水调节溶液为中性，白色沉淀转化为红色沉淀，表示有SO_3^{2-}存在（试液中有S^{2-}会干扰鉴定）。

(6) $S_2O_3^{2-}$的鉴定

① 在点滴板上滴2滴0.1mol·L^{-1} $Na_2S_2O_3$溶液，加2～3滴0.1mol·L^{-1} $AgNO_3$溶液，观察沉淀颜色的变化（白—黄—棕—黑）。利用$Ag_2S_2O_3$分解时颜色的变化可以鉴定$S_2O_3^{2-}$的存在。

② 取0.1mol·L^{-1} $Na_2S_2O_3$溶液5滴于试管中，加2.0mol·L^{-1} HCl溶液数滴（若现象不明显，可适当加热），若溶液变浑浊，则表示有$S_2O_3^{2-}$存在。

(7) SO_4^{2-}的鉴定

取0.1mol·L^{-1} Na_2SO_4溶液5滴于试管中，加6.0mol·L^{-1} HCl溶液2滴，再加入0.1mol·L^{-1} $BaCl_2$溶液2滴，若有白色沉淀产生，则表示有SO_4^{2-}存在。

(8) NO_2^-的鉴定

取5滴0.1mol·L^{-1} $NaNO_2$溶液于试管中，加入几滴6mol·L^{-1} HAc，再加入1滴对氨基苯磺酸和1滴α-萘胺，溶液呈粉红色。当NO_2^-浓度大时，粉红色很快褪去，生成黄色或褐色溶液。则表示有NO_2^-存在。

(9) NO_3^-的鉴定

取10滴0.1mol·L^{-1} $NaNO_3$溶液于试管中，加入1～2小粒$FeSO_4$晶体，振荡试管，待固体溶解后，将试管斜持，沿试管内壁加8～10滴浓H_2SO_4（注意不要摇晃试管），加入时使液流成线连续加入，以便迅速沉底后分层。观察浓H_2SO_4和溶液两个液层交界处有无棕色环出现。如有棕色环出现，证明有NO_3^-存在。

(10) PO_4^{3-} 的鉴定

取含 PO_4^{3-} 的试液（可以是 Na_3PO_4、Na_2HPO_4、NaH_2PO_4、H_3PO_3 等溶液）3 滴于试管中，加入 6 滴 6mol·L^{-1} HNO_3 溶液和 10 滴 0.1mol·L^{-1}的 $(NH_4)_2MoO_4$ 溶液，微热（必要时用玻璃棒摩擦试管壁），若生成黄色沉淀，表示有 PO_4^{3-} 存在。

3. 阴离子混合液的鉴定设计实验

(1) SO_4^{2-}、SO_3^{2-}、S^{2-}、Cl^- 的混合液的鉴定。

(2) SO_4^{2-}、PO_4^{3-}、I^-、Br^- 的混合液的鉴定。

(3) CO_3^{2-}、PO_4^{3-}、SO_3^{2-}、$S_2O_3^{2-}$ 的混合液的鉴定。

(4) CO_3^{2-}、Cl^-、NO_3^-、Br^- 的混合液的鉴定。

以上几组混合液，由教师分发给学生选做。各组中的阴离子可能全部存在或部分存在，请根据实验室提供的试剂，设计合理方案，将它们一一鉴别出来。

五、注意事项

1. 离子鉴定所用试液取量应适当，一般取 3～10 滴为宜，过多或过少对分离鉴定均有一定影响。

2. 利用沉淀分离时，沉淀剂的浓度和用量应适量，以保证被沉淀离子沉淀完全。但又不是越多越好，若用量太多，会引起较强盐效应，反而增大沉淀的溶解度。

3. 分离后的沉淀应用去离子水洗涤，以保证分离效果。

六、预习内容

1. 根据本实验原理，写出混合阴离子初步试验的合理步骤。

2. 写出本实验中初步试验部分的相关反应方程式。

3. 选取一组混合阴离子试液，制定合理的鉴定方案。

七、思考题

1. 通过初步试验，还有哪几种阴离子仍不能作出是否存在的肯定性判断？

2. 一个能溶于水的混合物，已检出含有 Ba^{2+}和 Ag^+，下列阴离子中，哪几种可不必鉴定？

$$SO_3^{2-}、Cl^-、NO_3^-、SO_4^{2-}、CO_3^{2-}、I^-$$

3. 对于几组酸性未知液，鉴定后给出了以下结果：

(1) Fe^{3+}、Na^+、SO_4^{2-}、NO_2^-；

(2) K^+、I^-、SO_4^{2-}、NO_2^-；

(3) Na^+、Zn^{2+}、SO_4^{2-}、NO_3^-、Cl^-；

(4) Ba^{2+}、Al^{3+}、Cu^{2+}、NO_3^-、CO_3^{2-}。

试判断上述哪些分析结果的报告合理？试说明理由。

4. 某阴离子未知液经初步试验结果如下：

(1) 试液呈酸性时无气体产生；

(2) 酸性溶液中加 $BaCl_2$ 溶液无沉淀产生；

(3) 加入稀硝酸溶液和 $AgNO_3$ 溶液产生黄色沉淀；

(4) 酸性溶液中加入 $KMnO_4$，紫色褪去，加入 I_2-淀粉溶液，蓝色不褪去；

(5) 与 KI 无反应

根据以上初步试验结果，推断哪些阴离子可能存在，哪些阴离子不存在？拟出进一步鉴定的实验方案。

实验25 过渡元素化学（一）（铜、银、锌、镉、汞）

一、实验目的

1. 掌握铜、银、锌、镉、汞氢氧化物（或氧化物）的酸碱性及稳定性。
2. 掌握铜、银、锌、镉、汞硫化物的溶解性。
3. 掌握铜、银、锌、镉、汞的重要配合物的性质。
4. 掌握 Cu(Ⅱ)、Ag(Ⅰ) 的氧化性。

二、实验原理

Cu、Ag 为ⅠB族元素，Zn、Cd、Hg 为ⅡB族元素，在周期表中属 ds 区。价电子构型为 $(n-1)d^{10}ns^{1\sim2}$，它们的许多性质与 d 区元素相似，而与相应的ⅠA和ⅡA族比较，除了形式上均可形成+1和+2氧化态的化合物外，更多地呈现较大的差异性。ⅠB、ⅡB族元素最大的特点是其离子具有18电子构型，极化力和变形性均较强，易形成配合物。化合物的重要性质如下：

1. 氢氧化物的性质

Cu^{2+}、Zn^{2+}、Cd^{2+} 都能与 NaOH 反应生成相应的氢氧化物沉淀。其中 $Cu(OH)_2$ 不稳定，当加热至90℃时，生成 CuO；Ag^+ 与 NaOH 反应生成的 Ag(OH) 更不稳定，在室温下迅速分解为 Ag_2O；在室温时，Hg^{2+} 与 NaOH 反应只生成 HgO。

$Zn(OH)_2$ 为两性氢氧化物，$Cd(OH)_2$、$Cu(OH)_2$ 呈较弱的两性（偏碱），其余氧化物或氢氧化物都显碱性。

2. 硫化物的性质

Cu^{2+}、Ag^+、Zn^{2+}、Cd^{2+}、Hg^{2+} 与 S^{2-} 反应生成有色的硫化物沉淀。其中 ZnS 为白色，CdS 为黄色，CuS、Ag_2S 和 HgS 均为黑色。ZnS 能溶于稀 HCl，CdS 难溶于稀 HCl，但能溶于较浓的 HCl，Ag_2S 和 CuS 能溶于浓 HNO_3，HgS 只能溶于王水。

3. 配位性

Cu^{2+}、Ag^+、Zn^{2+}、Cd^{2+}、Hg^{2+} 等离子都有较强的接受配体的能力，能与多种配体形成配离子，这些配离子和其他元素形成的配合物在无机及分析上有其特殊的用途。例如：

Hg^{2+} 与过量的 KSCN 溶液反应生成无色的 $[Hg(SCN)_4]^{2-}$ 配离子。$[Hg(SCN)_4]^{2-}$ 与 Co^{2+} 生成蓝紫色的 $Co[Hg(SCN)_4]$；与 Zn^{2+} 反应生成白色的 $Zn[Hg(SCN)_4]$，可用此反应来鉴定 Co^{2+} 和 Zn^{2+}。

Hg^{2+} 与过量的 I^- 反应生成无色的 $[HgI_4]^{2-}$，它与 NaOH 的混合物称为奈斯勒试剂，可用来鉴定 NH_4^+。

在弱酸性条件下，Cu^{2+} 与 $[Fe(CN)_6]^{4-}$ 生成红棕色的沉淀 $Cu_2[Fe(CN)_6]$，此反应可用来检验 Cu^{2+}。

Cu^{2+}、Ag^+、Zn^{2+}、Cd^{2+} 都能与过量的 $NH_3 \cdot H_2O$ 生成配离子，Hg^{2+} 只在有大量 NH_4^+ 存在下，才和 $NH_3 \cdot H_2O$ 生成 $[Hg(NH_3)_4]^{2+}$ 配离子。

4. 氧化性

Cu^{2+} 的氧化性：在加热的碱性溶液中，Cu^{2+} 能氧化醛或糖类，并有暗红色的 Cu_2O 生成。

$$2[Cu(OH)_4]^{2-}+C_6H_{12}O_6 \xlongequal{\triangle} Cu_2O+C_6H_{12}O_7+2H_2O+4OH^-$$

在较浓的 HCl 中，Cu^{2+} 能将 Cu 氧化成一价铜（$[CuCl_2]^-$），用水稀释生成白色的 CuCl 沉淀。Cu^{2+} 还能与 I^- 反应生成 CuI 沉淀，生成的 I_2 可用 $Na_2S_2O_3$ 除去。

$$4I^-+2Cu^{2+} \xlongequal{} 2CuI\downarrow(\text{白色})+I_2$$

$$I_2+2S_2O_3^{2-} \xlongequal{} 2I^-+S_4O_6^{2-}$$

Ag^+ 的氧化性：含有 $[Ag(NH_3)]^+$ 的溶液在加热时能将醛类和某些糖类氧化，本身被还原为 Ag。

Hg^{2+} 的氧化性：酸性条件下 Hg^{2+} 具有较强的氧化性。例如 $HgCl_2$ 与 $SnCl_2$ 反应生成 Hg_2Cl_2 白色沉淀，进一步生成黑色 Hg，这一反应用于 Hg^{2+} 或 Sn^{2+} 的鉴定。

三、实验用品

仪器与材料：试管、烧杯、离心管、离心机、酒精灯。

固体试剂：铜屑(C. P.)、NaCl(C. P.)。

酸碱溶液：HCl($2mol\cdot L^{-1}$，$6mol\cdot L^{-1}$，浓)，H_2SO_4($1mol\cdot L^{-1}$)，HNO_3($2mol\cdot L^{-1}$，$6mol\cdot L^{-1}$，浓)，NaOH($2mol\cdot L^{-1}$，$6mol\cdot L^{-1}$，40%)，$NH_3\cdot H_2O$($2mol\cdot L^{-1}$，$6mol\cdot L^{-1}$，浓)。

盐溶液：$CuSO_4$($0.1mol\cdot L^{-1}$)，$AgNO_3$($0.1mol\cdot L^{-1}$)，$K_4[Fe(CN)_6]$($0.1mol\cdot L^{-1}$)，KI($0.1mol\cdot L^{-1}$)，$Na_2S_2O_3$($0.1mol\cdot L^{-1}$)，$ZnSO_4$($0.1mol\cdot L^{-1}$)，$CdSO_4$($0.1mol\cdot L^{-1}$)，$Hg(NO_3)_2$($0.1mol\cdot L^{-1}$)，$CoCl_2$($0.1mol\cdot L^{-1}$)，$CuCl_2$($0.5mol\cdot L^{-1}$)，KSCN($1mol\cdot L^{-1}$)。

其他试剂：葡萄糖(10%)、H_2S(饱和)。

四、实验内容

1. 铜的化合物

(1) 氢氧化铜的生成和性质

在三份 $0.1mol\cdot L^{-1}$ $CuSO_4$ 溶液中分别加入新配制的 $2mol\cdot L^{-1}$ NaOH 溶液，观察生成的氢氧化铜的颜色和状态。离心分离，弃去清液，并用蒸馏水洗涤沉淀。然后将其中一份沉淀加热观察有何变化。其余两份，一份加入 $1mol\cdot L^{-1}$ H_2SO_4，另一份加入 $6mol\cdot L^{-1}$ NaOH，观察有何变化。写出反应方程式并总结氢氧化铜的性质。

(2) 铜(Ⅱ)氨配合物的生成和性质

在 $0.1mol\cdot L^{-1}$ $CuSO_4$ 溶液中，加入数滴 $2mol\cdot L^{-1}$ $NH_3\cdot H_2O$，观察生成的沉淀的颜色、状态。继续滴加 $2mol\cdot L^{-1}$ $NH_3\cdot H_2O$ 直到沉淀完全溶解为止，观察溶液的颜色。然后将所得溶液分成两份，一份逐滴加 $1mol\cdot L^{-1}$ H_2SO_4，另一份加热至沸。观察各有何变化，并加以解释，写出反应方程式。

(3) 硫化铜的生成和溶解性

在 $0.1mol\cdot L^{-1}$ $CuSO_4$ 溶液中，加入数滴饱和 H_2S 溶液，观察生成沉淀的颜色、状态。离心分离，弃去清液，并用蒸馏水洗涤沉淀。现有以下酸溶液：$2mol\cdot L^{-1}$ HCl、$6mol\cdot L^{-1}$ HCl、$6mol\cdot L^{-1}$ HNO_3，参考硫化物的溶度积常数，确定 CuS 溶于何种酸中，并用实验验证之。写出反应方程式。

(4) 氧化亚铜的生成和性质

在 $0.1mol\cdot L^{-1}$ $CuSO_4$ 溶液中加入过量的 $6mol\cdot L^{-1}$ NaOH 溶液，使最初生成的沉淀完全溶解。再在溶液中加入数滴 10% 的葡萄糖溶液，混匀，水浴加热，观察现象。离心分离，弃去清液，并用蒸馏水洗涤沉淀。然后将沉淀分成三份，一份加浓 $NH_3\cdot H_2O$，一份加浓 HCl，一份加 $1mol \cdot L^{-1}$ H_2SO_4，观察现象，写出反应式并总结氧化亚铜的性质。

(5) 碘化亚铜的生成

在 $0.1mol \cdot L^{-1}$ $CuSO_4$ 溶液中，加入数滴 $0.1mol \cdot L^{-1}$ KI 溶液，观察有何变化？再滴加 $0.1mol \cdot L^{-1}$ $Na_2S_2O_3$ 溶液（不宜过多），以除去反应生成的 I_2。离心分离，弃去清液，并用蒸馏水洗涤沉淀。观察 CuI 的颜色和状态。写出反应方程式。

(6) 氯化亚铜的生成

往 3mL $0.5mol \cdot L^{-1}$ $CuCl_2$ 溶液中加入 2～3g NaCl 固体，3～4 滴浓 HCl 和 0.5g 铜屑，用塞子塞住试管，振荡，直到溶液由深棕色变为无色为止。取出几滴溶液，加入少量蒸馏水，如有白色沉淀产生，则可把全部溶液倒入 30mL 已煮沸过的蒸馏水中（室温），观察产物的颜色、状态。写出反应方程式。

2. 银的化合物

(1) 氧化银的生成和性质

往盛有 $0.1mol \cdot L^{-1}$ $AgNO_3$ 溶液的离心管中，慢慢滴加新配制的 $2mol \cdot L^{-1}$ NaOH 溶液，观察沉淀的生成和变化。离心分离，弃去清液，并用蒸馏水洗涤沉淀。将沉淀分成三份，一份加 $2mol \cdot L^{-1}$ HNO_3，一份加 $6mol \cdot L^{-1}$ $NH_3 \cdot H_2O$ 溶液，一份加 40%NaOH，观察反应现象，写出反应方程式并总结氧化银的性质。

(2) 硫化银的生成和溶解性

在 $0.1mol \cdot L^{-1}$ $AgNO_3$ 溶液中，加入数滴饱和 H_2S 溶液，观察生成的沉淀的颜色、状态。离心分离，弃去清液，并用蒸馏水洗涤沉淀。现有以下酸溶液：$2mol \cdot L^{-1}$ HCl、$6mol \cdot L^{-1}$ HCl、$6mol \cdot L^{-1}$ HNO_3，参考硫化物的溶度积常数，确定 Ag_2S 溶于何种酸中，并用实验验证之。写出反应方程式。

(3) 银镜的制作

取一支干净的试管，加入 1mL $0.1mol \cdot L^{-1}$ $AgNO_3$ 溶液，然后逐滴滴加 $2mol \cdot L^{-1}$ $NH_3 \cdot H_2O$ 至所有的氧化银沉淀刚好溶解再过量 2 滴，然后再滴入 2 滴 $2mol \cdot L^{-1}$ NaOH，再加入 1mL 10%葡萄糖溶液，振荡均匀，室温存放一段时间，观察试管壁上有何变化。

3. 锌、镉、汞的化合物

(1) 氢氧化锌的生成和性质

在两份 $0.1mol \cdot L^{-1}$ $ZnSO_4$ 溶液中，分别逐滴加入 $2mol \cdot L^{-1}$ NaOH 溶液直到有沉淀产生为止，观察产物氢氧化锌的颜色和状态。离心分离，弃去清液，并用蒸馏水洗涤沉淀。然后在一份沉淀中加入 $1mol \cdot L^{-1}$ H_2SO_4，另一份沉淀中加入 $2mol \cdot L^{-1}$ NaOH，观察各有何变化。写出反应方程式。

(2) 氢氧化镉的生成和性质

在两份 $0.1mol \cdot L^{-1}$ $CdSO_4$ 溶液中，分别加入 $2mol \cdot L^{-1}$ NaOH 溶液，观察产物氢氧化镉的颜色和状态。离心分离，弃去清液，并用蒸馏水洗涤沉淀。然后在一份沉淀中加入 $1mol \cdot L^{-1}$ H_2SO_4，在另一份沉淀中加入 40%NaOH，观察有何变化。写出反应方程式。

(3) 氧化汞的生成和性质

在两份 $0.1mol \cdot L^{-1}$ $Hg(NO_3)_2$ 溶液中，分别加入 $2mol \cdot L^{-1}$ NaOH 溶液，观察产物氧化汞的颜色和状态。离心分离，弃去清液，并用蒸馏水洗涤沉淀。然后在一份沉淀中加入 $1mol \cdot L^{-1}$ H_2SO_4，另一份沉淀中加入 40%NaOH，观察有何变化。写出反应方程式。

通过上述实验，总结锌、镉、汞氢氧化物或氧化物的酸碱性质。

(4) 硫化锌、硫化镉、硫化汞的生成和溶解性用浓度分别为0.1mol·L^{-1}的$ZnSO_4$、$CdSO_4$、$Hg(NO_3)_2$和饱和的H_2S溶液，制备ZnS、CdS、HgS沉淀，观察生成沉淀的颜色、状态。离心分离，弃去清液，并用蒸馏水洗涤沉淀。现有2mol·L^{-1} HCl、6mol·L^{-1} HCl、6mol·L^{-1} HNO_3、自配王水，参考硫化物的溶度积常数，确定这些硫化物溶于何种酸中，并用实验验证之。写出反应方程式。

(5) 锌的配合物

在0.1mol·L^{-1} $ZnSO_4$溶液中，逐滴加入6mol·L^{-1} $NH_3 \cdot H_2O$，观察沉淀的生成。继续加入过量6mol·L^{-1} $NH_3 \cdot H_2O$溶液，直到沉淀溶解为止。将此溶液分成两份，将其中一份加热至沸，观察现象；另一份逐滴加入2mol·L^{-1} HCl，每加一滴都需振荡，观察$Zn(OH)_2$沉淀的出现，继续加2mol·L^{-1} HCl，沉淀又溶解。解释现象，写出反应式。

(6) 镉的配合物

用0.1mol·L^{-1} $CdSO_4$溶液代替0.1mol·L^{-1} $ZnSO_4$溶液，重复实验(5)的步骤。

(7) 汞配合物的生成和性质

① 在0.1mol·L^{-1}的$Hg(NO_3)_2$溶液中，滴加0.1mol·L^{-1} KI，观察沉淀的颜色，继续滴加0.1mol·L^{-1} KI，直到起初生成的沉淀又复溶解，观察溶液的颜色。然后再在溶液中加入6mol·L^{-1} NaOH溶液至碱性。此溶液就是奈斯勒试剂。滴加2滴稀氨水，观察沉淀的颜色，写出反应方程式。

② 在0.1mol·L^{-1}的$Hg(NO_3)_2$溶液中，逐滴加入1mol·L^{-1} KSCN溶液，观察沉淀的颜色、状态。再继续加入过量的1mol·L^{-1} KSCN溶液，沉淀溶解，形成配离子。将此溶液分成两份，一份加入0.1mol·L^{-1} $ZnSO_4$溶液，另一份加入0.1mol·L^{-1} $CoCl_2$溶液，并用玻璃棒摩擦试管内壁，观察$Zn[Hg(SCN)_4]$和$Co[Hg(SCN)_4]$沉淀的颜色、状态(此反应可定性鉴定Zn^{2+}和Co^{2+})。

五、预习内容

查出本实验的所有反应方程式。

六、思考题

1. 有人在进行实验内容1.(5)时，在0.1mol·L^{-1} $CuSO_4$溶液中，加入过量的KI溶液，则得到澄清的红棕色溶液，试解释之？

2. 现有三瓶已失标签的$Hg(NO_3)_2$、$Hg_2(NO_3)_2$和$AgNO_3$溶液，试加以鉴别(至少用两种方法)。

3. 当二氧化硫通入硫酸铜饱和溶液和氯化钠饱和溶液的混合液时，将发生什么反应？能看到什么现象？试说明之。写出相应的反应方程式。

实验26 过渡元素化学(二)(铬、锰、铁、钴、镍)

一、实验目的

1. 掌握d区重要元素氢氧化物的酸碱性及氧化还原性。
2. 掌握d区重要元素化合物的氧化还原性和稳定性。
3. 掌握钴、镍的氨配合物的生成及性质。

二、实验原理

铬、锰和铁、钴、镍分别为第四周期的ⅥB、ⅦB和Ⅷ族元素。几种元素的重要化合物的性质如下：

1. 铬的重要化合物性质

$Cr(OH)_3$ 是典型的两性氢氧化物，能与过量的 NaOH 反应生成绿色 $[Cr(OH)_4]^-$，Cr(Ⅲ) 在酸性溶液中很稳定，但在碱性溶液中具有较强的还原性，易被 H_2O_2 氧化成 CrO_4^{2-}。

铬酸盐与重铬酸盐互相可以转化，溶液中存在下列平衡：

$$2CrO_4^{2-} + 2H^+ \rightleftharpoons Cr_2O_7^{2-} + H_2O$$

因重铬酸盐的溶解度较铬酸盐的溶解度大，因此，向重铬酸盐溶液中加入 Ag^+、Pb^{2+}、Ba^{2+} 等离子时，通常生成铬酸盐沉淀。例如：

$$Cr_2O_7^{2-} + 2Ba^{2+} + H_2O = 2BaCrO_4(\text{黄色}) + 2H^+$$

在酸性条件下 $Cr_2O_7^{2-}$ 具有强氧化性，可氧化乙醇，反应式如下：

$$2Cr_2O_7^{2-}(\text{橙色}) + 3C_2H_5OH + 16H^+ = 4Cr^{3+}(\text{绿色}) + 3CH_3COOH + 11H_2O$$

通过此实验，可判断是否酒后驾车或酒精中毒。

2. 锰的重要化合物性质

Mn(Ⅱ) 在碱性条件下具有还原性，易被空气中的氧气所氧化。反应式如下：

$$Mn^{2+} + 2OH^- = Mn(OH)_2\text{白色}$$

$$2Mn(OH)_2 + O_2 = 2MnO(OH)_2\text{棕红色}$$

在酸性溶液中，Mn^{2+} 很稳定，只有强氧化剂如 $NaBiO_3$、PbO_2、$S_2O_8^{2-}$ 等，才能将它氧化成 MnO_4^-。

$$2Mn^{2+} + 5NaBiO_3(s) + 14H^+ = 2MnO_4^- + 5Bi^{3+} + 5Na^+ + 7H_2O$$

+6 价的 MnO_4^{2-} 能稳定存在于强碱溶液中，而在酸性或弱碱性溶液中会发生歧化：

$$3MnO_4^{2-} + 2H_2O = 2MnO_4^- + MnO_2 + 4OH^-$$

+7 价的 MnO_4^- 是强氧化剂。介质的酸碱性不仅影响它的氧化能力，也影响它的还原产物。在酸性介质中，其还原产物是 Mn^{2+}，在弱碱性（或中性）介质中，其还原产物是 MnO_2，在强碱性介质中，其还原产物是 MnO_4^{2-}。

3. 铁、钴、镍重要化合物的性质

Fe(Ⅱ)、Co(Ⅱ)、Ni(Ⅱ) 的氢氧化物依次为白色、粉红和绿色。

$Fe(OH)_2$ 具有很强的还原性，易被空气中的氧氧化，生成 $Fe(OH)_3$（红棕色）。$Fe(OH)_2$ 主要呈碱性，酸性很弱，但能溶于浓碱溶液形成 $[Fe(OH)_6]^{4-}$。

$CoCl_2$ 溶液与 OH^- 反应，先生成蓝色 Co(OH)Cl 沉淀，后生成粉红的 $Co(OH)_2$ 沉淀。$Co(OH)_2$ 也能被空气中的氧氧化，生成 CoO(OH)（褐色）。$Co(OH)_2$ 显两性，不仅能溶于酸，而且能溶于过量的浓碱形成 $[Co(OH)_4]^{2-}$。

$Ni(OH)_2$ 在空气中是稳定的，只有在碱性溶液中用强氧化剂（如 Br_2、NaClO、Cl_2）才能将其氧化成黑色 NiO(OH)。$Ni(OH)_2$ 显碱性。

Fe(Ⅲ)、Co(Ⅲ)、Ni(Ⅲ) 的氢氧化物都显碱性，颜色依次为红棕色、褐色、黑色。将 Fe(Ⅲ)、Co(Ⅲ)、Ni(Ⅲ) 的氢氧化物溶于酸后，则分别得到三价的 Fe^{3+} 和二价的 Co^{2+}、Ni^{2+}。这是因为在酸性溶液中，Co^{3+}、Ni^{3+} 是强氧化剂，它们能将 H_2O 氧化为 O_2，将 Cl^- 氧化为 Cl_2。反应式如下：

$$4M^{3+} + 2H_2O = 4M^{2+} + 4H^+ + O_2$$

$$2M^{3+} + 2Cl^- \longrightarrow 2M^{2+} + Cl_2 \quad (M 为 Co, Ni)$$

Co(Ⅲ)、Ni(Ⅲ) 氢氧化物的获得，通常是由 Co(Ⅱ)、Ni(Ⅱ) 盐在碱性条件下被强氧化剂 (Br_2、NaClO、Cl_2) 氧化而得到。例如：

$$2Ni^{2+} + 6OH^- + Br_2 \longrightarrow 2Ni(OH)_3 + 2Br^-$$

铁、钴、镍均能生成多种配合物。Fe^{2+}、Fe^{3+} 与氨水反应只生成氢氧化物沉淀，而不生成氨合物。Co^{2+}、Ni^{2+} 与氨水反应先生成碱式盐沉淀，后溶于过量氨水，形成 Co(Ⅱ)、Ni(Ⅱ) 的氨配合物。但是，$[Co(NH_3)_6]^{4+}$（土黄色）不稳定，易被空气中氧氧化为 $[Co(NH_3)_6]^{3+}$（棕红色），而 $[Ni(NH_3)_6]^{2+}$（蓝紫色）能在空气中稳定存在。

三、实验用品

仪器与材料：点滴板、离心机、离心管、试管、酒精灯、试管夹、淀粉-KI 试纸。

固体药品：$(NH_4)_2Fe(SO_4)_2 \cdot 6H_2O$(C. P.)，$NaBiO_3$(C. P.)，$MnO_2$(C. P.)，$NH_4Cl$(A. R.)。

酸碱溶液：HCl(2mol·L^{-1}，浓)，HNO_3(6mol·L^{-1})，H_2SO_4(3mol·L^{-1})，HAc(2mol·L^{-1})，NaOH(2mol·L^{-1}，6mol·L^{-1}，40%)，$NH_3 \cdot H_2O$(2mol·L^{-1}，浓)。

盐溶液：$CoCl_2$(0.1mol·L^{-1}，0.5mol·L^{-1})，$NiSO_4$(0.1mol·L^{-1}，0.5mol·L^{-1})，$MnSO_4$(0.1mol·L^{-1})，$CrCl_3$(0.1mol·L^{-1})，$FeCl_3$(0.1mol·L^{-1})，$K_2Cr_2O_7$(0.1mol·L^{-1})，K_2CrO_4(0.1mol·L^{-1})，$KMnO_4$(0.01mol·L^{-1})，Na_2SO_3(0.1mol·L^{-1})，NH_4Cl(1mol·L^{-1})。

其他试剂：H_2O_2(3%)，Br_2，乙醇。

四、实验内容

1. 低价氢氧化物的生成和性质

(1) 氢氧化铁(Ⅱ)

在一试管中放入 1mL 蒸馏水和 2 滴 3mol·L^{-1} H_2SO_4，煮沸以赶尽溶于其中的氧，冷却后往试管中加入少量固体 $(NH_4)_2Fe(SO_4)_2 \cdot 6H_2O$。在另一试管中加入 1mL 6mol·$L^{-1}$ NaOH，煮沸赶尽氧气，冷却后，用一长滴管吸取 NaOH 溶液，插入亚铁溶液底部，慢慢放出，观察沉淀的颜色和状态。把沉淀分成三份，一份放置在空气中，观察沉淀颜色是否变化；另两份分别滴入 2mol·L^{-1} HCl 和 40%NaOH，观察沉淀是否溶解。写出反应方程式。

(2) 氢氧化钴(Ⅱ)

用 0.1mol·L^{-1} $CoCl_2$ 和 2mol·L^{-1} NaOH 制取 $Co(OH)_2$ 沉淀，观察沉淀的颜色和状态。把沉淀分成三份，一份放置在空气中，观察沉淀颜色是否变化；另两份分别滴入 2mol·L^{-1} HCl 和 40%NaOH，观察沉淀是否溶解。写出反应方程式。

(3) 氢氧化镍(Ⅱ)

用 0.1mol·L^{-1} $NiSO_4$ 和 2mol·L^{-1} NaOH 制取 $Ni(OH)_2$ 沉淀，观察沉淀的颜色和状态。把沉淀分成三份，一份放置在空气中，观察沉淀颜色是否变化；另两份分别滴入 2mol·L^{-1} HCl 和 40%NaOH，观察沉淀是否溶解。写出反应方程式。

(4) 氢氧化锰(Ⅱ)

用 0.1mol·L^{-1} $MnSO_4$ 和 2mol·L^{-1} NaOH 制取 $Mn(OH)_2$ 沉淀，观察沉淀的颜色和状态。把沉淀分成三份，一份放置在空气中，观察沉淀颜色是否变化；另两份分别滴入 2mol·L^{-1} HCl 和 40%NaOH，观察沉淀是否溶解。写出反应方程式。

(5) 氢氧化铬(Ⅲ)

用 0.1mol·L^{-1} $CrCl_3$ 和 2mol·L^{-1} NaOH 制取 $Cr(OH)_3$ 沉淀，观察沉淀的颜色和状

态。把沉淀分成三份，一份放置在空气中，观察沉淀颜色是否变化；另两份分别滴入 $2mol \cdot L^{-1}$ HCl 和 $6mol \cdot L^{-1}$ NaOH，观察沉淀是否溶解。写出反应方程式。

通过以上实验，总结低价氢氧化物的酸碱性和还原性。

2. 高价氢氧化物的生成和性质

(1) 用 $0.1mol \cdot L^{-1}$ $FeCl_3$ 和 $2mol \cdot L^{-1}$ NaOH 制取 $Fe(OH)_3$ 沉淀，观察沉淀的颜色和状态。把沉淀分成三份，一份加浓 HCl，检查是否有 Cl_2 产生；另两份分别滴入 $2mol \cdot L^{-1}$ HCl 和 40%NaOH，观察沉淀是否溶解。写出反应方程式。

(2) 用 $0.1mol \cdot L^{-1}$ $CoCl_2$、$NiSO_4$ 溶液，$6mol \cdot L^{-1}$ NaOH 溶液和溴水分别制备 $Co(OH)_3$、$Ni(OH)_3$ 沉淀，观察沉淀颜色，然后向所制取的 $Co(OH)_3$、$Ni(OH)_3$ 沉淀中分别滴加浓 HCl，检查是否有 Cl_2 产生。写出反应方程式。

通过以上实验，总结铁、钴、镍高价氢氧化物的酸碱性和氧化性。

3. 低价盐的还原性

(1) 碱性介质中 Cr(Ⅲ) 的还原性

取少量 $0.1mol \cdot L^{-1}$ $CrCl_3$ 溶液，滴加 $2mol \cdot L^{-1}$ NaOH 溶液，观察沉淀颜色，继续滴加 NaOH 至沉淀溶解，再加入适量 3%H_2O_2 溶液，加热，观察溶液颜色的变化。写出反应方程式。

(2) 酸性介质中 Mn(Ⅱ) 的还原性

取少量 $0.1mol \cdot L^{-1}$ $MnSO_4$ 溶液，加少量 $NaBiO_3$ 固体，然后滴加 $6mol \cdot L^{-1}$ HNO_3，观察溶液颜色的变化。写出反应方程式。

4. 高价盐的氧化性

(1) Cr(Ⅵ) 的氧化性

取数滴 $0.1mol \cdot L^{-1}$ $K_2Cr_2O_7$ 溶液，用 $3mol \cdot L^{-1}$ H_2SO_4 酸化，再滴加少量 95%乙醇，微热，观察溶液颜色的变化，写出反应方程式。

(2) Mn(Ⅶ) 的氧化性

① 取三支试管，各加入少量 $0.01mol \cdot L^{-1}$ $KMnO_4$ 溶液，然后在第一支试管中加入几滴 $3mol \cdot L^{-1}$ H_2SO_4，第二支试管中加入几滴蒸馏水，第三支试管中加入几滴 $6mol \cdot L^{-1}$ NaOH 溶液，最后再往各试管中分别滴加几滴 $0.1mol \cdot L^{-1}$ Na_2SO_3 溶液，振荡溶液，观察紫红色溶液的变化。写出反应方程式。

② 另取三支试管，各加入少量 $0.01mol \cdot L^{-1}$ $KMnO_4$ 溶液，然后将滴加介质及还原剂的次序颠倒，观察实验结果有何不同？为什么？

5. $Cr_2O_7^{2-}$ 与 CrO_4^{2-} 的转化

(1) 取 5 滴 $0.1mol \cdot L^{-1}$ $K_2Cr_2O_7$ 溶液于试管中，加入 2 滴 $2mol \cdot L^{-1}$ NaOH，观察溶液颜色的变化，在此溶液中加入 2 滴 $0.5mol \cdot L^{-1}$ $BaCl_2$，观察沉淀的生成，写出反应方程式。

(2) 取 5 滴 $0.1mol \cdot L^{-1}$ K_2CrO_4 溶液于试管中，加入 2 滴 $2mol \cdot L^{-1}$ HAc，观察溶液颜色的变化，在此溶液中加入 2 滴 $0.5mol \cdot L^{-1}$ $BaCl_2$，观察沉淀的生成，写出反应方程式。

6. 锰酸盐的生成及不稳定性

(1) 取适量 $0.01mol \cdot L^{-1}$ $KMnO_4$ 溶液，加入过量 40%NaOH，再加入少量 MnO_2 固体，微热，搅拌，静置片刻，离心，绿色清液即 K_2MnO_4 溶液。

(2) 取少量绿色清液，滴加 $3mol \cdot L^{-1}$ H_2SO_4，观察现象，写出反应式。

(3) 取少量绿色清液，加入少许 NH_4Cl 固体，振荡试管，使 NH_4Cl 溶解，微热，观察现象，写出反应式。

7. 钴和镍的氨配合物

（1）取少量 0.5mol·L^{-1} $CoCl_2$ 溶液，滴加少量 1mol·L^{-1} NH_4Cl 溶液，然后逐滴加入 2mol·L^{-1} $NH_3·H_2O$，振荡试管，观察沉淀的颜色，再继续加入过量的浓 $NH_3·H_2O$ 至沉淀溶解为止，观察反应产物的颜色。最后把溶液放置一段时间，观察溶液的颜色变化。说明钴氨配合物的性质，写出反应方程式。

（2）取适量 0.5mol·L^{-1} $NiSO_4$ 溶液，滴加少量 1mol·L^{-1} NH_4Cl 溶液，然后逐滴加入 2mol·L^{-1} $NH_3·H_2O$，振荡试管，观察反应现象。再继续加入过量的浓 $NH_3·H_2O$ 至沉淀溶解为止，观察反应产物的颜色。然后把溶液分成四份。第一份溶液中加入几滴 2mol·L^{-1} NaOH 溶液，第二份溶液中加入几滴 3mol·L^{-1} H_2SO_4 溶液，有何现象？把第三份溶液用水稀释，是否有沉淀产生？把第四份溶液煮沸，有何变化？综合实验结果，说明镍氨配合物的稳定性。

五、预习内容

查出本实验的所有反应方程式。

六、思考题

1. 比较 $Fe(OH)_3$、$Al(OH)_3$、$Cr(OH)_3$ 的性质。设计实验，分离并鉴定含 Fe^{3+}、Al^{3+}、Cr^{3+} 的混合液。

2. 今有一瓶含有 Fe^{3+}、Cr^{3+} 和 Ni^{2+} 的混合液，设计一方案，将它们分离出来。

3. 如何实现 Cr(Ⅲ) 和 Cr(Ⅵ) 之间的相互转化，需要在什么条件下实现？

实验 27 常见阳离子的分离、鉴定

一、实验目的

1. 了解常见阳离子的基本性质和重要反应。
2. 掌握常见阳离子的分离原理及鉴定方法。
3. 进一步练习分离、鉴定的基本操作。

二、实验原理

离子的分离和鉴定是以各离子对试剂的不同反应为依据的，这种反应常伴随有特殊的现象，如沉淀的生成或溶解，特殊颜色的出现，气体的产生等。各离子对试剂作用的相似性和差异性都是构成离子分离与检出方法的基础，也就是说，离子的基本性质是进行分离鉴定的基础。因而要想掌握阳离子的分离鉴定的方法，就要熟悉阳离子的基本性质。

离子的分离和鉴定只有在一定条件下才能进行。所谓一定的条件主要指溶液的酸度、反应物的浓度、反应温度、促进或妨碍此反应的物质是否存在等。为使反应向期望的方向进行，就必须选择适当的反应条件。因此，除了要熟悉离子的有关性质外，还要学会运用离子平衡（酸碱、沉淀、氧化还原、配位等平衡）的规律控制反应条件，这对于我们进一步掌握离子分离条件和鉴定方法的选择将有很大帮助。

常见阳离子分离的性质是指常见阳离子与常用试剂的反应及其差异，重点在于应用这些差异性将离子分开。常见阳离子与常用试剂的反应如下：

1. 与 HCl 溶液反应

$$\left.\begin{matrix}Ag^{+}\\Hg_2^{2+}\\Pb^{2+}\end{matrix}\right\}\xrightarrow{HCl}\begin{cases}AgCl\downarrow \text{白色，溶于氨水}\\Hg_2Cl_2\downarrow \text{白色，溶于浓 } HNO_3 \text{ 及 } H_2SO_4\\PbCl_2\downarrow \text{白色，溶于热水，} NH_4Ac\text{、}NaOH\end{cases}$$

2. 与 H_2SO_4 的反应

Ba^{2+}、Sr^{2+}、Ca^{2+}、Pb^{2+}、Ag^{+} $\xrightarrow{H_2SO_4}$

- $BaSO_4\downarrow$ 白色，难溶于酸
- $SrSO_4\downarrow$ 白色，溶于煮沸的酸
- $CaSO_4\downarrow$ 白色，溶解度较大，当 Ca^{2+} 浓度很大时，才析出沉淀
- $PbSO_4\downarrow$ 白色，溶于 NaOH、NH_4Ac(饱和)、热 HCl 溶液、浓 H_2SO_4，不溶于稀 H_2SO_4
- $Ag_2SO_4\downarrow$ 白色，在浓溶液中产生沉淀，溶于热水

3. 与 NaOH 反应

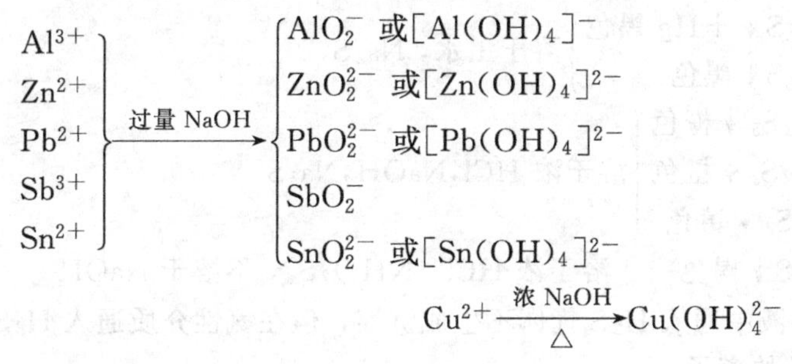

4. 与 NH_3 反应

Ag^{+}、Cu^{2+}、Cd^{2+}、Zn^{2+}、Ni^{2+}、Co^{2+} $\xrightarrow{过量\ NH_3}$

- $[Ag(NH_3)_2]^{+}$
- $[Cu(NH_3)_4]^{2+}$(深蓝)
- $[Cd(NH_3)_4]^{2+}$
- $[Zn(NH_3)_4]^{2+}$
- $[Ni(NH_3)_4]^{2+}$(蓝紫色)
- $[Co(NH_3)_6]^{4+}$(土黄色) $\xrightarrow{O_2}$ $[Co(NH_3)_6]^{3+}$(棕红色)

5. 与 $(NH_4)_2CO_3$ 反应

Cu^{2+}、Ag^{+}、Zn^{2+}、Cd^{2+}、Hg^{2+}、Hg_2^{2+}、Mg^{2+}、Pb^{2+}、Bi^{3+}、Ca^{2+}、Sr^{2+}、Ba^{2+}、Al^{3+}、Sn^{2+}、Sn^{4+}、Sb^{3+} $\xrightarrow[(适量)]{(NH_4)_2CO_3}$

- $Cu_2(OH)_2CO_3\downarrow$ 浅蓝
- $Ag_2CO_3(Ag_2O)\downarrow$ 白色
- $Zn_2(OH)_2CO_3\downarrow$ 白色
- $Cd_2(OH)_2CO_3\downarrow$ 白色

  以上四种 $\xrightarrow[(过量)]{(NH_4)_2CO_3}$ $[Cu(NH_3)_4]^{2+}$ 深蓝；$[Ag(NH_3)_2]^{+}$ 无色；$[Zn(NH_3)_4]^{2+}$ 无色；$[Cd(NH_3)_4]^{2+}$ 无色
- $Hg_2(OH)_2CO_3\downarrow$ 白色
- Hg_2CO_3(白)$\downarrow\longrightarrow HgO\downarrow$(黄)$+Hg\downarrow$(黑)$+CO_2\uparrow$
- $Mg_2(OH)_2CO_3\downarrow$ 白色
- $Pb_2(OH)_2CO_3\downarrow$ 白色
- $(BiO)_2CO_3\downarrow$ 白色
- $CaCO_3\downarrow$ 白色
- $SrCO_3\downarrow$ 白色
- $BaCO_3\downarrow$ 白色
- $Al(OH)_3\downarrow$ 白色
- $Sn(OH)_2\downarrow$ 白色
- $Sn(OH)_4\downarrow$ 白色
- $Sb(OH)_3\downarrow$ 白色

6. 与 H_2S 或 $(NH_4)_2S$ 反应

应当掌握各种阳离子生成硫化物沉淀的条件及其硫化物溶解度的差别，并用于阳离子分离。除黑色硫化物以外，可利用颜色进行离子鉴别。

(1) 在 0.3mol·L^{-1} HCl 溶液中通入 H_2S 气体生成沉淀的离子：

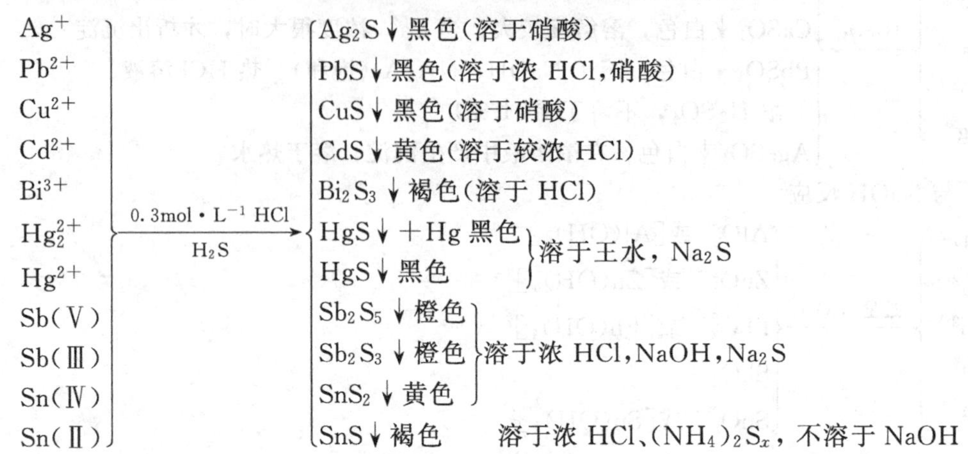

(2) 在 0.3mol·L^{-1} HCl 溶液中通入 H_2S 气体不生成沉淀，但在氨性介质通入 H_2S 气体［或加入 $(NH_4)_2S$］产生沉淀的离子：

Zn^{2+}、Co^{2+}、Ni^{2+}、Mn^{2+}、Al^{3+}、Cr^{3+} $\xrightarrow[H_2S]{NH_3\text{-}NH_4Cl}$

- ZnS↓白色，溶于稀 HCl 溶液，不溶于 HAc 溶液
- CoS↓黑色，溶于稀 HCl 溶液，不溶于 HAc 溶液
- NiS↓黑色，溶于稀 HCl 溶液，不溶于 HAc 溶液
- MnS↓肉色，溶于稀 HCl 溶液
- $Al(OH)_3$↓白色，溶于强碱及稀 HCl 溶液
- $Cr(OH)_3$↓灰绿色，溶于强碱及稀 HCl 溶液

三、实验用品

仪器与材料：离心机、试管、离心试管、酒精灯、烧杯、pH 试纸、玻璃棒。

固体试剂：亚硝酸钠(A.R.)、$NaBiO_3$(A.R.)。

酸碱溶液：HCl(2mol·L^{-1}，6mol·L^{-1}，浓)，H_2SO_4(2mol·L^{-1})，HNO_3(6mol·L^{-1})，HAc(2mol·L^{-1}，6mol·L^{-1})，NaOH(2mol·L^{-1}，6mol·L^{-1})，KOH(2mol·L^{-1})，$NH_3\cdot H_2O$(2mol·L^{-1}，6mol·L^{-1})。

盐溶液：NH_4Ac(2mol·L^{-1})，$(NH_4)_2C_2O_4$(饱和)，NaAc(2mol·L^{-1})，NaCl(1mol·L^{-1})，Na_2S(0.5mol·L^{-1})，$NaHC_4H_4O_6$(饱和)，KCl(1mol·L^{-1})，K_2CrO_4(1mol·L^{-1})，$K_4[Fe(CN)_6]$(0.1mol·L^{-1}，0.5mol·L^{-1})，$K_3[Fe(CN)_6]$(0.1mol·L^{-1})，$KSb(OH)_6$(饱和)，$MgCl_2$(0.5mol·L^{-1})，$CaCl_2$(0.5mol·L^{-1})，$BaCl_2$(0.5mol·L^{-1})，$Ba(NO_3)_2$(0.1mol·L^{-1})，$SnCl_2$(0.1mol·L^{-1})，$AlCl_3$(0.1mol·L^{-1})，$Al(NO_3)_3$(0.1mol·L^{-1})，$Pb(NO_3)_2$(0.1mol·L^{-1})，$SbCl_3$(0.1mol·L^{-1})，$HgCl_2$(0.1mol·L^{-1})，$Bi(NO_3)_3$(0.1mol·L^{-1})，$AgNO_3$(0.1mol·L^{-1})，$CuCl_2$(0.1mol·L^{-1})，$ZnSO_4$(0.1mol·L^{-1})，$Cd(NO_3)_2$(0.1mol·L^{-1})，$MnSO_4$(0.1mol·L^{-1})，$CrCl_3$(0.1mol·L^{-1})，$FeCl_3$(0.1mol·L^{-1})，$FeSO_4$(0.1mol·L^{-1})，$NiSO_4$(0.1mol·L^{-1})，$CoCl_2$(0.1mol·L^{-1})，$NaNO_3$(0.5mol·L^{-1})，Na_2CO_3(饱和)，NH_4SCN(饱和)。

其他试剂：镁试剂、0.1%铝试剂、罗丹明 B、苯、1%邻二氮菲、2.5%硫脲、3% H_2O_2、乙醚、1%丁二酮肟、丙酮、奈斯勒试剂、$(NH_4)_2[Hg(SCN)_4]$ 试剂。

四、实验内容

1. 常见阳离子的个别鉴定

(1) Na^+的鉴定

在盛有 0.5mL 1mol·L^{-1} NaCl 溶液的试管中，加入 0.5mL 饱和六羟基锑(Ⅴ)酸钾 $KSb(OH)_6$ 溶液，观察白色结晶状沉淀的产生。如无沉淀产生，可以用玻璃棒摩擦试管内壁，放置片刻，再观察，写出反应方程式。

(2) K^+的鉴定

在盛有 0.5mL 1mol·L^{-1} KCl 溶液的试管中，加入 0.5mL 饱和酒石酸氢钠 $NaHC_4H_4O_6$ 溶液，如有白色结晶状沉淀的产生，示有 K^+ 存在。如无沉淀产生，可用玻璃棒摩擦试管内壁，再观察，写出反应方程式。

(3) Mg^{2+}的鉴定

在试管中加 2 滴 0.5mol·L^{-1} $MgCl_2$ 溶液，再滴加 6mol·L^{-1} NaOH 溶液，直到生成絮状的 $Mg(OH)_2$ 沉淀为止；然后加入 1 滴镁试剂，搅拌，生成蓝色沉淀，示有 Mg^{2+} 存在。

(4) Ca^{2+}的鉴定

取 0.5mL 0.5mol·L^{-1} $CaCl_2$ 溶液于离心试管中，加 10 滴饱和草酸铵溶液，有白色沉淀产生，离心分离，弃去清液。若白色沉淀不溶于 6mol·L^{-1} HAc 溶液而溶于 2mol·L^{-1} HCl，示有 Ca^{2+} 存在。写出反应方程式。

(5) Ba^{2+}的鉴定

在试管中加 2 滴 0.5mol·L^{-1} $BaCl_2$ 溶液，加入 2mol·L^{-1} HAc 和 2mol·L^{-1} NaAc 各 2 滴，然后加 2 滴 1mol·L^{-1} K_2CrO_4，有黄色沉淀生成，示有 Ba^{2+} 存在，写出反应方程式。

(6) Al^{3+}的鉴定

取 2 滴 0.1mol·L^{-1} $AlCl_3$ 溶液于试管中，加 2 滴 2mol·L^{-1} HAc 及 2 滴 0.1% 铝试剂，振荡后，置水浴上加热片刻，再加入 1 滴 6mol·L^{-1}氨水，有红色絮状沉淀产生，示有 Al^{3+} 存在。

(7) Sn^{2+}的鉴定

取 5 滴 0.1mol·L^{-1} $SnCl_2$ 溶液于试管中，加入 2 滴 0.1mol·L^{-1} $HgCl_2$ 溶液，轻轻摇动，若产生的沉淀很快由白色变为灰色，然后变为黑色，示有 Sn^{2+} 存在（该方法也可用于 Hg^{2+} 的定性鉴定）。写出反应方程式。

(8) Pb^{2+}的鉴定

在离心试管中加 5 滴 0.1mol·L^{-1} $Pb(NO_3)_2$ 溶液，加入 2 滴 1mol·L^{-1} K_2CrO_4 溶液，有黄色沉淀生成，离心分离，弃去清液。在沉淀上加数滴 2mol·L^{-1} NaOH 溶液，沉淀溶解，示有 Pb^{2+} 存在。写出反应方程式。

(9) Sb^{3+}的鉴定

在离心试管中加 5 滴 0.1mol·L^{-1} $SbCl_3$ 溶液，加入 3 滴浓盐酸及少许亚硝酸钠，将 Sb(Ⅲ) 氧化为 Sb(Ⅴ)，当无气体放出时，加数滴苯及 2 滴罗丹明 B 溶液，苯层显紫色，示有 Sb^{3+} 存在。

(10) Bi^{3+}的鉴定

取 1 滴 0.1mol·L^{-1} $Bi(NO_3)_3$ 溶液于试管中，加 1 滴 2.5%的硫脲，生成鲜黄色配合物，示有 Bi^{3+} 存在。

(11) Cu^{2+}的鉴定

取 1 滴 0.5mol·L^{-1} $CuCl_2$ 溶液于试管中，加 1 滴 6mol·L^{-1} HAc 溶液酸化，再加入 1 滴 0.5mol·L^{-1}亚铁氰化钾 $K_4[Fe(CN)_6]$ 溶液，生成红棕色 $Cu_2[Fe(CN)_6]$ 沉淀，示有 Cu^{2+}存在。写出反应方程式。

(12) Ag^+的鉴定

取 5 滴 0.1mol·L^{-1} $AgNO_3$ 溶液于试管中，加 5 滴 2mol·L^{-1}盐酸，产生白色沉淀，在沉淀上滴加 2mol·L^{-1}氨水至沉淀完全溶解，再用 6mol·L^{-1}硝酸酸化，生成白色沉淀，示有 Ag^+存在。写出反应方程式。

(13) Zn^{2+}的鉴定

取 3 滴 0.1mol·L^{-1} $ZnSO_4$ 溶液于试管中，用 2 滴 2mol·L^{-1} HAc 溶液酸化，再加入等体积硫氰酸汞铵 $(NH_4)_2[Hg(SCN)_4]$ 溶液，摩擦试管内壁，生成白色沉淀，示有 Zn^{2+}存在。写出反应方程式。

(14) Cd^{2+}的鉴定

取 3 滴 0.1mol·L^{-1} $Cd(NO_3)_2$ 溶液于试管中，加 2 滴 0.5mol·L^{-1} Na_2S 溶液，生成亮黄色沉淀，示有 Cd^{2+}存在。写出反应方程式。

(15) Hg^{2+}的鉴定［参照 (7) Sn^{2+}的鉴定］

取 2 滴 0.1mol·L^{-1} $HgCl_2$ 溶液于试管中，逐滴加入 0.1mol·L^{-1} $SnCl_2$ 溶液，边加边振荡，观察沉淀颜色变化过程，最后变为灰色，示有 Hg^{2+}存在。

(16) Mn^{2+}的鉴定

取 2 滴 0.1mol·L^{-1} $MnSO_4$ 溶液于试管中，加 10 滴 6mol·L^{-1} HNO_3 溶液酸化，再加少许 $NaBiO_3$ 固体，微热，溶液呈紫色，示有 Mn^{2+}存在。写出反应方程式。

(17) Cr^{3+}的鉴定

取 5 滴 0.1mol·L^{-1} $CrCl_3$ 溶液于试管中，滴加 6mol·L^{-1} NaOH 溶液至生成的灰绿色沉淀溶解为亮绿色溶液，然后加入 0.5mL 3% H_2O_2，水浴加热使溶液变为黄色。

① 取所得黄色溶液用 6mol·L^{-1} HNO_3 溶液酸化，再滴加 0.1mol·L^{-1} $Pb(NO_3)_2$ 溶液，生成黄色沉淀，示有 Cr^{3+}存在。写出反应方程式。

② 取所得黄色溶液用 6mol·L^{-1} HNO_3 溶液酸化至 pH 2～3，再加入 0.5mL 乙醚和 2mL 3% H_2O_2，乙醚层呈蓝色，示有 Cr^{3+}存在。写出反应方程式。

(18) Fe^{2+}的鉴定

① 取 5 滴 0.1mol·L^{-1} $FeSO_4$ 溶液于试管中，滴入 0.1mol·L^{-1} $K_3[Fe(CN)_6]$ 溶液，生成深蓝色沉淀，示有 Fe^{2+}存在。写出反应方程式。

② 取 10 滴 0.1mol·L^{-1} $FeSO_4$ 溶液于试管中，滴入 1%邻二氮菲溶液，生成橘红色沉淀，也示有 Fe^{2+}存在。

(19) Fe^{3+}的鉴定

① 取 1 滴 0.1mol·L^{-1} $FeCl_3$ 溶液滴于点滴板上，滴入 0.1mol·L^{-1} $K_4[Fe(CN)_6]$ 溶液 1 滴，生成蓝色沉淀（习惯称普鲁士蓝），示有 Fe^{3+}存在。写出反应方程式。

② 取 1 滴 0.1mol·L^{-1} $FeCl_3$ 溶液滴于点滴板上，滴入 2 滴饱和 NH_4SCN 溶液，生成血红色溶液，示有 Fe^{3+}存在。写出反应方程式。

(20) Co^{2+}的鉴定

取 5 滴 0.1mol·L^{-1} $CoCl_2$ 溶液于试管中，滴入 2mol·L^{-1} HCl 溶液 2 滴，饱和 NH_4SCN 溶液 5 滴和丙酮 10 滴，振荡试管，溶液出现蓝色，示有 Co^{2+}存在。写出反应方程式。

(21) Ni^{2+}的鉴定

取1滴0.1mol·L^{-1} $NiSO_4$ 溶液滴于点滴板上，加1滴2mol·L^{-1} $NH_3·H_2O$，再加1滴1% 丁二酮肟溶液，生成鲜红色沉淀，示有 Ni^{2+} 存在。

(22) NH_4^+ 的鉴定

① 取1滴铵盐溶液，滴入点滴板中，滴2滴奈斯勒试剂(碱性四碘合汞溶液)，生成红棕色沉淀，示有 NH_4^+ 存在。

② 气室法（图3-9）：用洁净的表面皿两块，在其中一块表面皿的凹面黏附一小段湿润的红色石蕊试纸（或pH试纸），在另一块表面皿的凹面中心滴入3滴铵盐溶液，再加3滴6mol·L^{-1} NaOH溶液，立即闭合两表面皿成为气室。将此气室放在水浴上微热2min，试纸变蓝，示有 NH_4^+ 存在。

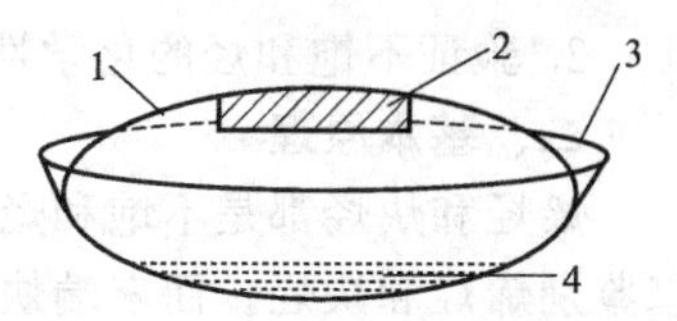

图3-9 气室法示意图

1—75mm表面皿；2—湿润的红色石蕊试纸；3—90mm表面皿；4—NH_4^+ 溶液中加几滴6mol·L^{-1} NaOH

2. 混合阳离子分离、鉴定的设计实验参考试液如下：

(1) Ag^+、Cd^{2+}、Cr^{3+}、Fe^{3+}、Ba^{2+}；

(2) Al^{3+}、Fe^{3+}、Zn^{2+}、Mn^{2+}、NH_4^+；

(3) Hg^{2+}、Cu^{2+}、Ca^{2+}、Al^{3+}、Na^+；

(4) Sn(Ⅳ)、Mn^{2+}、Co^{2+}、K^+、NH_4^+；

(5) Sb(Ⅲ)、Cu^{2+}、Fe^{3+}、Zn^{2+}、Mg^{2+}；

(6) Pb^{2+}、Hg^{2+}、Ni^{2+}、Mn^{2+}、Ba^{2+}；

(7) Bi^{3+}、Cr^{3+}、Ni^{2+}、Ca^{2+}、Na^+；

(8) Ag^+、Cd^{2+}、Co^{2+}、Pb^{2+}、K^+。

以上几组混合液，由教师安排给学生选做。学生可先自行配制一种混合液，根据实验室提供的试剂，设计合理方案，进行分离鉴定。然后领取一份相应未知液，其中的阳离子可能全部存在或部分存在，请将它们一一鉴别出来。

五、预习内容

1. 选取一组混合阳离子试液，根据阳离子的基本性质和本实验提供的试剂，制定分离鉴定方案。

2. 写出本实验中常见阳离子个别鉴定的相关反应方程式。

六、思考题

1. Al^{3+}、Fe^{3+}、Fe^{2+}、Co^{2+}、Zn^{2+}、Mn^{2+} 中，哪些离子的氢氧化物具有两性？哪些离子的氢氧化物不稳定？哪些能生成氨配合物？

2. Cu^{2+} 的鉴定条件是什么？硫化铜溶于热的6mol·L^{-1} HNO_3 后，如何证实有 Cu^{2+}？

3. 在未知溶液分析中，当由碳酸盐沉淀转化为铬酸盐时，为什么必须用乙酸溶液去溶解碳酸盐沉淀，而不用强酸如盐酸去溶解？

七、附注

硫氰酸汞铵 $(NH_4)_2[Hg(SCN)_4]$ 溶液的配制：取8g $HgCl_2$ 和9g NH_4SCN 固体溶于100mL蒸馏水中即可。

实验28 不饱和烃的制备和性质

一、实验目的

1. 学习乙烯和乙炔的实验室制备方法。

2. 验证不饱和烃的化学性质。

二、基本原理

烯烃和炔烃都是不饱和烃，都比较容易发生亲电加成和氧化反应。可以通过这两种反应来鉴别烯烃和炔烃。而末端炔烃（—C≡CH），含有活泼氢，能与银氨络离子或亚铜氨络离子反应生成白色的炔化银或红色的炔化亚铜沉淀。此反应可用来鉴别—C≡CH类炔烃。

乙烯的实验室制备方法：

$$CH_3CH_2OH + HOSO_2OH \rightleftharpoons CH_3CH_2OSO_2OH + H_2O$$

$$CH_3CH_2OSO_2OH \xrightarrow{160\sim170℃} CH_2=CH_2\uparrow + H_2SO_4$$

副反应：

$$2CH_3CH_2OH \xrightarrow[H_2SO_4]{约\ 140℃} CH_3CH_2OCH_2CH_3 + H_2O$$

$$CH_3CH_2OH + 6H_2SO_4(浓) \longrightarrow 2CO_2\uparrow + 6SO_2\uparrow + 9H_2O$$

乙炔的实验室制备方法：

$$CaC_2 + 2H_2O \longrightarrow HC\equiv CH\uparrow + Ca(OH)_2$$

三、实验用品

仪器与材料：酒精灯、短颈漏斗、烧杯、滴管、锥形瓶、试管、蒸馏烧瓶、具支试管、温度计、恒压漏斗。

药品：95%乙醇、浓硫酸、磷酸、10%氢氧化钠溶液、1%溴的四氯化碳溶液、0.1%高锰酸钾溶液、10%硫酸、电石、饱和硫酸铜溶液、饱和食盐水、5%硝酸银溶液、2%氨水、氯化亚铜氨溶液、硫酸汞溶液、Schiff试剂、环已烷。

四、实验步骤

1. 乙烯的制备

在制备前，要准备好将要做乙烯性质试验的各种试剂。

在50mL的蒸馏烧瓶加入4mL 95%乙醇，然后边摇动边慢慢滴加6.5mL浓硫酸[1]和1.5mL磷酸[2]，再加1～2粒沸石[3]，塞上带温度计的胶塞，温度计的水银球应浸入反应液中，蒸馏烧瓶的支管连接盛有10%氢氧化钠溶液[4]的具支试管，按照图3-10把仪器连接好。

检查不漏气后，在石棉网上加热，使混合液温度迅速升至150℃以上。乙烯开始发生后，小火加热，使温度控制在160～170℃之间，保持此范围的温度和保持乙烯气流均匀产生[5]。然后做性质试验。

2. 乙烯性质试验

用乙烯气体分别进行以下试验：

（1）与卤素反应

在盛有0.5mL 1%溴的四氯化碳溶液的试管中通入乙烯气体，边通气边振荡试管，有什么现象？

（2）氧化

在盛有0.5mL 0.1%高锰酸钾溶液及0.5mL 10%硫酸的试管中通入乙烯气体，摇动，溶液的颜色有什么变化？和烷烃的性质试验比较，有什么不同？

（3）可燃性

旋转末端导气管，使管口向上，点燃，观察燃烧情况。

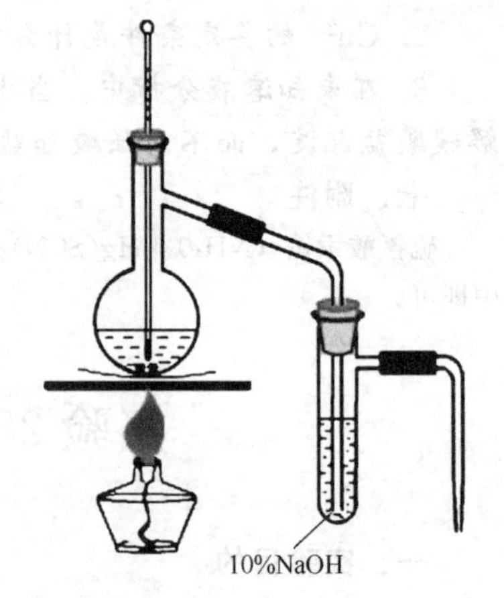

图3-10 制备乙烯装置图

3. 乙炔的制备

在制备前，要准备好将要做乙炔性质试验的各种试剂。

在150mL干燥的蒸馏烧瓶中加入6g电石（块状），瓶口装上一个恒压漏斗。蒸馏烧瓶的支管连接盛有饱和硫酸铜溶液的具支试管[6]，装置见图3-11。把15mL饱和食盐水[7]倾入恒压漏斗中，小心地旋开活塞使饱和食盐水慢慢地滴入蒸馏烧瓶中，即有乙炔生成，注意控制乙炔生成的速度！

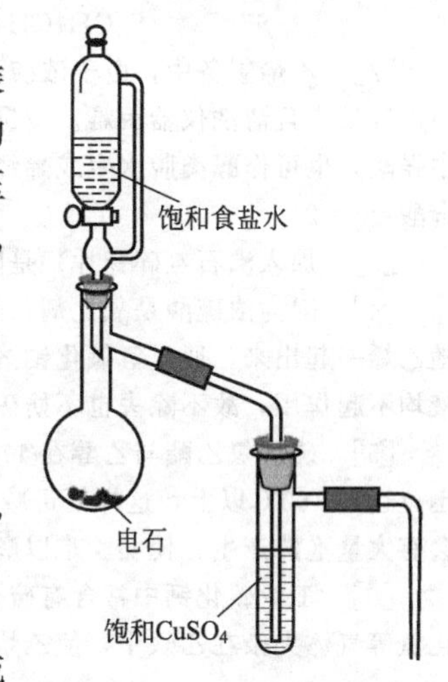

图3-11 制备乙炔装置图

4. 乙炔性质试验

用乙炔气体分别进行以下试验：

（1）与卤素反应

将乙炔通入盛有0.5mL 1%溴的四氯化碳溶液的试管中，观察有什么现象？

（2）氧化

将乙炔通入盛有1mL 0.1%高锰酸钾溶液及0.5mL 10%硫酸的试管中，观察有什么现象？

（3）乙炔银的生成

取1mL 5%硝酸银溶液，加入1滴10%氢氧化钠溶液，再滴入2%氨水，边滴边摇直到生成的沉淀恰好溶解，得到澄清的硝酸银氨水溶液[8]。通入乙炔气体，观察溶液有什么变化？有什么沉淀生成[9]？

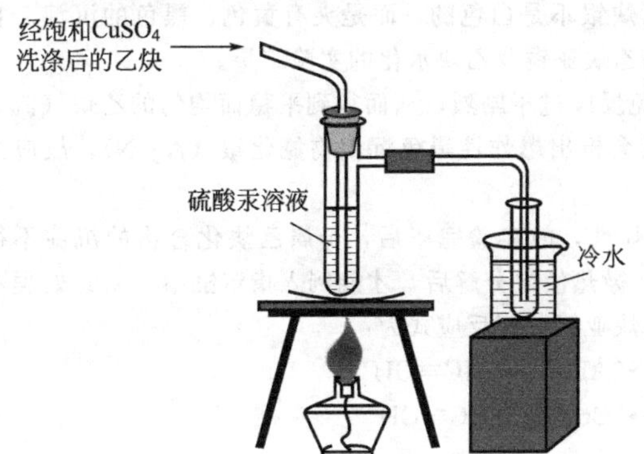

图3-12 乙炔水化反应装置

（4）乙炔铜的生成

将乙炔通入盛有2mL的氯化亚铜氨溶液中，观察有没有沉淀生成？沉淀的颜色如何？和乙炔银是否相同？

（5）乙炔的水化

装置如图3-12所示。将盛有4mL硫酸汞溶液（2g氧化汞与10mL 20%的硫酸作用而得）的具支试管固定在石棉网上，用小火加热，当温度升至约80℃时，通入经过饱和硫酸铜溶液洗涤过的乙炔气体。在硫酸汞的催化下，乙炔与水作用生成乙醛[10]，而乙醛受热蒸出，进入内盛2mL水和5滴Schiff试剂的试管中，外面用冷水冷却，乙醛就溶解于水中，当溶液呈桃红色，表明有乙醛生成[11]，即可停止通入乙炔。

（6）燃烧试验

旋转末端导气管，使管口向上，点燃，观察燃烧情况，注意与乙烯的燃烧试验情况作比较，有什么异同（即观察燃烧情况，注意火焰的颜色，火焰明亮的程度，有没有浓烟等现象）。

5. 烷烃的稳定性

取2支试管，各加入1mL环己烷，一支试管加入5滴1%溴的四氯化碳溶液，在另一支试管加入1mL 0.1%的高锰酸钾溶液及0.5mL 10%硫酸，摇匀，观察现象。并与乙烯的试验结果作比较，有什么不同？

五、注释

[1] 乙醇与浓硫酸作用，首先生成硫酸氢乙酯，反应放热，故必要时可浸在冷水中冷却片刻。边加边摇可防止乙醇的炭化。

$$CH_3CH_2OH + HOSO_2OH \longrightarrow CH_3CH_2OSO_2OH + H_2O$$

[2] 乙烯制备中，由于浓硫酸具有氧化性，乙醇在高温下易变黑最终形成大量炭渣耗费了不少乙醇，使出气量小且清洗仪器困难。适量加入磷酸可大大减小反应液变黑炭化，且生成的乙烯气体量多。磷酸是中强酸，也可作醇类脱水生成烯烃的催化剂。经试验各反应液最佳体积比为硫酸∶磷酸=4∶1，乙醇∶混合酸=1∶2。

[3] 加入沸石（碎瓷片）是防止加热时液体暴沸。

[4] 因为浓硫酸是氧化剂，会将乙醇氧化成 CO、CO_2 等，同时，硫酸本身被还原成 SO_2。这些气体随乙烯一起出来，通过氢氧化钠溶液可除去 SO_2 与 CO_2 等。在乙烯中虽杂有 CO，但它与溴和高锰酸钾溶液均不起作用，故不除去也不妨碍。

[5] 硫酸氢乙酯与乙醇在170℃分解生成乙烯，但在140℃时则生成乙醚，故实验中要求强热使温度迅速达到160℃以上，这样便可减少乙醚生成的机会。但当乙烯开始生成时，则加热不宜过剧。否则，将会有大量泡沫产生，使实验难以顺利进行。

[6] 工业碳化钙中常含有硫化钙、磷化钙、砷化钙等杂质，它们与水作用，产生硫化氢、磷化氢、砷化氢等气体夹杂在乙炔中，使乙炔具有强烈的恶臭。

$$CaS + 2H_2O \longrightarrow Ca(OH)_2 + H_2S\uparrow$$

$$Ca_3P_2 + 6H_2O \longrightarrow 3Ca(OH)_2 + 2PH_3\uparrow$$

$$Ca_3As_2 + 6H_2O \longrightarrow 3Ca(OH)_2 + 2AsH_3\uparrow$$

制备乙炔时，如果气体未通过饱和 $CuSO_4$ 或重铬酸-硫酸溶液洗涤，则由于杂质的影响，产生的硫化氢能与硝酸银作用生成黑色的硫化银沉淀，使生成的乙炔银不是白色的，而是夹有黄色、黑色的沉淀。它又能和氯化亚铜作用生成硫化亚铜，往往影响乙炔银和乙炔亚铜及乙炔水化的实验结果。

[7] 实验证明，用饱和食盐水与碳化钙，可以避免反应过于剧烈，从而得到平稳而均匀的乙炔气流。

[8] 硝酸银氨水溶液，即 Tollens 试剂，储存日久会析出爆炸性黑色沉淀物氮化银（Ag_3N），故应当使用时才配制。

[9] 乙炔银与乙炔亚铜沉淀在干燥状态时均有爆炸性，故实验完毕后，金属乙炔化合物的沉淀不得直接倾入废物缸中，而应滤取沉淀，加入2mL稀硝酸，微热使之分解后，才能倒入指定缸中。未经处理不得乱放或倒入废物缸。否则，会发生危险，乙炔银和乙炔亚铜分解反应式为：

$$AgC{\equiv}CAg + 2HNO_3 \longrightarrow 2AgNO_3 + HC{\equiv}CH$$

$$CuC{\equiv}CCu + 2HCl \longrightarrow 2Cu_2Cl_2 + HC{\equiv}CH$$

[10] $CH{\equiv}CH + H_2O \xrightarrow{HgSO_4,\ H_2SO_4} CH_3CHO$

[11] 乙醛遇 Schiff 试剂呈桃红色。

六、预习内容

1. 了解烷烃、烯烃、炔烃和环烷烃结构特点与化学性质的关系。

2. 了解乙烯和乙炔的制备原理及操作方法。

七、思考题

1. 制备乙烯的实验要注意哪些问题？如果不迅速升高温度结果如何？

2. 本实验制备乙烯时有哪些杂质生成？如何除去？

3. 由电石制取乙炔时，所得乙炔可能含有哪些杂质？在实验中应如何除去这些杂质？如果使用粉末状的电石能否制得乙炔？

4. 煤气、乙烯和乙炔燃烧过程的焰色有什么不同？为什么？

实验29　醇、酚、醛、酮的性质

一、实验目的

1. 通过实验学习醇、酚、醛、酮的化学性质。

2. 掌握这些化合物的特征反应和鉴定方法。

二、基本原理

醇和酚的结构中都含有羟基，但醇中的羟基与烃基相连，酚中羟基与芳环直接相连，因此它们在化学性质上有很多不相同的地方。

醛和酮都含有羰基，可与苯肼、2,4-二硝基苯肼、亚硫酸氢钠、羟胺、氨基脲等羰基试剂发生亲核加成反应，所得产物经适当处理可得到原来的醛、酮，这些反应可用来分离提纯和鉴别醛和酮。此外，甲基酮还可发生碘仿反应。利用 Tollens 试剂、Fehling 试剂、Schiff 试剂或铬酸试剂可将醛和酮加以区别。

三、实验用品

仪器与材料：酒精灯、烧杯、玻璃棒、滴管、试管。

药品：叔丁醇、仲丁醇、正丁醇、乙二醇、丙三醇、95%乙醇、甲醛、乙醛、苯甲醛(30%乙醇溶液)、丙酮、环己酮、苯乙酮、固体苯酚、1%苯酚、1%间苯二酚、1%β-萘酚、1%对苯二酚、5%重铬酸钾、浓盐酸、10%盐酸、10%硫酸、7.5mol·L^{-1}硝酸、10%氢氧化钠、5%碳酸氢钠、2%硫酸铜、Lucas 试剂、2%三氯化铁、饱和溴水、2，4-二硝基苯肼、饱和亚硫酸氢钠、碘-碘化钾溶液、5%硝酸银溶液、4%氨水、Fehling 试剂 A、Fehling 试剂 B、Schiff 试剂、pH 试纸。

四、实验步骤[1]

1. 醇的性质

(1) 卢卡斯（Lucas）试验[2]

在 3 支干燥的试管中，各加入 Lucas 试剂 1mL，再分别加入叔丁醇、仲丁醇、正丁醇 6 滴，立即用塞子将试管口塞住，振荡后静置，观察变化。把没有出现浑浊的试管放在水浴(50℃以下）中温热 2～3 min，静置，观察现象并说明原因。

(2) 氧化试验

在 3 支试管中各加入 1mL 7.5mol·L^{-1}硝酸，再加入 3～5 滴 5%重铬酸钾溶液[3]，然后再分别加入正丁醇、仲丁醇、叔丁醇各 5 滴样品，振摇后观察现象并解释之。

(3) 氢氧化铜试验

在 1 支试管中加入 2%硫酸铜溶液 1mL 及 10%氢氧化钠溶液 1mL，配制成新鲜的氢氧化铜，然后等分于 3 支试管中，分别加入 95%乙醇、乙二醇、丙三醇 4 滴，摇匀后，观察实验现象并写出反应式。最后向试管中加入 1 滴浓盐酸，振摇并记录现象变化[4]。

2. 酚的性质

(1) 苯酚的弱酸性

取固体苯酚（约黄豆大小）于试管中，加水 2mL，振荡试管后观察是否溶解。用玻璃棒蘸取 1 滴在广泛 pH 试纸上试验其酸性。加热试管可见苯酚全部溶解。将溶液分装 2 支试管，冷却后两试管均出现浑浊。向其中 1 支试管逐滴加入 10%氢氧化钠溶液至澄清为止。再在此澄清液中加入 10%硫酸至溶液呈酸性，观察有何变化？在另 1 支试管中加入 5%碳酸氢钠溶液，观察浑浊是否溶解[5]。

(2) 三氯化铁试验[6]

在 4 支试管中，分别加入 1%苯酚、1%间苯二酚、1%β-萘酚、1%对苯二酚溶液各 0.5mL，再在各试管中加 2%三氯化铁溶液 1～2 滴，观察颜色变化并解释原因。

(3) 溴水试验

在试管中加入 0.5mL 1%苯酚溶液，再逐滴加入溴水，并不断振摇，溴水不断褪色，并生成白色沉淀。如果继续加入溴水[7]，会出现什么现象，为什么？

3. 醛和酮的性质

(1) 2,4-二硝基苯肼试验[8]

取4支试管各加入2,4-二硝基苯肼试剂0.5mL，分别加入甲醛、乙醛、苯甲醛、丙酮各1～2滴，振荡后，观察有无沉淀产生，并注意其颜色，写出反应式。

(2) 亚硫酸氢钠试验[9]

取干燥试管3支分别加入苯甲醛、环己酮、苯乙酮各5滴，再加入新配制的饱和亚硫酸氢钠溶液0.5mL，充分振摇后，在冰水中放置5min，观察有什么现象，为什么？

倾出苯甲醛与亚硫酸氢钠加成产物中的上层溶液，在此结晶中加入20滴10%盐酸，水浴加热，观察有什么现象？为什么？此反应有何实际意义？

(3) 碘仿试验——活泼甲基的检验

取4支试管分别加入乙醛、丙酮、苯乙酮、乙醇各2滴，各加入7滴碘-碘化钾溶液（碘液），然后再逐滴滴加10 %氢氧化钠溶液，边滴边摇，直到碘的棕色近乎消失。若不出现沉淀，可将试管放到50～60℃的水浴中温热几分钟，冷却后观察，比较所得到的结果。

(4) 托伦（Tollens）试验[10]

在1支洁净的试管中[11]，加入2mL 5%硝酸银溶液和10 %氢氧化钠溶液1滴，再逐渐滴加4%氨水，边滴边摇，直到生成的沉淀恰好溶解为止（不宜多加，否则影响实验的灵敏度），得澄清的硝酸银氨溶液（Tollens试剂）。然后将此溶液分置于3支试管中，再分别加入乙醛、苯甲醛[12]、丙酮各3滴，振荡混匀，静置片刻，若无变化，可在50～60℃水浴上温热2 min，观察银镜的生成。

(5) 斐林（Fehling）试验[13]

取4支试管，在每支试管中各加入10滴Fehling试剂A和10滴Fehling试剂B，然后在试管中分别加入5滴甲醛、乙醛、苯甲醛和丙酮，摇匀后，将四支试管同时放入沸水浴中加热约2 min，注意观察[14]有何现象并解释之。

(6) 希夫（Schiff）试验[15]

取3支试管，分别加入甲醛、乙醛、丙酮各2滴，再在每支试管中加入Schiff试剂10滴，充分振摇，观察颜色变化。在呈正性反应的试管中再加入几滴浓硫酸，摇动，观察有何变化[16]。

五、注释

[1] 实验中所用的试剂较多，取用试剂时要特别注意避免滴瓶上胶头滴管的“张冠李戴”，造成试剂交叉污染，并导致实验失败。

[2] Lucas试剂为浓盐酸-无水氯化锌的溶液，所用试管必须干燥，否则影响鉴别效果。该法适宜鉴别C_3～C_6的醇，因大于6个碳的醇不溶于Lucas试剂，而C_1、C_2醇所得卤代烃是气体，故不适用。

[3] 硝酸与重铬酸钾混合溶液在常温下能氧化大多数伯醇和仲醇，同时橙红色的$Cr_2O_7^{2-}$转变为蓝绿色的Cr^{3+}，溶液由橙红色变为蓝绿色；而叔醇不能被氧化。

[4] 邻位二醇或邻位多元醇可与新制的氢氧化铜形成络合物而使沉淀溶解，变成绛蓝色溶液。加入盐酸后络合物分解为原来的醇和铜盐。

[5] 苯酚可溶于氢氧化钠溶液和碳酸钠溶液，因碳酸钠水解生成氢氧化钠，后者与苯酚反应，形成可溶于水的酚钠：

$$Na_2CO_3 + H_2O \longrightarrow NaOH + NaHCO_3$$

但苯酚不与碳酸氢钠作用，也不溶于碳酸氢钠溶液中。

［6］ 酚与三氯化铁的显色反应中，若颜色太深不好判断时，可加少量水稀释后再观察。

［7］ 白色沉淀是2,4,6-三溴苯酚。2,4,6-三溴苯酚被过量的溴水氧化，生成黄色的2,4,4,6-四溴环己二烯酮。

$$\text{(OH, Br, Br, Br)} + Br_2 \longrightarrow \text{(O, Br, Br, Br, Br)} + HBr$$

［8］ 2,4-二硝基苯肼有毒，使用时应注意避免皮肤直接接触和吸入。

［9］ 醛、酮与亚硫酸氢钠亲核加成是可逆的，用过量的亚硫酸氢钠使平衡向右移动，使加成产物结晶析出。如冷却后仍没有结晶析出，可用玻璃棒摩擦试管壁或加几滴乙醇。加成产物α-羟基磺酸钠是盐，易溶于水，但在饱和亚硫酸氢钠溶液中或乙醇中难溶，能结晶析出，遇到酸或碱又分解为原来的醛或酮。

［10］ Tollens试剂久置后将形成氮化银（Ag_3N）沉淀，容易爆炸，故必须临时配用。实验时，切忌用灯焰直接加热，进行水浴加热时间也不可过长。实验完毕后，应加入少许硝酸洗去银镜。

［11］ Tollens试验所用试管必须十分洁净，否则正性反应也不能形成银镜，而只能析出黑色的絮状沉淀。

［12］ 苯甲醛的Tollens试验中如不出现银镜，可多加1滴氢氧化钠或几滴4%氨水，不断摇匀，使沉于管底的油珠分散，室温下就可得到银镜。若无银镜产生，在温水浴中温热片刻就会有银镜产生。这是因为苯甲醛久置会自动氧化成苯甲酸，影响溶液的碱性所致。

［13］ Fehling试剂的配制方法如下。

Fehling试剂A：将34.6g硫酸铜晶体（$CuSO_4 \cdot 5H_2O$）溶于500mL蒸馏水中，加入0.5mL浓硫酸，混合均匀。

Fehling试剂B：将173g酒石酸钾钠晶体（$KNaC_2H_4O_6 \cdot 4H_2O$）和70g氢氧化钠溶于500mL蒸馏水中。

将这两种溶液分别保存。使用时两溶液等体积混合便成Fehling试剂。它是铜离子与酒石酸盐形成络合物的溶液，呈深蓝色。由于此络合物溶液不稳定，必须临用时配制。

［14］ Fehling试剂只与脂肪醛反应，故可区别脂肪醛和芳香醛。甲醛被Fehling试剂氧化成甲酸后，仍有还原性，使氧化亚铜继续还原为金属铜，呈暗红色粉末或铜镜析出。

［15］ Schiff试剂为桃红色的品红盐酸盐与亚硫酸作用所得的无色溶液。醛可与Schiff试剂加成，生成带蓝影的紫红色，脂肪醛反应很快，芳香醛反应较慢。甲醛的反应产物遇硫酸不褪色，其他醛的反应产物遇硫酸褪色。丙酮在此试验中可产生很淡的颜色，其他酮则不反应。所以可用本试验鉴别醛和酮，也可区分甲醛和其他的醛。

［16］ 在Schiff试验中，由于Schiff试剂的组成中有亚硫酸，故在碱性或加热的情况下，会产生假阳性反应，这是在试验和实际运用中应该特别注意的，可做空白对照。

六、预习内容

1. 复习醇、酚、醛、酮的化学性质，特别是一些特征反应。

2. 认真阅读实验内容特别是注释部分的内容。

七、思考题

1. 具有什么结构的化合物能与三氯化铁溶液发生显色反应？试举三例。

2. 为什么苯酚溶于碳酸钠溶液而不溶于碳酸氢钠溶液？

3. 某化合物能发生下列反应：①与Na反应放出H_2；②与氧化剂$K_2Cr_2O_7$作用生成酮；③与浓硫酸共热生成烯，如将生成的烯催化加氢，得到2-甲基丁烷。试根据以上反应写出此化合物的名称及结构。

4. 哪些试剂可用来区别醛类和酮类化合物？

5. 什么叫碘仿反应？在乙醇、丁酮、异丙醇、3-戊酮、苯乙酮这些化合物中哪些可发生碘仿反应？

6. 如何分离及鉴定苯甲醛和苯乙酮的混合溶液（注意分离与鉴定的区别）？

7. 现有5瓶无标签试剂，已知分别是仲丁醇、3-戊酮、丁酮、乙醛和苯甲醛，请选择简单的化学方法进行鉴别。

实验30 糖类、氨基酸和蛋白质的性质

一、实验目的

1. 加深对糖类主要化学性质的理解，掌握糖类的鉴别方法。

2. 熟悉氨基酸和蛋白质的特征颜色反应及其鉴别方法。

二、基本原理

糖通常分为单糖、二糖和多糖，又可分为还原糖和非还原糖。前者含有半缩醛（酮）的结构能使Fehling试剂、Benedict试剂和Tollens试剂还原。不含半缩醛（酮）结构的糖不具有还原性，称非还原糖。它不能还原Fehling试剂、Benedict（本尼迪特）试剂和Tollens试剂。

鉴定糖类物质的定性反应是Molish反应，即在浓硫酸作用下，糖与α-萘酚作用生成紫色环。酮糖能与间苯二酚显色，而醛糖不能，可用这一反应区别醛糖和酮糖。淀粉的碘试验是鉴定淀粉的一个很灵敏的方法。

蛋白质是存在于细胞中的一种含氮的生物高分子化合物，在酸、碱存在下，或受酶的作用，水解成相对分子质量较小的多肽，而水解的最终产物为各种氨基酸，其中以α-氨基酸为主。

本试验主要用葡萄糖、果糖、麦芽糖、蔗糖和淀粉作试样进行试验，考察糖类物质结构和化学性质之间的关系。氨基酸和蛋白质的性质我们只做蛋白质的沉淀、蛋白质的颜色反应和蛋白质的分解等性质试验，这些性质有助于认识或鉴定氨基酸和蛋白质。

三、实验用品

仪器与材料：酒精灯、烧杯、玻璃棒、滴管、试管。

药品：2%葡萄糖、2%果糖、2%蔗糖、2%淀粉、2%麦芽糖、1%甘氨酸、1%酪氨酸、1%色氨酸、蛋白质溶液[1]、本尼迪特试剂、10%α-萘酚的乙醇溶液、浓硫酸、10%氢氧化钠、30%氢氧化钠、0.1%碘液，间苯二酚盐酸溶液、茚三酮试剂、1%硫酸铜、浓硝酸、硝酸汞试剂、饱和硫酸铜溶液、碱性乙酸铅溶液、氯化汞、饱和硫酸铵溶液、5%的乙酸、饱和苦味酸溶液、饱和鞣酸溶液、红色石蕊试纸。

四、实验步骤

1. 糖类的性质

(1) 糖的还原性——本尼迪特（Benedict）试验[2]

取5支试管各加入本尼迪特试剂10滴，再分别加入5滴2%葡萄糖、2%果糖、2%蔗糖、2%麦芽糖、2%淀粉，在沸水浴中煮沸2～3 min，取出冷却，观察有无红色或黄色沉淀，比较其结果。

(2) 糖的颜色反应

① 莫利许（Molish）试验[3] 取4支试管，分别加入2%葡萄糖、2%果糖、2%麦芽糖、2%淀粉各5滴，然后加入2滴10%α-萘酚的乙醇溶液，摇匀，将试管倾斜45°角，

沿管壁慢慢加入浓硫酸约 5 滴（勿摇动），此时硫酸与糖溶液应很清楚地分成两层，观察两液面间紫色环的出现。若无紫色环，可将试管在热水浴中加热 3～5 min，再观察现象。

② 西里瓦洛夫（Seliwanoff）试验[4]　取 4 支试管，各加入间苯二酚的盐酸溶液 10 滴，然后在 3 支试管中分别加入 2%葡萄糖、2%果糖、2%蔗糖溶液各 5 滴，第 4 支试管留作对照用，摇匀后，同时放入水浴中加热 2min，观察有无颜色变化，记录颜色的深浅，此试验有何意义？

③ 淀粉与碘的作用[5]　取 1 支试管，加入 0.5mL 2%淀粉溶液，再加 1 滴 0.1%碘液，溶液是否显蓝色？将试管在沸水浴中加热 5～10min，观察有何变化？放置冷却，又有何变化？

2. 氨基酸和蛋白质的性质

(1) 蛋白质的沉淀

① 用重金属盐沉淀蛋白质[6]　取 3 支试管，各盛 1mL 蛋白质溶液，分别加入饱和的硫酸铜、碱性乙酸铅、氯化汞（小心，有毒！）2～3 滴，观察有无蛋白质沉淀析出？

② 蛋白质的可逆沉淀[7]　取 2mL 蛋白质溶液，放在试管里，加入同体积的饱和硫酸铵溶液，将混合物稍加振荡，析出蛋白质沉淀使溶液变浑或呈絮状沉淀。将 1mL 浑浊的液体倾入另 1 支试管中，加入 1～3 mL 水，振荡时，蛋白质沉淀是否溶解？

③ 蛋白质与生物碱试剂反应[8]　取 2 支试管，各加 0.5mL 蛋白质溶液，并滴加 5%的乙酸使之呈酸性（这个沉淀反应最好在弱酸溶液中进行）。然后分别滴加饱和的苦味酸溶液和饱和的鞣酸溶液，直到沉淀发生为止。

(2) 蛋白质的颜色反应

① 与茚三酮的反应[9]　取 4 支试管，分别加入 1mL 1%的甘氨酸、酪氨酸、色氨酸和蛋白质溶液，再分别滴加 3～4 滴茚三酮试剂，在沸水浴中加热 3～5min，冷却，观察现象。

② 缩二脲反应[10]　在试管中加入 2mL 蛋白质溶液，2mL 10%氢氧化钠溶液，然后加入 2 滴 1%的硫酸铜溶液，摇动试管，观察现象。

③ 黄蛋白反应[11]　取 1 支试管，加入蛋白质溶液 1mL，再滴加浓硝酸 7～8 滴，此时浑浊或有白色沉淀，加热煮沸，溶液和沉淀都呈黄色，冷却，逐滴加入 10%氢氧化钠溶液，颜色由黄色变成更深的橙色。

④ 蛋白质与硝酸汞试剂的反应[12]　在试管中加入 2mL 蛋白质溶液和硝酸汞试剂 2～3 滴，现象如何？小心加热，此时原先析出的白色絮状物聚成块状，并显砖红色。

(3) 碱分解蛋白质

在试管中加入 2mL 蛋白质溶液和 4mL 30%的氢氧化钠溶液。在试管口放一湿润的红色石蕊试纸，把混合液加热煮沸 3～4min，有何气体放出？试纸是否变色？

五、注释

[1]　蛋白质溶液的制备：取一个鸡蛋，两头各钻一小孔，竖立，将蛋清（约 25mL）流入盛有 100～120mL 经煮沸过的冷蒸馏水的烧杯中，经搅拌、过滤（漏斗上放置经水润湿的纱布），滤液即为蛋白质溶液。

[2]　Benedict 试剂即改进的斐林（Fehling）试剂，试剂稳定，不必临时配制，同时它还原糖类时反应很灵敏。

在 Benedict 试验中，若加热时间过长，则会产生铜镜，即二价的铜离子经还原成砖红色 CuO 后进一步被还原成单质铜。铜镜可用稀硝酸洗去。

［3］ 莫利许（Molish）反应是糖类化合物先与浓 H_2SO_4 作用生成糠醛衍生物，后者再与 α-萘酚反应生成紫色络合物。

此颜色反应是很灵敏的。如果操作不慎，甚至将滤纸毛或碎片落于试管中，都会得到正性结果。但正性结果不一定都是糖，例如甲酸、丙酮、乳酸、草酸、葡萄糖酸和苯三酚等试剂也能生成有色环。但负性结果肯定不是糖。

［4］ 间苯二酚盐酸溶液的配制：0.01g 间苯二酚溶于 10mL 浓盐酸和 10mL 水，混匀即成。

酮糖与间苯二酚溶液反应生成红色沉淀化合物，反应一般在半分钟内完成使溶液变为红色。但若加热时间过久，葡萄糖、麦芽糖、蔗糖也有此反应。这是因为麦芽糖和蔗糖在酸性介质下水解分别生成葡萄糖或葡萄糖和果糖。葡萄糖浓度高时，在酸存在下，能部分转化果糖。

［5］ 淀粉与碘的作用是一个复杂的过程。主要是碘分子和淀粉之间经范德华力联系在一起形成一种配合物，加热时分子配合物不易形成而使蓝色褪去，这是一个可逆过程，是淀粉的一种鉴定方法。

［6］ 重金属在浓度很小时就能沉淀蛋白质，与蛋白质形成不溶于水的类似盐的化合物。因此蛋白质是许多重金属中毒时的解毒剂。用重金属盐沉淀蛋白质和蛋白质加热沉淀均是不可逆的。

［7］ 碱金属和镁盐在相当高的浓度下能使很多蛋白质从它们的溶液中沉淀出来（盐析作用）。硫酸铵具有特别显著的盐析作用，不论在弱酸溶液中还是中性溶液中都能使蛋白质沉淀。其他的盐需要使溶液呈酸性反应才能盐析完全，用硫酸铵时，使溶液呈酸性反应也能大大加强盐析作用。

蛋白质被碱金属和镁盐沉淀没有变性作用，所以这种沉淀（盐析）作用是可逆的，所得出的沉淀在加水时又溶解于溶液中，即又恢复原蛋白质。

［8］ 生物碱沉淀剂多为重金属盐、大分子酸及相对分子质量较大的碘化物复盐，生物碱沉淀剂也可使蛋白质产生沉淀。

［9］ 0.1％茚三酮溶液的制备（用时新配）：将 0.1g 茚三酮溶于 124.9mL 95％乙醇中。

α-氨基酸和蛋白质都能与茚三酮作用，生成紫色，反应十分灵敏。在 pH 5～7 的溶液中进行为宜。试验中不要将茚三酮弄到皮肤上，否则也会显色！

［10］ 任何蛋白质或其水解中间产物均有缩二脲反应，这表明蛋白质或其水解中间产物均含有肽键。

蛋白质水解中间产物	肽键数目	所显颜色
缩二氨基酸	1	蓝色
缩三氨基酸	2	紫色
缩四氨基酸	3	红色

蛋白质在缩二脲反应中常显紫色。这显示缩三氨基酸的残基在蛋白质分子中较多。显色反应是由于生成铜的络合物。实验中硫酸铜溶液不能过量，否则硫酸铜在碱性溶液中生成氢氧化铜沉淀，会遮蔽所产生的显色反应。

［11］ 黄蛋白反应表明蛋白质分子中含有单独的或并合的芳环，即含有 α-氨基-β-苯基丙酸、酪氨酸、色氨酸等。这些结构单元中芳香环能与硝酸起硝化反应，生成多硝基化合物，结果呈现黄色。加碱后颜色变为橙黄色，是由于形成醌式结构的缘故。

［12］ 只有组成中含有酚羟基的蛋白质，才与硝酸汞试剂显砖红色。在氨基酸中只有酪氨酸含有酚羟基，所以，凡能与硝酸汞试剂作用显砖红色的蛋白质，其组成中必定含有酪氨酸单位。

硝酸汞（Millon）试剂的制备：将 1g 金属汞溶于 2mL 浓硝酸中，用两倍水稀释，放置过夜，过滤即得。它主要含有汞或汞的硝酸盐，此外还含有过量的硝酸和少量的亚硝酸。

六、预习内容

1. 熟悉糖类、氨基酸和蛋白质的化学性质。

2. 认真阅读实验内容特别是注释部分。

七、思考题

1. 怎样鉴别葡萄糖、果糖、蔗糖和淀粉？

2. 什么叫还原糖？在葡萄糖、果糖、蔗糖、麦芽糖、纤维素中，哪些是还原糖？

3. 蔗糖是二糖，它是由哪两种单糖构成的？它有变旋光现象吗？为什么？

4. 要判断某多肽链中是否含有酪氨酸残基，应采用什么办法？

5. 在蛋白质的缩二脲反应中，为什么要控制硫酸铜的加入量？过量的硫酸铜会导致什么结果？

4 物质的分析实验

实验 31 NaOH 和 HCl 标准溶液的标定

一、实验目的

1. 掌握标定酸碱标准溶液浓度的原理和方法。

2. 巩固分析天平的称量技能，进一步练习滴定操作。

二、实验原理

实验中间接法所配制的 NaOH 溶液和 HCl 溶液，必须标定其准确浓度，只要标定出其中任何一种溶液的浓度，根据体积比 V_{HCl}/V_{NaOH} 可计算出另一溶液的浓度。标定 NaOH 和 HCl 的基准物质有多种，本实验各介绍常用的一种。

1. 邻苯二甲酸氢钾标定 NaOH 溶液

邻苯二甲酸氢钾易制得纯品，在空气中稳定，易于保存，摩尔质量较大，是一种较好的标定 NaOH 溶液的基准物质，标定反应如下：

$$C_6H_4(COOH)(COOK) + NaOH = C_6H_4(COONa)(COOK) + H_2O$$

反应产物为二元弱碱，滴定终点溶液呈弱碱性，可选用酚酞作指示剂。

2. 无水碳酸钠标定 HCl 溶液

无水碳酸钠（Na_2CO_3）易于制得纯品，不含结晶水，易吸收空气中的水分，先将其置于 270～300℃干燥 1h，然后保存在干燥器中备用，标定反应如下：

$$Na_2CO_3 + 2HCl = 2NaCl + H_2O + CO_2 \uparrow$$

计量点时为 H_2CO_3 饱和溶液，其溶液 pH 值约为 3.9，可选择甲基橙为指示剂。为使 H_2CO_3 的过饱和部分不断分解逸出，临近终点时应将溶液剧烈摇动或加热。

三、实验仪器与试剂

仪器与材料：酸式滴定管（50mL），碱式滴定管（50mL），容量瓶（250mL），锥形瓶（250mL），移液管（20mL），烧杯（100mL），电炉，石棉网，分析天平。

试剂与药品：邻苯二甲酸氢钾（A. R.），无水碳酸钠（优级纯），NaOH 溶液（0.10mol·L^{-1}），HCl 溶液（0.10mol·L^{-1}），酚酞（2g·L^{-1}乙醇溶液），甲基橙（1g·L^{-1}水溶液）。

四、实验步骤

1. NaOH 溶液浓度的标定

用分析天平准确称量邻苯二甲酸氢钾 0.4～0.5g 于 250mL 锥形瓶中，加入 20～30mL 水使之溶解（若没有完全溶解，可稍微加热），加入 1～2 滴酚酞指示剂，用 NaOH 溶液滴定至溶液呈淡红色半分钟不褪，即为终点。平行测定三份，计算 NaOH 标准溶液的浓度，相对平均偏差应不大于 0.2%。

2. HCl 溶液浓度的标定

准确称取1.0～1.2g无水Na_2CO_3，置于小烧杯中，溶解后小心转移至250mL容量瓶中，用少量水润洗小烧杯2～3次，洗液也全部移入容量瓶中，加水至标线（接近标线时应用滴管加），充分摇匀，备用。

取洗净的20mL移液管，用少量的Na_2CO_3溶液润洗内壁2～3次，然后移取20.00mL Na_2CO_3溶液放入洁净的250mL锥形瓶中，加入1～2滴甲基橙指示剂，用HCl溶液滴定至溶液由黄色变为橙色，即为终点[1]。平行测定三份，计算HCl标准溶液的浓度，其相对平均偏差不大于0.3%。

五、预习内容

1. 基准物质的条件及标准溶液的标定。
2. 移液管、容量瓶的洗涤及使用。

六、思考题

1. 如何计算称取基准物质邻苯二甲酸氢钾或Na_2CO_3的质量范围？称得太多或太少对标定有何影响？
2. 为什么配制邻苯二甲酸氢钾溶液要用容量瓶，而配制NaOH和HCl溶液却用量筒？
3. 滴定过程中如有液体溅到锥形瓶内壁上，需要用水将其冲下，为什么？
4. 如基准物质邻苯二甲酸氢钾中含有少量邻苯二甲酸，对NaOH溶液的标定结果有什么影响？
5. 用NaOH标准溶液标定HCl溶液浓度时，以酚酞为指示剂，用NaOH滴定HCl，若NaOH溶液因储存不当吸收了CO_2，对滴定结果有何影响？

七、注释

[1] HCl溶液浓度标定时，由于CO_2存在，甲基橙在终点时变色不够敏锐，因此，在接近滴定终点之前，最好将溶液加热至沸，并摇动以赶走CO_2，冷却后再滴定。

实验32 硫酸铵肥料中含氮量的测定（甲醛法）

一、实验目的

1. 了解酸碱滴定法的应用，掌握甲醛法测定铵盐中氮含量的原理和方法。
2. 熟悉容量瓶、移液管的使用方法。

二、实验原理

由于NH_4^+的酸性太弱（$K_a=5.6\times10^{-10}$），无法用NaOH标准溶液直接滴定，生产和实验室中广泛采用甲醛法测定铵盐中的氮含量。其反应如下：

$$4NH_4^+ + 6HCHO = (CH_2)_6N_4H^+ + 3H^+ + 6H_2O$$

NH_4^+与甲醛作用，生成定量的强酸和六亚甲基四胺酸（$K_a=7.1\times10^{-6}$），可用NaOH标准溶液直接滴定反应中生成的酸，根据NaOH标准溶液的浓度及滴定消耗的体积，可计算出铵盐中N的含量：

$$w_N = \frac{c_{NaOH} \cdot V_{NaOH} \cdot M_N}{m_s} \times 100\%$$

由于计量点时产物为$(CH_2)_6N_4$，其水溶液显弱碱性，可选择酚酞为指示剂。

三、实验仪器与试剂

仪器与材料：碱式滴定管（50mL），锥形瓶（250mL），容量瓶（100mL），移液管（20mL），量筒（10mL），烧杯（100mL），分析天平。

试剂与药品：NaOH 标准溶液（0.10mol·L^{-1}），甲醛（40%），酚酞（2g·L^{-1}乙醇溶液），硫酸铵样品（s）。

四、实验步骤

1. 准确称取 $(NH_4)_2SO_4$ 固体[1] 0.65～0.80g 于洁净的小烧杯中，加水溶解后转移至100mL 容量瓶中，定容、摇匀备用。

2. 准确移取上述溶液 20.00mL 于洁净的锥形瓶中，加入 10mL 中性甲醛溶液[2]（1∶1），1～2 滴酚酞指示剂，摇匀，静置 1min 后，用 0.10mol·L^{-1} NaOH 标准溶液滴定至溶液呈淡红色且半分钟不褪色为终点。

3. 平行测定三份，计算 $(NH_4)_2SO_4$ 试样中氮含量（w_N）及相对平均偏差（小于 0.3%）。

五、预习内容

1. 甲醛法测定铵盐中氮含量的原理。

2. 酸碱滴定中指示剂的选择。

六、思考题

1. 铵盐中氮的测定为什么不能用 NaOH 直接滴定？

2. 为什么中和甲醛中的甲酸以酚酞作指示剂？中和铵盐试样中的游离酸以甲基红作指示剂？

3. 加入的甲醛为什么预先要用 NaOH 溶液中和？若未达中和，或 NaOH 溶液加得过量，对测定结果有什么影响？

4. 若试样为 NH_4Cl 或 NH_4HCO_3，是否可用本法测定？为什么？

5. 试样中若含有 Fe^{3+} 离子，对测定结果有什么影响？

七、注释

[1] 如果铵盐中含有游离酸，应事先中和除去，先加甲基红指示剂，用 NaOH 溶液滴定至橙色，然后再加甲醛进行测定。

[2] 甲醛中常含有微量甲酸，应预先以酚酞为指示剂，用 NaOH 标准溶液中和至溶液显淡红色。

实验 33　EDTA 标准溶液的配制与标定

一、实验目的

1. 学习 EDTA 标准溶液的配制和标定方法。

2. 掌握络合滴定的原理，了解金属指示剂的工作原理。

3. 了解络合滴定法特点，熟悉钙指示剂的使用。

二、实验原理

乙二胺四乙酸（简称 EDTA，常用 H_4Y 表示）难溶于水，常温下的溶解度为 0.2g·L^{-1}，一般用其二钠盐配制标准溶液。乙二胺四乙酸二钠盐的溶解度为 120g·L^{-1}，其溶液的 pH 值约为 4.4，通常用间接法配制标准溶液。

标定 EDTA 溶液的常用基准物质有 Zn、ZnO、$CaCO_3$、Cu、$MgSO_4 \cdot 7H_2O$、Ni、Pb 等。通常选用其中与被测组分相同的物质作基准物质，滴定条件基本一致，以减小误差。测定水的硬度及石灰石中 CaO、MgO 含量时宜用 $CaCO_3$、$MgCO_3 \cdot 7H_2O$ 作基准物质。

用 $CaCO_3$ 标定 EDTA，首先用 HCl 溶液溶解 $CaCO_3$，然后将溶液转移到容量瓶中稀释、定容，配制成标准溶液。吸取一定体积钙标准溶液，用 NaOH 调节溶液 pH 值为 12～13，选用钙指示剂指示滴定终点，变色原理为：

滴定前　Ca＋In(蓝色)══CaIn(酒红色)

滴定中　Ca＋Y══CaY

终点时　CaIn(酒红色)＋Y══CaY＋In(蓝色)

三、实验仪器与试剂

仪器与材料：酸式滴定管（50mL），锥形瓶（250mL），容量瓶（100mL），烧杯（250mL、100mL），移液管（20mL），量筒（10mL），分析天平，聚乙烯瓶（500mL）。

试剂与药品：乙二胺四乙酸（s），碳酸钙（s，优级纯），HCl 溶液（1∶1），NaOH 溶液（$40g\cdot L^{-1}$）。

四、实验步骤

1. $0.020mol\cdot L^{-1}$ EDTA 溶液的配制

称取 4.0g 乙二胺四乙酸二钠（$Na_2H_2Y\cdot 2H_2O$）于 250mL 烧杯中，加 100mL 水，溶解后转移至聚乙烯瓶中（可温热溶解），用水稀释至 500mL，摇匀。

2. 以 $CaCO_3$ 为基准物质标定 EDTA

准确称取 110℃干燥过的 $CaCO_3$ 0.2～0.25g 置于 100mL 烧杯中，用少许水润湿，盖上表面皿，慢慢滴加 1∶1 HCl 3mL 使其溶解，定量转移到 100mL 容量瓶中，用水稀释至刻度，摇匀。

准确移取 20.00mL 钙标准溶液置于 250mL 锥形瓶中，加 5mL $40g\cdot L^{-1}$ NaOH 溶液及少量钙指示剂，摇匀后用 EDTA 溶液滴定至溶液由酒红色恰好变为纯蓝色，即为终点。平行测定 3 份，计算 EDTA 标准溶液的浓度，其相对平均偏差不大于 0.2%。

五、预习内容

1. 络合滴定法的原理及特点。
2. EDTA 标准溶液的配制方法及标定方法。

六、思考题

1. 为什么通常使用乙二胺四乙酸二钠配制 EDTA 溶液，而不用乙二胺四乙酸？
2. 络合滴定中为什么加入缓冲溶液？
3. 以 HCl 溶解 $CaCO_3$ 基准物质时，操作应注意什么问题？
4. 以 $CaCO_3$ 为基准物质，以钙指示剂为指示剂标定 EDTA 溶液时，溶液的酸度应控制为多少？为什么？如何控制？
5. 络合滴定法与酸碱滴定法相比，有哪些不同点？操作中应注意哪些问题？
6. 如果 EDTA 溶液在长期储存中因侵蚀玻璃而含有少量 CaY^{2-}、MgY^{2-}，则在 pH＝10 的氨性缓冲溶液中用 Mg^{2+} 标准溶液标定和 pH＝4 的缓冲溶液中用 Zn^{2+} 标准溶液标定，所得结果是否一致？为什么？

实验 34　水的硬度的测定

一、实验目的

1. 了解水的硬度的测定方法和常用的硬度表示方法。

2. 掌握EDTA法测定水的硬度的原理和方法。

二、实验原理

Ca^{2+}、Mg^{2+}是硬水中的主要杂质离子，它们以酸式盐、氯化物等形式存在，水中还有其他微量杂质离子，由于Ca^{2+}、Mg^{2+}含量远比其他离子高，所以通常用水中钙镁盐总量表示水的硬度。硬度有暂时硬度和永久硬度之分，水中Ca^{2+}、Mg^{2+}以酸式碳酸盐形式存在的称为暂时硬度，以硫酸盐、硝酸盐和氯化物形式存在的称为永久硬度。

测定水的硬度常采用络合滴定法，在pH≈10的NH_3-NH_4Cl缓冲溶液中，以铬黑T(EBT)为指示剂测定水中Ca^{2+}、Mg^{2+}总量。由于$K_{CaY}>K_{MgY}>K_{Mg\text{-}EBT}>K_{Ca\text{-}EBT}$，EBT先与部分$Mg^{2+}$络合为Mg-EBT（酒红色）。当EDTA滴入时，先与游离Ca^{2+}、Mg^{2+}络合，终点时EDTA夺取Mg-EBT中的Mg^{2+}，将EBT置换出来，溶液颜色由酒红色变为纯蓝色。测定水中钙硬时，另取等量水样，加NaOH调节溶液pH值为12～13，使Mg^{2+}生成$Mg(OH)_2$沉淀，加入钙指示剂，用EDTA标准溶液滴定至溶液颜色由酒红色变为纯蓝色，测定水中Ca^{2+}含量。已知Ca^{2+}、Mg^{2+}的总量及Ca^{2+}的含量，即可计算出水中Mg^{2+}含量。

若水样中存在Fe^{3+}、Al^{3+}等微量杂质，可用三乙醇胺进行掩蔽[1]，Cu^{2+}、Pb^{2+}、Zn^{2+}等重金属离子可用Na_2S或KCN掩蔽。

水的硬度常以氧化钙的量来表示。各国对水的硬度表示不同，我国沿用的硬度表示方法有两种：一种以度（°）计，1硬度单位表示十万份水中含1份CaO（即每升水中含10mg CaO），即1°=10mg·L^{-1} CaO；另一种以CaO mg·L^{-1}表示。

$$硬度=\frac{(cV)_{EDTA}\times M_{CaO}}{V_{水}}\times 1000(mg\cdot L^{-1})$$

$$硬度=\frac{(cV)_{EDTA}\times M_{CaO}}{V_{水}}\times 100(°)$$

三、实验仪器与试剂

仪器与药品：酸式滴定管（50mL），锥形瓶（250mL），容量瓶（50mL），移液管(25mL)，量筒（10mL）。

试剂与药品：EDTA标准溶液（0.020mol·L^{-1}自配），铬黑T指示剂[2]（5g·L^{-1}），钙指示剂，NH_3-NH_4Cl缓冲溶液（pH≈10），NaOH溶液（40g·L^{-1}）。

四、实验步骤

1. 总硬度的测定

准确移取25.00mL水样[3]于250mL锥形瓶中，加入5mL NH_3-NH_4Cl缓冲溶液(pH≈10)，3～4滴铬黑T指示剂，用EDTA标准溶液滴定至溶液由酒红色变为纯蓝色为终点，记录消耗EDTA标准溶液的体积为V_1（mL），平行测定3份，计算水的总硬度。

2. 钙、镁硬度的测定

准确移取25.00mL水样于250mL锥形瓶中，加入5mL 40g·L^{-1} NaOH溶液，再加入少许钙指示剂，用EDTA标准溶液滴定至溶液由酒红色变为纯蓝色为终点，记录消耗EDTA标准溶液的体积为V_2(mL)，平行测定3次，按下式分别计算水中Ca^{2+}、Mg^{2+}的含量（以mg·L^{-1}表示）。

$$\rho_{Ca}=\frac{(c\overline{V}_2)_{EDTA}\times M_{CaO}\times 1000}{V_{水}}(mg\cdot L^{-1})$$

$$\rho_{Mg}=\frac{[c(\overline{V}_1-\overline{V}_2)]_{EDTA}\times M_{Mg}\times 1000}{V_{水}}(mg\cdot L^{-1})$$

要求水的总硬度和 Ca^{2+} 含量计算的相对平均偏差不大于0.3%。

五、预习内容

1. 常用水的硬度表示方法及测定原理，络合滴定中酸度的选择和控制。

2. 金属指示剂的变色原理及常用的金属指示剂。

六、思考题

1. 什么叫水的硬度？如何计算水的硬度？

2. 为什么滴定水的总硬度时要控制溶液 pH≈10？滴定 Ca^{2+} 分量时要控制溶液 pH 值为 12～13？若 pH>13 对滴定结果有何影响？

3. 如果只有铬黑 T 指示剂，能否测定 Ca^{2+} 含量？如何测定？

4. 用 EDTA 法测定水的硬度时，哪些离子的存在有干扰？如何消除？

七、注释

[1] 使用三乙醇胺掩蔽 Fe^{3+}、Al^{3+} 时，须在 pH<4 下加入，摇动后再调节 pH 至滴定酸度。若水样中含铁量超过 $10mg\cdot L^{-1}$ 时，掩蔽有困难，需用纯水稀释至 Fe^{3+} 不超过 $7mg\cdot L^{-1}$。

[2] 铬黑 T 指示剂的配制：称取 0.5g 铬黑 T，加 20mL 三乙醇胺，用水稀释至 100mL。铬黑 T 与 Mg^{2+} 显色的灵敏度高，与 Ca^{2+} 显色的灵敏度低，当水样中钙含量很高而镁含量很低时，可在水样中加入少许 Mg-EDTA，利用置换滴定法的原理来提高终点变色的敏锐性，或选用 K-B 指示剂。

[3] 若水样中含锰量超过 $1mg\cdot L^{-1}$，在碱性溶液中易氧化成高价，使指示剂变为灰白或浑浊的玫瑰色。可在水样中加入 0.5～2mL $10g\cdot L^{-1}$ 的盐酸羟胺，还原高价锰，消除干扰。

实验 35　铅、铋混合液中铅、铋含量的连续测定

一、实验目的

1. 掌握通过控制溶液酸度进行多种金属离子连续滴定的络合滴定的原理和方法。

2. 熟悉二甲酚橙指示剂的应用。

二、实验原理

Bi^{3+}、Pb^{2+} 均能与 EDTA 形成稳定的络合物，其 $\lg K$ 值分别为 27.94 和 18.04，两者稳定性相差很大，$\Delta\lg K=9.90>6$。因此，可以用控制酸度的方法在一份试液中连续滴定 Bi^{3+} 和 Pb^{2+}。在测定中，均以二甲酚橙（XO）作指示剂，XO 在 pH<6 时呈黄色，在 pH>6.3 时呈红色；而它与 Bi^{3+}、Pb^{2+} 所形成的络合物呈紫红色，指示剂络合物的稳定性和 Bi^{3+}、Pb^{2+} 与 EDTA 所形成的络合物相比要低；而 $K_{Bi\text{-}XO}>K_{Pb\text{-}XO}$。

测定时，先用 HNO_3 调节溶液 pH=1.0，用 EDTA 标准溶液滴定溶液由紫红色突变为亮黄色，即为滴定 Bi^{3+} 的终点。然后加入六亚甲基四胺，使溶液 pH 值为 5～6，此时 Pb^{2+} 与 XO 形成紫红色络合物，继续用 EDTA 标准溶液滴定至溶液由紫红色突变为亮黄色，即为滴定 Pb^{2+} 的终点。

三、实验仪器与试剂

仪器与材料：酸式滴定管（50mL），锥形瓶（250mL），移液管（20mL），量筒（10mL）。

试剂与药品：EDTA 标准溶液（$0.020mol\cdot L^{-1}$），二甲酚橙（$5g\cdot L^{-1}$ 水溶液），HNO_3（$0.10mol\cdot L^{-1}$），六亚甲基四胺溶液（$200g\cdot L^{-1}$），Bi^{3+}、Pb^{2+} 混合液[1]。

四、实验步骤

用移液管移取 20.00mL Bi^{3+}、Pb^{2+} 混合试液于 250mL 锥形瓶中，加入 10mL 0.10mol·L^{-1} HNO_3，2 滴二甲酚橙，用 EDTA 标准溶液滴定溶液由紫红色突变为亮黄色，即为终点，记取 V_1(mL)。然后加入 10mL 200g·L^{-1}六亚甲基四胺溶液，溶液变为紫红色，继续用 EDTA 标准溶液滴定溶液由紫红色突变为亮黄色，即为终点，记下 V_2(mL)。平行测定 3 份，计算混合试液中 Bi^{3+} 和 Pb^{2+} 的含量（mol·L^{-1}）及 V_1/V_2。

五、预习内容

1. 直接准确滴定金属离子的条件，金属离子分步滴定的可行性判据及滴定方法。

2. 络合滴定指示剂的变色原理及选择依据。

六、思考题

1. 控制溶液酸度时，为何用 HNO_3，而不用 HCl 或 H_2SO_4？

2. 按本实验操作，滴定 Bi^{3+} 的起始酸度是否超过了滴定 Bi^{3+} 的最高酸度？滴定至 Bi^{3+} 的终点时，溶液的酸度为多少？此时再加入 10mL 200g·L^{-1} 六亚甲基四胺后，溶液的 pH 值约为多少？

3. 能否取等量混合液两份，一份控制 pH≈1.0 滴定 Bi^{3+}，另一份控制 pH 值为 5～6 滴定 Bi^{3+}、Pb^{2+} 总量？为什么？

4. 滴定 Pb^{2+} 时要调节溶液 pH 值为 5～6，为什么加入六亚甲基四胺而不加入乙酸钠？

七、注释

[1] Bi^{3+}、Pb^{2+} 混合液，含 Bi^{3+}、Pb^{2+} 各约为 0.010mol·L^{-1}，含 HNO_3 0.15mol·L^{-1}；Bi^{3+} 易水解，开始配制混合液时，所含 HNO_3 浓度较高，临使用前加水样稀释至 0.15mol·L^{-1} 左右。

实验 36 高锰酸钾标准溶液的配制和标定

一、实验目的

1. 掌握 $KMnO_4$ 溶液的配制及用草酸钠标定 $KMnO_4$ 溶液的原理和方法。

2. 熟悉 $KMnO_4$ 法滴定终点的判断。

二、实验原理

市售 $KMnO_4$ 试剂常含有少量 MnO_2 和其他杂质；蒸馏水中含有少量有机物质，它们能使 $KMnO_4$ 还原成 $MnO(OH)_2$，而 $MnO(OH)_2$ 又能促使 $KMnO_4$ 的自身分解：

$$4KMnO_4 + 2H_2O \longrightarrow 4MnO_2 + 3O_2\uparrow + 4KOH$$

见光时分解更快。$KMnO_4$ 溶液的浓度容易改变，必须正确地配制和保存，若长时间使用，必须定期进行标定。

标定 $KMnO_4$ 溶液的基准物质较多，有 As_2O_3、铁丝、$H_2C_2O_4\cdot 2H_2O$、$Na_2C_2O_4$ 等，最常用的是 $Na_2C_2O_4$。$Na_2C_2O_4$ 易提纯，不易吸湿，性质稳定。在酸性条件下，用 $Na_2C_2O_4$ 标定 $KMnO_4$ 的反应为：

$$2MnO_4^- + 5C_2O_4^{2-} + 16H^+ \longrightarrow 2Mn^{2+} + 10CO_2\uparrow + 8H_2O$$

滴定时利用高锰酸钾自身的紫红色指示终点。

三、实验仪器与试剂

仪器与材料：酸式滴定管（50mL），锥形瓶（250mL），量筒（10mL），烧杯(500mL)，分析天平，棕色试剂瓶（500mL），台秤，表面皿，电炉，石棉网。

试剂与药品：$KMnO_4$(s，分析纯)，$Na_2C_2O_4$(s，基准试剂)，H_2SO_4 溶液（3mol·L^{-1}）。

四、实验步骤

1. 0.02mol·L^{-1} $KMnO_4$ 的配制

称取 1.6g $KMnO_4$ 溶于 500mL 水中，盖上表面皿，加热至微沸状态 1h，冷却后于室温下放置 2～3 天；或溶于 500mL 水中，在室温下放置 1 周，用微孔玻璃漏斗过滤，滤液储存于洁净的棕色试剂瓶中。

2. $KMnO_4$ 溶液的标定

准确称取 0.13～0.16g 基准物质 $Na_2C_2O_4$ 置于 250mL 锥形瓶中，加 40mL 水，10mL 3mol·L^{-1} H_2SO_4，加热至 70～80℃（开始冒蒸气的温度）[1]，趁热用 $KMnO_4$ 溶液进行滴定。当第一滴 $KMnO_4$ 的红色完全褪去后再滴入下一滴[2]，直至滴定的溶液呈微红色，半分钟不褪色即为终点[3]。读取 $KMnO_4$ 所消耗的体积[4]。平行测定 3 份，计算 $KMnO_4$ 溶液的浓度和相对平均偏差。

五、预习内容

1. $KMnO_4$ 溶液的配制及用草酸钠标定 $KMnO_4$ 溶液的原理和方法。

2. 高锰酸钾滴定中终点颜色的变化及滴定过程条件的控制。

六、思考题

1. 配制 $KMnO_4$ 标准溶液时，为什么要将 $KMnO_4$ 溶液煮沸一定时间并放置数天？配好的 $KMnO_4$ 溶液为什么要过滤才能保存？过滤时能否使用滤纸？

2. 配制好的 $KMnO_4$ 溶液为什么要盛放在棕色试剂瓶中保存？如果没有棕色试剂瓶怎么办？

3. 用 $Na_2C_2O_4$ 标定 $KMnO_4$ 溶液时，能用 HCl 或 HNO_3 调节酸度吗？酸度过高或过低有什么影响？滴定时溶液的温度为什么要控制在 70～80℃？温度过高或过低有什么影响？

4. 标定 $KMnO_4$ 溶液时，为什么第一滴 $KMnO_4$ 加入后溶液的红色褪去很慢，而以后红色褪去越来越快？

5. 盛放 $KMnO_4$ 溶液的烧杯或锥形瓶等容器，放置较久后，其壁上常有棕色沉淀物，是什么？此沉淀物用通常方法不容易洗净，应怎样洗涤才能除去沉淀？

七、注释

[1] 在室温下，$KMnO_4$ 与 $Na_2C_2O_4$ 之间的反应速率缓慢，须加热加快反应速率。温度不宜太高，超过 90℃，易引起 $H_2C_2O_4$ 分解：

$$H_2C_2O_4 = CO_2\uparrow + CO\uparrow + H_2O$$

[2] 若滴定速度太快，部分 $KMnO_4$ 来不及与 $Na_2C_2O_4$ 反应而在热的酸性溶液中分解：

$$4MnO_4^- + 4H^+ = 4MnO_2 + 3O_2\uparrow + 2H_2O$$

[3] $KMnO_4$ 滴定终点不太稳定，这是由于空气中含有还原性气体及尘埃等杂质，能使 $KMnO_4$ 缓慢分解，使溶液微红色消失，故经过半分钟不褪色即可认为达到终点。

[4] $KMnO_4$ 溶液颜色较深，液面的弯液面下沿不易看出，读数时应以液面的上沿最高线为准。

实验 37 高锰酸钾法测定过氧化氢的含量

一、实验目的

1. 掌握高锰酸钾法测定双氧水中过氧化氢含量的原理和方法。

2. 掌握滴定终点的判断。

二、实验原理

过氧化氢具有还原性，在酸性介质中和室温条件下能被高锰酸钾定量氧化，其反应方程式为：

$$2MnO_4^- + 5H_2O_2 + 6H^+ = 2Mn^{2+} + 5O_2\uparrow + 8H_2O$$

室温时，滴定开始反应缓慢，随着 Mn^{2+} 的生成而加速。H_2O_2 加热时易分解，因此，滴定时通常加入 Mn^{2+} 作催化剂。

三、实验仪器与试剂

仪器与材料：酸式滴定管（50mL），锥形瓶（250mL），容量瓶（100mL），移液管（20mL），移液管（1mL），量筒（10mL）。

试剂与药品：$KMnO_4$ 标准溶液（0.020mol·L^{-1}），H_2SO_4 溶液（3mol·L^{-1}），$MnSO_4$溶液（1mol·L^{-1}），H_2O_2 试样[1]（市售质量分数约为30%的 H_2O_2 水溶液）。

四、实验步骤

准确移取 H_2O_2 试样1.00mL，置于100mL容量瓶中，加水至刻度，摇匀备用。准确移取 H_2O_2 试样稀释液 10.00mL 于 250mL 锥形瓶中，加入 3mol·L^{-1} $H_2SO_4$5mL，用 $KMnO_4$标准溶液滴定到溶液呈微红色，半分钟不褪色即为终点。平行测定3份，计算试样中 H_2O_2 的质量浓度（g·L^{-1}）和相对平均偏差。

五、预习内容

1. $KMnO_4$ 法测定双氧水中 H_2O_2 含量的原理和方法。
2. 高锰酸钾标准溶液滴定 H_2O_2 时条件的控制。

六、思考题

1. 用 $KMnO_4$ 法测定 H_2O_2 含量时，能否用 HCl 或 HNO_3 调节酸度？
2. 用 $KMnO_4$ 法测定 H_2O_2 含量时，为何不能通过加热来加快反应速率？
3. 取两份已稀释的血液各 1.00mL，一份加热 5min，使其中的过氧化氢酶破坏，然后在两份血液中加入等量的 H_2O_2。混匀后放置 30min，分别加 10mL 3mol·L^{-1} H_2SO_4（此时未加热血液中的过氧化氢酶也被破坏）后，用 0.02004mol·L^{-1} $KMnO_4$ 标准溶液滴定。经加热的血液用去 $KMnO_4$ 标准溶液 27.48mL，未经加热的用去 24.41mL，求在 30min 内，100mL 血液中过氧化氢酶能分解 H_2O_2 的毫克数。

七、注释

[1] H_2O_2 试样若系工业产品，用高锰酸钾法测定不合适，因为产品中常加有少量乙酰苯胺等有机化合物作稳定剂，滴定时也将被 $KMnO_4$ 氧化，引起误差。此时应采用碘量法或硫酸铈法进行测定。

[2] 市售 H_2O_2 水溶液不稳定，滴定前需先用水稀释到一定浓度，以减少取样误差。

实验38 硫代硫酸钠标准溶液的配制及标定

一、实验目的

1. 掌握硫代硫酸钠标准溶液的配制方法及标定原理和方法。
2. 熟悉间接碘量法的测定条件及操作。
3. 学会淀粉指示剂的正确使用，了解其变色原理。

二、实验原理

由于结晶的 $Na_2S_2O_3 \cdot 5H_2O$ 一般都含有少量杂质，同时还易风化和潮解，所以 $Na_2S_2O_3$ 标准溶液不能用直接配制法，而应采用间接配制法。$Na_2S_2O_3$ 溶液不够稳定，易分解。水中的 CO_2、细菌和光照都能使其分解，水中的 O_2 也能使其氧化。

配制 $Na_2S_2O_3$ 溶液时，使用新煮沸后冷却的蒸馏水，以除去水中溶解的 CO_2 和 O_2，并杀死水中的细菌；加入少量 Na_2CO_3 使溶液呈弱碱性，抑制 $Na_2S_2O_3$ 的分解和细菌的生长；储于棕色试剂瓶中，放置暗处 7～14 天后标定。以减少由于 $Na_2S_2O_3$ 的分解带来的误差，得到较稳定的 $Na_2S_2O_3$ 溶液。

可用 $K_2Cr_2O_7$ 作基准物，淀粉为指示剂，用间接碘量法标定 $Na_2S_2O_3$ 溶液的浓度[1]。先使 $K_2Cr_2O_7$ 与过量 KI 反应[2]，析出与 $K_2Cr_2O_7$ 量相当的 I_2，再用 $Na_2S_2O_3$ 溶液滴定 I_2，反应方程式如下：

$$Cr_2O_7^{2-}+6I^-+14H^+ \xlongequal{} 2Cr^{3+}+3I_2+7H_2O$$

$$2S_2O_3^{2-}+I_2 \xlongequal{} 2I^-+S_4O_6^{2-}$$

三、实验仪器与试剂

仪器与材料：碱式滴定管（50mL），锥形瓶（250mL），移液管（20mL），烧杯（100mL、250mL），棕色试剂瓶（500mL），量筒（10mL），分析天平，台秤，表面皿。

试剂与药品：$K_2Cr_2O_7$（s，分析纯），$Na_2S_2O_3 \cdot 5H_2O$（s，分析纯），Na_2CO_3（s，分析纯），KI 溶液[3]（$100g \cdot L^{-1}$），HCl 溶液（$6mol \cdot L^{-1}$），淀粉指示剂（$5g \cdot L^{-1}$）。

四、实验步骤

1. $0.1mol \cdot L^{-1}$ $Na_2S_2O_3$ 溶液的配制

用台秤称取 13g $Na_2S_2O_3 \cdot 5H_2O$ 溶于 500mL 新煮沸并冷却后的蒸馏水中，加约 0.1g Na_2CO_3，摇匀后，保存于棕色试剂瓶中，于暗处放置一周后标定。

2. $Na_2S_2O_3$ 溶液的标定

准确称取已烘干的 $K_2Cr_2O_7$ 0.5～0.55g 于 100mL 小烧杯中，加约 30mL 水溶解，定量转移至 100mL 容量瓶中，加水稀释至刻度，充分摇匀，计算其准确浓度。

准确移取 20.00mL $K_2Cr_2O_7$ 标准溶液于 250mL 锥形瓶中，加入 10mL $100g \cdot L^{-1}$ KI 溶液，5mL $6mol \cdot L^{-1}$ HCl 溶液，摇匀后盖上表面皿，在暗处放置 5min，待反应完全，加入 100mL 水稀释，用待标定的 $Na_2S_2O_3$ 溶液滴定至呈浅黄绿色，加入 2mL $5g \cdot L^{-1}$ 淀粉溶液[4]，继续滴定至蓝色变为绿色即为终点，记下消耗的 $Na_2S_2O_3$ 溶液的体积。

平行测定 3 次。计算 $Na_2S_2O_3$ 标准溶液的浓度和相对平均偏差。

五、预习内容

1. 硫代硫酸钠标准溶液的配制方法及标定原理和方法。
2. 间接碘量法的测定条件及指示剂的选择。

六、思考题

1. 如何配制和保存 $Na_2S_2O_3$？

2. 用 $K_2Cr_2O_7$ 作基准物质标定 $Na_2S_2O_3$ 溶液时，为何要加入过量的 KI 和 HCl 溶液？为什么要放置一定时间后才能加水稀释？为什么在滴定前还要加水稀释？

3. 标定 I_2 溶液时，既可以用 $Na_2S_2O_3$ 滴定 I_2 溶液，也可以用 I_2 滴定 $Na_2S_2O_3$ 溶液，且都用淀粉作为指示剂。两种情况加入淀粉指示剂的时间是否相同？为什么？

七、注释

[1] $K_2Cr_2O_7$ 与 $Na_2S_2O_3$ 的反应产物有多种，不能按确定的反应进行，故不能用 $K_2Cr_2O_7$ 直接滴定 $Na_2S_2O_3$。

[2] $Cr_2O_7^{2-}$ 与 I^- 的反应速率较慢，为了加快反应速率，可控制溶液酸度为 $0.2 \sim 0.4mol \cdot L^{-1}$，同时加入过量的 KI，并在暗处放置一定时间。滴定前必须将溶液稀释以降低酸度，防止 $Na_2S_2O_3$ 在滴定过程中遇强酸而分解。

［3］ 100g·L^{-1} KI溶液易被氧化，应在使用前配制。

［4］ 淀粉指示剂应在临近终点时加入，若加入过早，则有较多的 I_2 与淀粉结合，这部分 I_2 在终点时解离较慢，造成终点拖后。

实验39 间接碘量法测定铜盐中的铜

一、实验目的

掌握用碘量法测定铜盐中铜含量的原理和方法。

二、实验原理

在弱酸性溶液中（pH＝3～4）[1]，Cu^{2+} 与过量 I^- 作用生成难溶性 CuI 沉淀和 I_3^-。其反应式为：

$$2Cu^{2+} + 5I^- = 2CuI\downarrow + I_3^-$$

生成的 I_3^- 可用 $Na_2S_2O_3$ 标准溶液滴定，以淀粉溶液为指示剂，滴定至溶液的蓝色刚好消失即为终点。滴定反应为：

$$I_3^- + 2S_2O_3^{2-} = S_4O_6^{2-} + 3I^-$$

由所消耗的 $Na_2S_2O_3$ 标准溶液的体积及浓度即可求算出铜的含量。

由于CuI沉淀表面易吸附 I_2，致使分析结果偏低，为此，可在大部分 I_2 被 $Na_2S_2O_3$ 溶液滴定后，再加入 NH_4SCN 或 KSCN 溶液，使 CuI 沉淀转化为溶解度更小的 CuSCN 沉淀[2]，CuSCN 不吸附 I_2，从而使被吸附的那部分 I_2 释放出来，提高测定结果的准确度。

三、实验仪器与试剂

仪器与材料：碱式滴定管（50mL），锥形瓶（250mL），量筒（100mL、10mL），分析天平，表面皿。

试剂与药品：$Na_2S_2O_3$ 标准溶液（0.10mol·L^{-1}），KI 溶液（100g·L^{-1}），KSCN 溶液（100g·L^{-1}），H_2SO_4 溶液（3mol·L^{-1}），淀粉指示剂（5g·L^{-1}），$CuSO_4\cdot5H_2O$ 试样。

四、实验步骤

准确称取 $CuSO_4\cdot5H_2O$ 试样 0.5～0.6g，置于 250mL 锥形瓶中，加 2mL 3mol·L^{-1} H_2SO_4 和 100mL 水使其溶解。加入 10mL 100g·L^{-1} KI 溶液，立即用 $Na_2S_2O_3$ 标准溶液滴定至乳黄色，加入 2mL 淀粉指示剂，继续滴定至溶液呈浅蓝色，再加 10mL 100g·L^{-1} KSCN，溶液蓝色加深，继续用 $Na_2S_2O_3$ 标准溶液滴定至蓝色恰好消失即为终点。

平行测定 3 份。计算 $CuSO_4\cdot5H_2O$ 中 Cu 的质量分数和相对平均偏差。

五、预习内容

1. 间接碘量法测定铜盐中铜含量的原理和方法。
2. 影响间接碘量法测定结果的因素。

六、思考题

1. 本实验加入 KI 的作用是什么？实验为什么一定要在弱酸性溶液中继续？
2. 本实验为什么要加入 KSCN？如果在酸化后立即加入 KSCN 溶液，会产生什么影响？
3. 若试样中含有铁，加入何种试剂以消除铁对测定铜的干扰并控制溶液 pH 值为 3～4？
4. 硫酸铜易溶于水，为什么溶解时要加硫酸？
5. 如果用 $Na_2S_2O_3$ 标准溶液测定铜矿或铜合金中的铜，最好用什么基准物质标定 $Na_2S_2O_3$ 溶液的浓度？

七、注释

[1] 间接碘量法必须在弱酸性或中性溶液中进行，测定 Cu^{2+} 时，通常用 NH_4HF_2 控制溶液的酸度为 pH 3～4，这种缓冲溶液（HF-F^-）同时提供了 F^- 作为掩蔽剂，可使共存的 Fe^{3+} 生成 FeF_6^{3-}，从而消除 Fe^{3+} 对测定 Cu^{2+} 的干扰，试样中不含有 Fe^{3+} 可不加 NH_4HF_2。

[2] KSCN 溶液只能在临近终点时加入，否则大量的 I_2 存在有可能氧化 SCN^-，从而影响测定的准确度。

$$SCN^- + 4I_2 + 4H_2O = SO_4^{2-} + 7I^- + ICN + 8H^+$$

实验 40　生理盐水中氯化钠含量的测定（法扬斯法）

一、实验目的

1. 学习 $AgNO_3$ 标准溶液的配制和标定方法。

2. 掌握法扬斯法测定氯离子的方法原理。

二、实验原理

在 pH 值为 7～10.5 时，以荧光黄为指示剂，用 $AgNO_3$ 标准溶液滴定溶液中的 Cl^-。荧光黄在溶液中发生解离：

$$HFIn = H^+ + FIn^-\text{（黄绿色）}$$

溶液颜色为黄绿色。终点前 Cl^- 过量，AgCl 沉淀吸附 Cl^-，表面带负电荷，等量点后由于 Ag^+ 过量，沉淀吸附 Ag^+ 而表面带正电荷。带正电荷的沉淀吸附荧光黄指示剂解离出的阴离子 FIn^- 后，使其构型发生变化，颜色由黄绿色变为粉红色。

$$AgCl \cdot Ag^+ + FIn^- = AgCl \cdot Ag^+ \cdot FIn^-$$

（黄绿色）　　　（粉红色）

三、实验仪器与试剂

仪器与材料：酸式滴定管（50mL），锥形瓶（250mL），容量瓶（100mL），移液管（20mL、10mL），量筒（100mL、10mL），烧杯（100mL），棕色试剂瓶（500mL），分析天平，台秤。

试剂与药品：$AgNO_3$（s，分析纯），NaCl[1]（s，分析纯），生理盐水，荧光黄（0.5%乙醇溶液），淀粉（5g/L）。

四、实验步骤

1. 0.10mol·L^{-1} $AgNO_3$ 溶液的配制

溶解 8.5g $AgNO_3$ 于小烧杯中，用少量水溶解后，将溶液转入棕色试剂瓶中，稀释至 500mL，摇匀后置于暗处保存[2]，备用。

2. 0.10mol·L^{-1} $AgNO_3$ 溶液的标定

准确称取 0.55～0.60g 基准试剂 NaCl 于小烧杯中，用水溶解后，转入 100mL 容量瓶中，加水稀释至刻度，摇匀。准确移取 20.00mL NaCl 标准溶液于 250mL 锥形瓶中，加入水 20mL，加入 1mL 荧光黄-淀粉指示剂，摇匀后以 $AgNO_3$ 溶液滴定至黄绿色消失，变为粉红色即为终点。平行测定 3 份，计算 $AgNO_3$ 溶液的准确浓度。

3. 生理盐水中 NaCl 含量的测定

准确移取生理盐水 10.00mL 于 250mL 锥形瓶中，加 30mL 水，2～3 滴荧光黄和 2mL 淀粉指示剂，在不断摇动下，用 $AgNO_3$ 标准溶液滴定至溶液由黄绿色变为粉红色即为终点。记录消耗 $AgNO_3$ 标准溶液的体积，平行测定 3 份，计算生理盐水中 NaCl 含量和相对平均偏差。

五、预习内容

1. $AgNO_3$ 标准溶液的配制及标定方法。

2. 银量法的分类、滴定原理、滴定条件及使用的指示剂。

六、思考题

1. 试比较摩尔法、佛尔哈德法和法扬斯法滴定条件之异同。

2. 配制好的 $AgNO_3$ 溶液为什么要储存于棕色瓶中，并置于暗处保存？

七、注释

[1] NaCl 基准试剂，在 500～600℃灼烧半小时后，放置干燥器中冷却。也可将 NaCl 置于带盖的瓷坩埚中，加热，并不断搅拌，待爆炸声停止后，将坩埚放入干燥器中冷却后使用。

[2] $AgNO_3$ 见光析出金属银，故需保存在棕色瓶中。$AgNO_3$ 与有机物接触，发生氧化还原反应，加热颜色变黑，故勿使 $AgNO_3$ 与皮肤接触。

实验结束后，盛装 $AgNO_3$ 溶液的滴定管应先用蒸馏水冲洗，以免产生 AgCl 沉淀，难以洗净。含银废液予以回收，切不能随意倒入水槽。

实验 41　钡盐中钡含量的测定（沉淀重量法）

一、实验目的

1. 掌握测定 $BaCl_2 \cdot 2H_2O$ 中钡的含量的原理和方法。

2. 熟悉晶形沉淀的制备条件和沉淀方法。

3. 练习沉淀的过滤、洗涤、灼烧及恒重的基本操作技术。

二、实验原理

Ba^{2+} 可与 SO_4^{2-} 形成溶解度小，组成与化学式相符合，摩尔质量较大，性质稳定的 $BaSO_4$ 沉淀，因此可以通过 $BaSO_4$ 的沉淀形式和称量形式测定 Ba^{2+}。

为获得颗粒较大和纯净的 $BaSO_4$ 沉淀，试样溶解于水后，加 HCl 酸化，使部分 SO_4^{2-} 转化成为 HSO_4^-，以降低溶液的相对过饱和度，同时防止 Ba^{2+} 形成其他弱酸盐沉淀。根据晶形沉淀形成条件，将溶液加热近沸，在不断搅动下缓慢滴加适当过量的沉淀剂稀 H_2SO_4，形成的 $BaSO_4$ 沉淀经过陈化、过滤、洗涤和灼烧，以 $BaSO_4$ 形式称量，即可求出试样中 Ba^{2+} 的含量。

三、实验仪器与试剂

仪器与材料：烧杯（250mL、100mL），量筒（100mL、10mL），瓷坩埚，玻璃漏斗，漏斗架，定量滤纸（慢速），分析天平，马弗炉，干燥器，表面皿，电炉，石棉网。

试剂与药品：H_2SO_4($1mol \cdot L^{-1}$)，H_2SO_4($3mol \cdot L^{-1}$)，HCl($2mol \cdot L^{-1}$)，$AgNO_3$($0.1mol \cdot L^{-1}$)，$BaCl_2 \cdot 2H_2O$(A. R.)。

四、实验步骤

1. 称样及沉淀的制备

准确称取 $BaCl_2 \cdot 2H_2O$ 试样 0.4～0.5g 两份，分别置于 250mL 烧杯中，加水约 100mL，搅拌溶解后[1]。加入 $2mol \cdot L^{-1}$ HCl 溶液 4mL[2]，加热至近沸。

另取 4mL $1mol \cdot L^{-1}$ H_2SO_4 两份于两个 100mL 烧杯中，加水 30mL，加热至近沸，趁热将两份 H_2SO_4 溶液分别用小滴管逐滴地加入到两份热的试样溶液中，并用玻璃棒不断搅拌[3]，玻璃棒不要触及烧杯壁和烧杯底，以免划伤烧杯，使沉淀黏附在烧杯的划痕内难于洗下。沉淀作用完毕，待沉淀下沉后，于上清液中加入 1～2 滴稀 H_2SO_4，观察是否有白色沉淀以检验其沉淀是否完全。沉淀完全后，盖上表面皿，将沉淀放在沸水浴上，保温30min，陈化，期间要搅动几次，放置冷却后过滤。

2. 沉淀的过滤和洗涤

取慢速定量滤纸两张，按漏斗角度的大小折叠好滤纸，使其与漏斗很好地贴合，用水润湿，将漏斗置于漏斗架上，漏斗下面各放置一只清洁的烧杯[4]，小心地将沉淀上面的清液沿玻璃棒倾入漏斗中，再用倾泻法洗涤沉淀 3～4 次，每次用 15～20mL 洗涤液（3mL $1mol \cdot L^{-1}$ H_2SO_4 用 200mL 水稀释）。然后将沉淀定量转移到滤纸上，再用洗涤液洗涤沉淀，直至洗涤液中不含 Cl^- 为止[5]。

3. 空坩埚的恒重

将两个洁净带盖的坩埚，在 800～850℃下灼烧至恒重，记录坩埚质量。

4. 沉淀的灼烧和恒重

将洗净的沉淀和滤纸包好后，置于已恒重的磁坩埚中，在电炉上烘干、炭化后，置于马弗炉中，在 800～850℃下灼烧至恒重。

根据试样与沉淀的质量计算试样中 Ba 的质量分数。

五、预习内容

1. 氯化钡中钡含量测定的原理和方法。
2. 晶形沉淀、无定形沉淀的沉淀条件和制备方法。
3. 沉淀的制备、过滤、洗涤、干燥或灼烧等基本操作。

六、思考题

1. 沉淀 $BaSO_4$ 时为什么要在稀溶液中进行？不断搅拌的目的是什么？

2. 为什么沉淀 $BaSO_4$ 时要在热溶液中进行，而在自然冷却后进行过滤？趁热过滤或强制冷却好不好？

3. 洗涤沉淀时，为什么用洗涤液要少量多次？为保证 $BaSO_4$ 沉淀的溶解损失不超过 0.1%，洗涤沉淀用水量最多不超过多少毫升？

4. 本实验中为什么称取 0.4～0.5g $BaCl_2 \cdot 2H_2O$ 试样？称样过多或过少有什么影响？

七、注释

[1] 玻璃棒直至过滤、洗涤完毕才能取出。

[2] 加入稀 HCl 酸化，使部分 SO_4^{2-} 转化成为 HSO_4^-，稍微增大了沉淀的溶解度，降低了溶液的过饱和度，同时可防止胶溶作用。

[3] 在热溶液中进行沉淀，并不断搅拌，以降低溶液过饱和度，避免局部浓度过高的现象，同时也减少杂质的吸附现象。

[4] 盛滤液的烧杯必须洁净，由于 $BaSO_4$ 沉淀易穿透滤纸，若遇此情况需重新过滤。

[5] Cl^- 是混在沉淀中的主要杂质，当其完全除去时，可以认为其他杂质已完全除去。检验的方法是，用表面皿收集数滴滤液，以 $AgNO_3$ 溶液检验。

八、附注

重量分析的基本操作

重量分析的基本操作包括：沉淀的进行，沉淀的过滤和洗涤，烘干或灼烧，称重等。为使沉淀完全纯净，应根据沉淀的类型选择适宜的操作条件，对每一步操作都要细心的进行。以得到准确的分析结果。

1. 沉淀的进行

准备好内壁和底部光洁的烧杯，配以合适的玻璃棒和表面皿，称取一定质量的试样置于烧杯中，根据试样的性质选择适宜的溶剂将其完全溶解，加入沉淀剂进行沉淀。根据沉淀的不同类型，选择不同的沉淀条件。对于晶形沉淀，用滴管将沉淀剂沿着烧杯壁或玻璃棒缓缓地加入至烧杯中，滴管口应接近液面，以免溶液溅出，边滴加边搅拌，搅拌时玻璃棒尽量不要碰击烧杯内壁和底部，以免划损烧杯使沉淀黏附在划痕中。在热溶液中进行沉淀时，应在水浴或低温电热板上进行，以免溶液沸腾而溅失。沉淀剂加完后应检查沉淀是否完全。其方法为：将溶液静置，待沉淀沉降后，于上层清液中加入一滴沉淀剂，观察液滴落处是否有浑浊出现。待沉淀完全后，盖上表面皿放置过夜或加热搅拌一定时间进行陈化（在整个实验过程中，玻璃棒、表面皿与烧杯要一一对应，不能互换或共用一根玻璃棒）。

对于无定形沉淀，应当在热的、较浓的溶液中进行沉淀，较快地加入沉淀剂，搅拌方法同上。待沉淀完全后，迅速用热的蒸馏水冲稀，不必陈化，待沉淀沉降后，应立即趁热过滤和洗涤。

2. 沉淀的过滤和洗涤

根据沉淀在灼烧中是否会被纸灰还原及称量形式的性质，选择滤纸或玻璃滤器过滤。

（1）滤纸的选择

定量滤纸一般为圆形，按其孔隙大小，分为快速、中速和慢速三种。定量滤纸灼烧后其每张灰分的质量小于0.1mg，在重量分析中可以忽略不计，因此称为无灰滤纸。在过滤时应根据沉淀的性质合理选用。对于$BaSO_4$等晶形沉淀，选用孔隙小的慢速滤纸，对$Fe(OH)_3$等无定形沉淀则选用孔隙大的快速滤纸。滤纸的大小应根据沉淀量的多少而决定。沉淀的体积应低于滤纸容量的1/3。滤纸应和漏斗相适应，滤纸放入漏斗内，其边缘应低于漏斗上沿0.5～1.0cm。

（2）滤纸的折叠与安放

用干燥洁净的手将滤纸对折，再对折成直角，展开后成圆锥体，半边为一层，另半边为三层，放入洁净的漏斗中，标准的漏斗应具有60°的圆锥角，若滤纸与漏斗不完全密合，可适当调整滤纸的折叠角度至完全密合为止。为了滤纸与漏斗内壁贴合而无气泡，可将三层厚的外层折角撕掉一点并保存在洁净干燥的表面皿上，待以后擦烧杯用，滤纸的折叠与安放见图4-1。

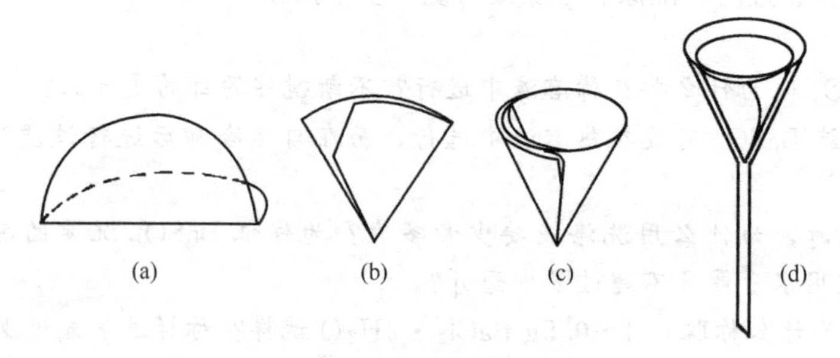

图4-1　滤纸的折叠与安放

将折叠好的滤纸放入漏斗中，三层处应在漏斗颈出口短的一边，用手指按住三层厚的一边，用洗瓶吹出少量水将滤纸润湿，然后轻压滤纸赶去气泡，使滤纸的锥形上部与漏斗间没有空隙。加水至滤纸边缘，这时漏斗内应全部被水充满，形成水柱，当漏斗内水全部流尽后，颈内水柱仍然保留且无气泡。若不能形成完整的水柱，可用手指堵住漏斗出口，稍微掀起滤纸三层厚的一边，用洗瓶向滤纸和漏斗间的空隙内注水，直至漏斗颈及锥体的大部分被水充满。然后压紧滤纸边缘，排出气泡，最后缓缓松开堵住漏斗出口的手指，水柱即可形成。在过滤和洗涤过程中，借助水柱的抽吸作用可使过滤速度明显加快。

将准备好的漏斗放在漏斗架上，下面放一洁净烧杯承接滤液，漏斗颈出口长的一边应紧靠杯壁，滤液沿壁流下避免冲溅。漏斗位置的高低，以过滤时漏斗的出口不接触滤液为标准。

（3）沉淀的过滤和洗涤

过滤一般采用倾泻法，即待沉淀沉降后将上层清液沿玻璃棒倾入漏斗内。让沉淀尽可能留在烧杯内，然后再加洗涤液于烧杯中，搅起沉淀进行充分洗涤，再静置澄清，再倾出上层清液，这样既可以加速过滤，不致使沉淀堵塞滤纸微孔，又能使沉淀得到充分洗涤。操作时，左手拿盛沉淀的烧杯移至漏斗上方，右手将玻璃棒从烧杯中慢慢取出并在烧杯内壁靠一下，使悬在玻璃棒下端的液滴流入烧杯。然后将其垂直立于漏斗之上并紧靠杯嘴，玻璃棒下端对着三层滤纸一边，尽可能靠近但不可接触滤纸。慢慢将烧杯倾斜，使上层清液沿玻璃棒缓缓注入漏斗中。倾入的溶液液面至滤纸边缘约0.5cm处，停止倾注，以免沉淀因毛细作用跃出滤纸边缘，造成损失。倾泻法操作如图4-2所示。

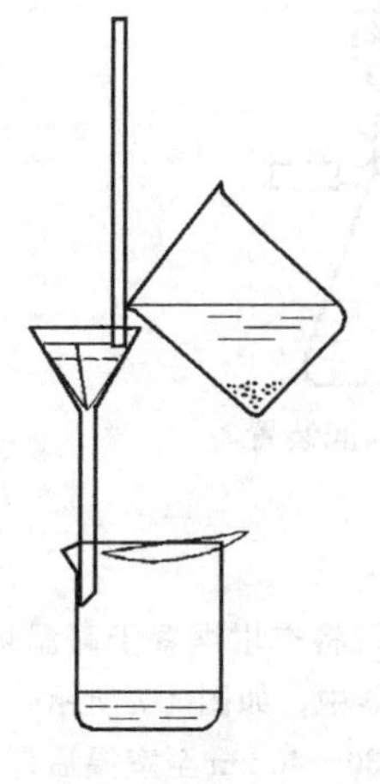

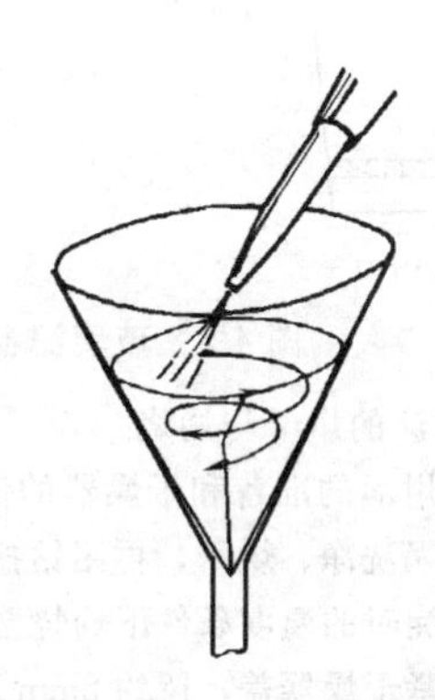

图 4-2 倾泻法过滤　　图 4-3 沉淀的转移　　图 4-4 漏斗中沉淀的洗涤

当倾泻完毕，对沉淀进行初步洗涤。用洗瓶或滴管加水或洗涤液，从上到下旋转吹洗烧杯内壁及玻璃棒，每次用 15～20mL，然后用玻璃棒搅起沉淀以充分洗涤，再将烧杯倾斜放在小木块上，使沉淀下沉并集中在烧杯一侧，以利于沉淀和清液分离，便于清液的转移。澄清后再倾泻过滤，如此重复上述操作。

初步洗涤后，可进行沉淀的定量转移。向盛有沉淀的烧杯中加入少量洗涤液，用玻璃棒将沉淀充分搅动，并立即将悬浮液转移到滤纸上，然后用洗瓶冲下杯壁和玻璃棒上的沉淀，再进行转移。如此反复多次，尽可能将沉淀全部转移到滤纸上，对残留在烧杯内的最后少量沉淀，可按图 4-3 所示的方法将其完全转移到滤纸上。即用左手拿住烧杯，玻璃棒放在杯嘴上，用食指按住玻璃棒，烧杯嘴朝向漏斗倾斜，玻璃棒下端指向滤纸三层部分，右手持洗瓶吹出液流冲洗烧杯内壁，使杯内残留的沉淀随液流沿玻璃棒流入滤纸内。注意不要使溶液溅出，仍黏附在烧杯内壁和玻璃棒上的沉淀，可用原撕下的滤纸角进行擦拭，擦拭过的滤纸角放在漏斗中的沉淀上。沉淀完全转移至滤纸上后，在滤纸上进行最后洗涤，用洗瓶吹出细小缓慢的液流，从滤纸上部沿漏斗壁螺旋式向下吹洗，见图 4-4，使沉淀集中到滤纸锥体的底部直到沉淀洗涤干净为止。

洗涤的目的是为了洗去沉淀表面所吸附的杂质和残留的母液，获得纯净的沉淀。为了提高洗涤效率，尽量减少沉淀的损失，洗涤时应遵循“少量多次”的原则，即同体积的洗涤液应尽可能分多次洗涤，每次使用少量洗涤液（没过沉淀为度），待沉淀沥干后，再进行一次洗涤。

洗涤数次后，用洁净的表面皿承接约 1mL 滤液，选择灵敏、快速的定性反应来检验沉淀是否洗净。

(4) 玻璃坩埚过滤

对于烘干即可称重或热稳定性差的沉淀可用玻璃滤器过滤。分析化学实验中常用的玻璃滤器见图 4-5 (a) 和 (b)。

玻璃滤器在使用前要经酸洗（浸泡）、抽滤、水洗、再抽滤、晾干或烘干。为防止残留物堵塞微孔，使用后的滤器应及时清洗，清洗的原则：选用既能溶解或分解残留物又不会腐蚀滤板的洗涤液进行浸泡，然后抽滤、水洗、再抽滤，最后在烘箱中缓慢升温至所需温度烘至恒重，待烘箱温度稍降后再取出，以防裂损。

玻璃滤器不宜过滤较浓的碱性溶液、热浓磷酸及氢氟酸溶液，也不宜过滤残渣堵孔又无法洗掉的溶液。

在玻璃滤器进行沉淀的过滤、洗涤和转移的操作及注意事项与用滤纸过滤基本相同。不同点是：用玻璃滤器必须在减压条件下过滤，所以要准备装有安全瓶的抽滤设备，如图 4-6 所示。

过滤时应先减压后倾入溶液，并一直在抽滤的情况下进行。应控制压力勿使过滤速度太快，否则会降低洗涤效率。黏附在烧杯壁上的少量沉淀，只能用淀帚扫起，然后用水冲洗淀帚并将烧杯中的沉淀冲洗至滤器中。停止过滤时应先从安全瓶放气，常压后再取下滤器，关闭水泵。

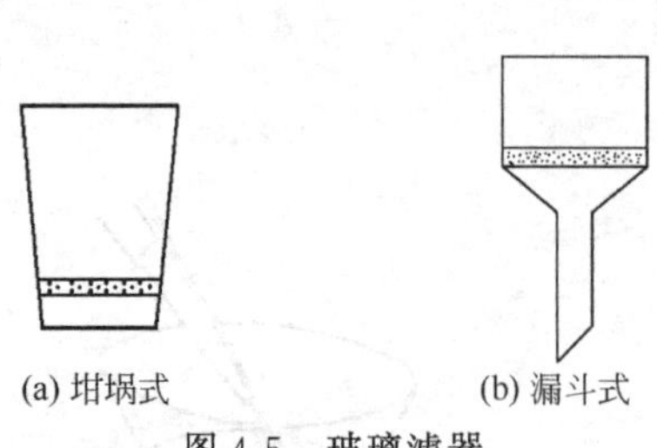

图 4-5 玻璃滤器

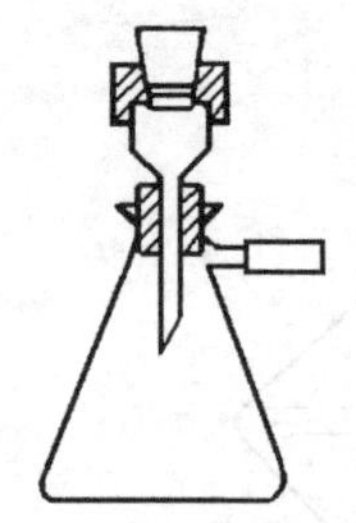
图 4-6 抽滤装置

3. 沉淀的烘干与灼烧

(1) 坩埚的准备和干燥器的使用

将坩埚洗净、烘干，再用钴盐或铁盐溶液在坩埚及盖上写明编号，以便识别。将空坩埚置于高温炉中，在灼烧沉淀时的温度条件下灼烧至恒重，灼烧后的坩埚自然冷却即将其夹入干燥器中，如图 4-7 所示。暂不要立即盖紧干燥器盖，留约 2mm 缝隙，等热空气逸出后再盖严，移至天平室冷却 30～40min 至室温后即可称量。然后再灼烧 15～20min，冷却，称量，直至连续两次称得质量之差不超过 0.2mg，可认为坩埚已恒重。

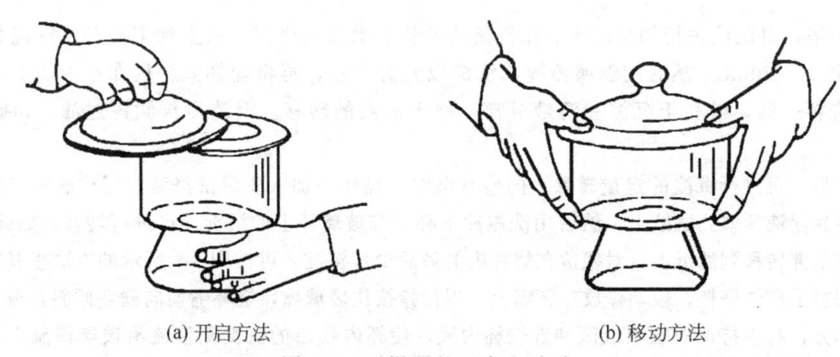

图 4-7 干燥器的开启和移动

(2) 沉淀的包裹

用洁净的药铲或顶端扁圆的玻璃棒，将滤纸三层部分掀起两处，再用洁净的食指从翘起的滤纸下面将其取出，打开成半圆形，自右端 1/3 半径处向右折叠一次，再自上而下折叠一次，然后从右向左卷成小卷，见图 4-8。最后将其放入已恒重的坩埚内，包裹层数较多的一面朝上，以便于炭化和灰化。

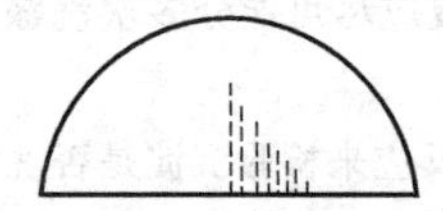
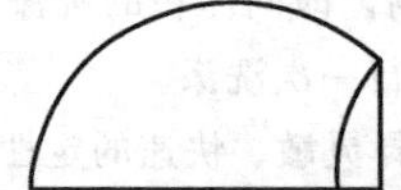
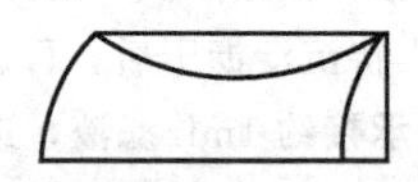
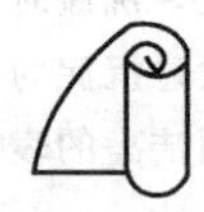

图 4-8 晶形沉淀的包裹

若包裹胶体膨松的沉淀，可在漏斗中用玻璃棒将滤纸周边挑起并内折，把锥体的敞口封住，见图 4-9，然后取出倒过来尖朝上放入坩埚中。

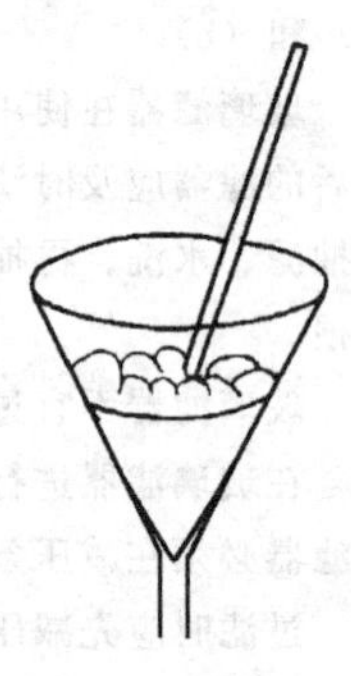
图 4-9 胶体沉淀的包裹

(3) 沉淀的烘干、灼烧及称量

将装有沉淀的坩埚置于低温电炉上加热，把坩埚盖半掩着倚于坩埚口，将滤纸和沉淀烘干至滤纸全部炭化（滤纸变黑），注意只能冒烟，不能着火，以免沉淀颗粒随火飞散而损失。炭化后逐渐提高温度，使滤纸灰化。待滤纸全部变为白色后，移至高温炉中灼烧。根据沉淀性质，灼烧一定时间，冷却后称量，再灼烧至恒重。

称量方法与称量空坩埚的方法基本相同，但尽可能称得快些，特别是对灼烧后吸湿性很强的测定更应如此。带沉淀的坩埚，其两次称量的结果之差不超过 0.2mg 即为恒重。

实验42 离子交换树脂交换容量的测定

一、实验目的

1. 了解离子交换树脂交换容量的概念。

2. 学习离子交换树脂交换容量的测定方法。

二、实验原理

离子交换树脂的交换容量是指每克干燥树脂所能交换的离子（离子的基本单元为$\frac{1}{n}M^{n+}$）的物质的量（mmol），是衡量树脂性能的重要指标。一般树脂的交换容量为3～6mmol·g^{-1}，它取决于网状骨架内所含有可被交换基团（称活性基团）的数目。交换容量通常有总交换容量，工作（实际）交换容量及穿透交换容量之分。总交换容量是树脂内所有可交换离子全部发生交换时的交换容量，也称极限交换容量。工作交换容量是指在一定操作条件下（离子浓度、溶液酸度等）实际所交换的容量，这时或许活性基团未完全电离，或许交换量未完全被利用，故一般小于总交换容量。穿透（漏）交换容量是因离子交换多半在柱上进行，实际使用中，当流出液里漏出（或检到）原先需要交换（或除去）的离子时，交换柱即不能继续使用，这时树脂交换上去的离子的量称穿透交换容量，它与柱长、流速、树脂颗粒大小等因素有关。

本实验是用酸碱滴定法测定强酸性阳离子交换树脂（RH）的总交换容量和工作交换容量。

用静态法测定总交换容量时，向一定量的氢型阳离子交换树脂中加入一定过量的NaOH标准溶液浸泡，静态放置一定时间，交换反应达到平衡时：

$$RH + NaOH \longrightarrow RNa + H_2O$$

用HCl标准溶液滴定过量的NaOH，即可求出树脂的交换容量。

动态法测定工作交换容量时，将一定量氢型阳离子交换树脂装入柱中，用Na_2SO_4溶液以一定的流量通过交换柱。Na^+与RH发生交换反应，交换下来的H^+用NaOH标准溶液滴定。反应为：

$$RH + Na^+ \longrightarrow RNa + H^+$$

$$H^+ + OH^- \longrightarrow H_2O$$

三、实验仪器与试剂

仪器与材料：离子交换柱（可用25mL酸式滴定管代用），732强酸性阳离子交换树脂，玻璃棉移液管（100mL，20.00mL），烧杯（250mL），锥形瓶（250mL），容量瓶（250mL），磨口锥形瓶（250mL），分析天平。

试剂与药品：HCl标准溶液（0.10mol·L^{-1}），HCl(4mol·L^{-1})，Na_2SO_4(0.5mol·L^{-1})，NaOH标准溶液（0.1mol·L^{-1}），酚酞（2g·L^{-1}乙醇溶液）。

四、实验步骤

1. 树脂的预处理

市售的阳离子交换树脂，一般为Na型，需用稀盐酸处理，使其转变为H型，同时除去杂质。

$$RNa + HCl \longrightarrow RH + NaCl$$

称取20g 732型阳离子交换树脂于烧杯中，加入100mL浓度为4mol·L^{-1}的HCl溶液，搅拌，浸泡1～2天，以溶解除去树脂中的杂质，并使树脂充分溶胀。倾出上层HCl溶液

(带黄色)，重新换新鲜 4mol·L^{-1} HCl 溶液 100mL 再泡 12h，倾出上层 HCl 溶液。用蒸馏水漂洗树脂至中性，抽滤，在 105℃下干燥至恒重。

2. 总交换容量的测定

准确称取已干燥恒重的氢型阳离子交换树脂 1.000g，放入 250mL 磨口锥形瓶中，准确加入 100.0mL 0.10mol·L^{-1}的 NaOH 标准溶液，摇匀，盖好磨口瓶塞，放置 24h，使之达到交换平衡。吸取上层清液 20.00mL 置于 250mL 锥形瓶中，加入 2 滴酚酞，用 0.1mol·L^{-1}的 HCl 标准溶液滴定至红色刚好褪去，即为终点。记下消耗的 HCl 标准溶液体积，平行滴定三份，按下式计算树脂的总交换容量 Q：

$$Q=\frac{(cV)_{NaOH}-(cV)_{HCl}}{m_{树脂}\times\frac{20.00}{100.0}}(mmol\cdot g^{-1})$$

3. 工作交换容量的测定

(1) 装柱　用长玻璃棒将润湿的玻璃棉塞在交换柱的下部，使其平整，加 10mL 纯水，将溶胀洗净后的树脂连水加入柱中，要防止混入气泡[1]，为避免加入试液时，树脂被冲起，在上面亦铺一层玻璃棉。在装柱和以后的使用过程中，必须使树脂层始终浸泡在液面以下约 1cm 处，柱高约 20cm，用水洗树脂至流出液为中性，放出多余的水。

(2) 交换　向交换柱不断加入 0.5mol·L^{-1} Na_2SO_4 溶液，用 250mL 容量瓶收集流出液，调节流量为 2mL·min^{-1}，流出 100mL Na_2SO_4 溶液后，经常检查流出液的 pH，直至流出液的 pH 与加入的 Na_2SO_4 溶液 pH 相同时，停止交换。将收集液稀释至刻度，摇匀。

准确移取 20.00mL 流出液置于 250mL 锥形瓶中，加入 2 滴酚酞指示剂，用 0.10mol·L^{-1} NaOH 标准溶液滴定至微红色半分钟不褪为终点，平行测定三份，按下式计算树脂的工作交换容量 Q_1：

$$Q_1=\frac{(cV)_{NaOH}}{m_{树脂}\times\frac{20.00}{250.0}}(mmol\cdot g^{-1})$$

五、预习内容

1. 离子交换树脂交换容量的表示方法及交换容量测定原理。
2. 离子交换树脂总交换容量及工作交换容量的测定方法。

六、思考题

1. 什么是离子交换树脂的交换容量？总交换容量及工作交换容量的测定原理是什么？
2. 为什么树脂层中不能存留有气泡？若有气泡如何处理？
3. 怎样处理树脂？怎样装柱？应分别注意什么问题？
4. 试设计测定强碱性阴离子交换树脂交换容量的测定方法。

七、注释

[1] 当树脂层存有气泡时，溶液将不是均匀地流过树脂层，而是顺着气泡流下，发生“沟流现象”，使得某些部位的树脂没有发生离子交换，使交换、洗脱不完全，影响分离效果。如果树脂层中混入气泡，可用细玻璃棒搅动树脂以逐出气泡，如果仍不奏效，就应重新装柱。

实验 43　邻二氮菲分光光度法测定铁

一、实验目的

1. 熟悉分光光度法测定物质含量的原理，掌握邻二氮菲分光光度法测定铁的方法。

2. 学习分光光度计的使用方法。

二、实验原理

分光光度法进行定量分析的理论依据是朗伯-比尔定律，即一束平行单色光垂直通过某一均匀非散射的吸光物质时，其吸光度与吸光物质的浓度和吸收层厚度成正比，即：

$$A=\varepsilon cl$$

如果吸收层厚度固定不变，则吸光度只与吸光物质的浓度成正比：

$$A=\varepsilon' c$$

用分光光度法测定物质含量，一般采用标准曲线法，即配制一系列浓度的标准溶液，在实验条件下依次测量各标准溶液的吸光度，以溶液的浓度为横坐标，相应的吸光度为纵坐标，绘制标准曲线。在同样实验条件下，测定待测溶液的吸光度，根据测得吸光度值从标准曲线上查出相应的浓度值。

邻二氮菲（phen）和 Fe^{2+} 在 pH3～9 的溶液中，生成一种稳定的橙色络合物 $[Fe(phen)_3]^{2+}$，其 $\lg K=21.3$，$\varepsilon_{508}=1.1\times10^4 L\cdot mol^{-1}\cdot cm^{-1}$，铁含量在 0.1～6$\mu g\cdot mL^{-1}$ 范围内遵守比尔定律。显色前需要用盐酸羟胺或抗坏血酸将 Fe^{3+} 全部还原成 Fe^{2+}，然后再加入邻二氮菲，并调节溶液酸度至适宜的显色酸度范围。有关反应如下：

$$2Fe^{3+}+2NH_2OH\cdot HCl = 2Fe^{2+}+N_2\uparrow+2H_2O+4H^++2Cl^-$$

$$Fe^{2+}+3phen = [Fe(phen)_3]^{2+}$$

通过测定显色后溶液的吸光度，计算出溶液中铁的含量。

三、实验仪器与试剂

仪器与材料：722 或 722S 型分光光度计，容量瓶（50mL），吸量管（5mL、2mL、1mL）。

试剂与药品：Fe 标准溶液[1]（$0.10g\cdot L^{-1}$），盐酸羟胺溶液[2]（$100g\cdot L^{-1}$），邻二氮菲溶液[3]（$1.5g\cdot L^{-1}$），乙酸钠溶液（$1.0mol\cdot L^{-1}$），氢氧化钠溶液（$0.1mol\cdot L^{-1}$）。

四、实验步骤

1. 显色标准溶液的配制

在序号为 1～6 的 6 只 50mL 容量瓶中，用吸量管分别准确加入铁标准溶液 0.00、0.20、0.40、0.60、0.80、1.00(mL)，分别加入 1.0mL $100g\cdot L^{-1}$ 盐酸羟胺溶液，摇匀后放置 2min，再各加入 2.0mL $1.5g\cdot L^{-1}$ 邻二氮菲溶液，5.0mL $1.0mol\cdot L^{-1}$ 乙酸钠溶液，加水稀释至刻度，摇匀。

2. 吸收曲线的绘制

在分光光度计上，用 1cm 吸收池，以试剂空白溶液（1 号容量瓶）为参比，在 420～580nm 之间，间隔 20nm 测定一次 5 号溶液的吸光度，当前、后两次测定值相差较大时，则改为 10nm 测定一次，记录各波长的吸光度值，以波长为横坐标，吸光度为纵坐标，绘制吸收曲线，从而选择测定铁的最大吸收波长。

3. 标准曲线的绘制

以试剂空白为参比，用 1cm 吸收池，在最大吸收波长下测定 2～6 号显色标准溶液的吸光度，在坐标纸上以铁的浓度为横坐标，相应吸光度为纵坐标绘制标准曲线。

4. 待测溶液中 Fe 含量的测定

分别准确移取 1 号、2 号待测溶液 1.00mL 于两只 50mL 容量瓶中，按步骤 1 显色后，在相同条件下测定吸光度，由标准曲线计算待测溶液中微量铁的质量浓度。

五、预习内容

1. 朗伯-比尔定律及引起偏离朗伯-比尔定律的原因。

2. 分光光度法分析条件的选择。

3. 分光光度计的使用方法。

六、思考题

1. 朗伯-比尔定律成立的条件是什么？哪些因素能影响定律的准确性？

2. 分光光度法中用什么方法获取单色光？使用吸收池时因注意哪些问题？

3. 用邻二氮菲测定铁时，为什么要加入盐酸羟胺？其作用是什么？

4. 根据有关实验数据，计算邻二氮菲-Fe(Ⅱ)络合物在选定波长下的摩尔吸收系数。

5. 为什么在绘制吸收曲线、标准曲线和待测溶液测定时，要用试剂空白作为参比溶液？

七、注释

[1] 准确称取 0.7020g $(NH_4)_2Fe(SO_4)_2 \cdot 6H_2O$ 置于烧杯中，加少量水和 20mL 1：1 H_2SO_4 溶液溶解后定量转移至 1L 容量瓶中，用水稀释至刻度，摇匀即可。

[2] 盐酸羟胺溶液具有较强的还原性，易被空气中氧氧化，不宜放置，使用时现配。

[3] 邻二氮菲溶液应避光保存，若溶液颜色变暗时，溶液不能使用，需重新配制。

八、附注

分光光度计结构和操作方法

1. 722 型光栅分光光度计

(1) 性能与结构

722 型分光光度计是以碘钨灯为光源，衍射光栅为色散元件的单光束、数显式仪器。工作波长范围为 330～800nm，波长精度为±2nm，吸光度显示范围为 0～1.999，仪器的光学系统见图 4-10。

碘钨灯 (1) 发出的连续光谱经滤光片 (2) 选择（消除二级光谱）和聚光镜 (3) 聚焦后投向单色器的入射狭缝 (4)。再通过平面反射镜 (5) 反射到凹面镜 (6) 的准直部分，变为平行光射向光栅 (7)，通过光栅色散按一定波长顺序排列的单色光谱，再经回凹面镜聚焦成像在出射狭缝 (8) 上。调节波长调节器可获得所需带宽的单色光，通过透镜 (9) 将单色光聚焦在吸收池 (10)，透过光经光门射到端窗式光电管 (11) 上，产生的电流经放大由数字显示器直接读出吸光度 A 或透射比 T。722 型分光光度计的结构见图 4-11。

(2) 仪器的操作方法

722 型分光光度计的面板功能见图 4-12。

① 将灵敏度调节旋钮置于“1”挡（信号放大倍率最小），选择开关置于“T”。

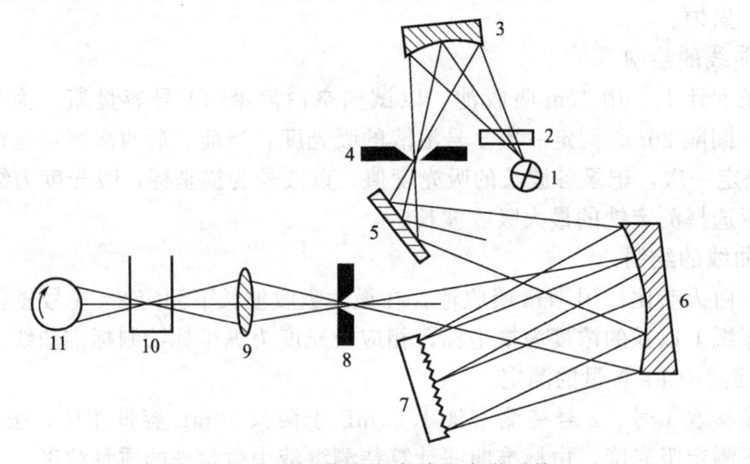

图 4-10　722 型分光光度计的光学系统

1—碘钨灯；2—滤光片；3—聚光镜；4—入射狭缝；5—反射镜；6—凹面镜；7—光栅；8—出射狭缝；9—聚光透镜；10—吸收池；11—光电管

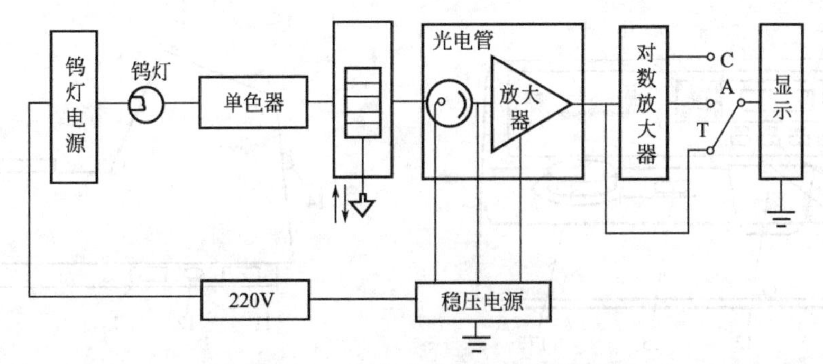

图 4-11 722 型分光光度计结构示意图

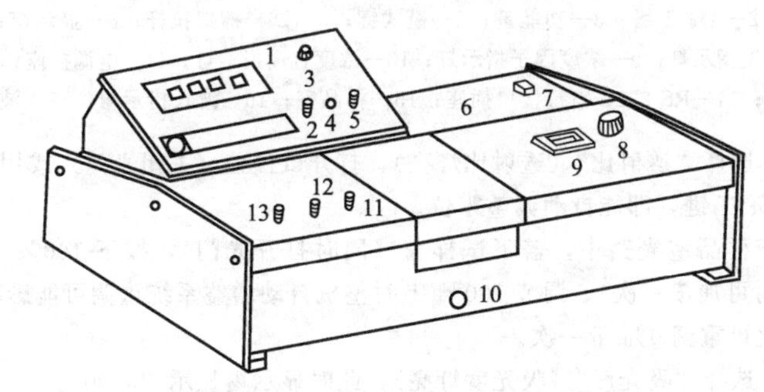

图 4-12 722 型分光光度计面板功能图

1—数字显示器；2—吸光度调零旋钮；3—选择开关；4—斜率电位器；5—浓度旋钮；
6—光源室；7—电源开关；8—波长旋钮；9—波长刻度盘；10—吸收池架拉杆；
11—100% T 旋钮；12—0% T 旋钮；13—灵敏度调节旋钮

② 按下电源开关，指示灯亮，调节波长旋钮，使所需波长对准标线。

③ 调节 100%T 旋钮，使透射比为 70%左右，仪器预热 20～30nim。

④ 待数字显示器显示数字稳定后，打开试样室盖（光门自动关闭）；调节 0% T 旋钮，使数字显示为“000.0”。

⑤ 将盛有参比溶液和待测溶液的吸收池分别置于试样架的第一格和第二格内，盖上试样室盖（光门打开）。将参比溶液置于光路中，调节 100% T 旋钮使数字显示为“100.0”（若显示不到“100.0”，则应适当增加灵敏度挡），然后再调节 100% T 旋钮，直到显示为“100.0”。

⑥ 重复操作④和⑤，直到显示稳定。

⑦ 将选择开关置于“A”挡（即吸光度），调节吸光度调零旋钮，使数字显示为“.000”。将待测溶液置于光路中，显示值即为待测溶液的吸光度。

⑧ 若测量浓度，将选择开关置于“C”，将已知浓度的溶液置于光路中，调节浓度旋钮，使数字显示为其浓度值；将待测溶液移入光路，显示值即为待测溶液的浓度。

⑨ 测量完毕，打开试样室盖，取出吸收池，洗净擦干。然后关闭仪器电源，待仪器冷却后，盖上试样室盖，罩上仪器罩，登记签字。

2. 722S 型分光光度计

(1) 结构

722S 型分光光度计能从 340～1000nm 波长范围内执行透射比、吸光度和浓度直读测定。仪器的特点为：非球面光源光路；光栅单色器；自动调零；自动调 100% T；有浓度因子设计和浓度直读功能；附有 RS-232C 串行接口。其面板功能见图 4-13。

(2) 仪器的操作方法

① 打开电源开关，仪器预热 30min。

② 开机预热后，通过仪器上唯一的旋钮，将波长调节至测定所需波长。

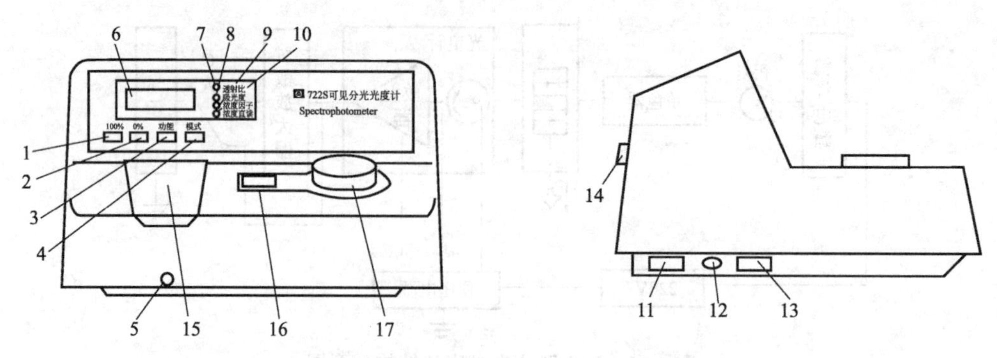

图 4-13　722S 型分光光度计面板功能图

1—100% T 键；2—0% T 键；3—功能键；4—模式键；5—试样槽架拉杆；6—显示窗；7—透射比指示灯；8—吸光度指示灯；9—浓度因子指示灯；10—浓度直读指示灯；11—电源插座；12—熔丝座；13—总开关；14—RS-232C 串行接口插座；15—样品室；16—波长指示窗；17—波长调节钮

③ 按“模式”键，选择“透射比”（透射比灯亮），打开试样盖（关闭光门）或用不透光材料在样品室中遮断光路，然后按 0% T 键，即能自动调整零位。

④ 将参比溶液置于样品室光路中，盖下试样盖（同时打开光门），按下 100% T 键，即能自动调节 100% T（一次有误差时可加按一次）。调节 100% T 时整机自动增益系统重调可能影响 0%T，调节后请重新检查 0%T，若有变化可重调 0% T 一次。

⑤ 按“模式”键，选择“吸光度”（吸光度灯亮），此时显示窗显示“0.00”。

⑥ 将待测溶液置于光路中，显示值即为待测溶液的吸光度。

⑦ 读数、记录。

⑧ 测量完毕，打开试样室盖，取出吸收池，洗净擦干。然后关闭仪器电源，待仪器冷却后，盖上试样室盖，罩上仪器罩，登记签字。

5 综合、设计性实验

实验 44 碘盐的制备和检验

一、实验目的

1. 掌握用重结晶方法精制食盐以及食盐加碘技术。

2. 熟悉食盐质量的检验方法。

3. 了解 KIO_3 的一些性质。

二、实验原理

碘有“智能元素”之称，它是人体甲状腺素的重要原料，对人的大脑发育起着决定性的作用。当人体缺碘时，会引起多种疾病，统称为碘缺乏病（iodine-deficiency diseases，IDD）。例如危害较重的“地方性甲状腺肿”、“地方性克汀病（聋、哑、呆、矮、傻、瘫）”等。IDD 是可以预防的，预防 IDD 主要是落实以食盐加碘为主的综合补碘措施，这是一个最有效、经济、实用、安全的方法。

国际上制备碘盐的材料有 KI 和 KIO_3 两种碘剂。我国使用碘酸钾加工食用碘盐，因为 KIO_3 化学性质稳定，常温下不易挥发，不吸水，易保存，用来加工碘盐具有良好的防病效果。

KIO_3 为无色结晶，其含碘量为 59.3%，且无臭，无味，可溶于水，不溶于醇和氨水。其晶体常温下较稳定，加热至 560℃开始分解。在酸性介质中，KIO_3 是较强的氧化剂，因此，在酸性环境中，遇到还原剂，例如食品中常含有的 Fe^{2+}、$C_2O_4^{2-}$ 和有机物等，很容易发生反应而析出单质碘。

纯 KIO_3 晶体是有毒的，但在治疗剂量范围内（≤60mg·kg^{-1}）对人体无毒害。

本实验通过重结晶方法将粗食盐提纯成精盐，然后加入加碘盐的碘剂——碘酸钾，最后将制得的碘盐进行检验。

碘酸钾加碘盐的检测试剂是由酸性介质中加还原剂 KCNS 或 NH_4CNS 组成，其反应如下：

$$6IO_3^- + 5CNS^- + 6H^+ + 2H_2O \longrightarrow 5HCN + 5HSO_4^- + 3I_2$$

用 1%淀粉溶液显色，可半定量检测碘酸钾含量。

三、实验用品

仪器与材料：电子台秤、量筒、烧杯、酒精灯、三脚架、石棉网、火柴、布氏漏斗、吸滤瓶、循环水泵、蒸发皿、坩埚、试管、点滴板、白瓷板、吸量管（2mL、5mL）、容量瓶（100mL）。

固体试剂：粗食盐、食用加碘盐（市售）、无碘精盐（市售）、KIO_3、KSCN、系列标准碘盐[1]。

酸碱溶液：H_3PO_4(85%)、HAc(2mol·L^{-1})、$H_2C_2O_4$(2mol·L^{-1})。

盐溶液：$BaCl_2$（饱和）、$(NH_4)_2C_2O_4$（饱和）、$NH_3·H_2O$-NH_4Cl 缓冲溶液。

其他试剂：无水乙醇、铬黑 T 指示剂、标准碘溶液（200mg·L^{-1}）[2]、检测试剂[3]、淀粉（1%）。

四、实验内容

1. 粗盐重结晶制精盐

称取15g粗盐，放入150mL烧杯中，加入50mL自来水，一边加热一边搅拌，待粗食盐全部溶解后，趁热快速抽滤。把所得滤液倒入100mL烧杯中，继续一边加热一边搅拌，使溶液浓缩到20～25mL，停止加热（切不可将溶液蒸干），冷却，抽滤，重结晶母液留待后用（步骤3.），所得精盐产品转移到干净的蒸发皿中，小心加热烘干，冷却后称其质量，并计算精盐产率。

2. 食盐加碘

取一干净坩埚烘干，称取5g自制精盐放入坩埚，并逐滴加入1mL含碘量200mg·L^{-1}标准KIO_3溶液，搅拌均匀，在干燥箱内100℃恒温烘干1h；或加入3mL酒精搅匀后，将坩埚放在白磁板上，点燃酒精，燃尽后，冷却，即得加碘盐。试计算此自制碘盐的碘浓度。

3. 食盐质量的检验

取约0.5g自制精盐加约10mL蒸馏水，配成精盐检验液。对重结晶母液和自制精盐检验液进行以下几项定性检验

（1）Ca^{2+}检验：各取重结晶母液和自制精盐检验液约1mL，分别加入5滴饱和$(NH_4)_2C_2O_4$溶液，过一会儿，对比观察现象。

（2）Mg^{2+}检验：各取重结晶母液和自制精盐检验液1mL，分别加入1滴$NH_3 \cdot H_2O$-NH_4Cl缓冲溶液和1～2滴铬黑T指示剂，对比观察溶液颜色。若有Mg^{2+}离子存在显红色，否则，为蓝色。

（3）自行设计SO_4^{2-}的检验。

4. 半定量分析法测定碘盐的含碘浓度

（1）标准含碘色板的制备：从KIO_3浓度（按碘量计）分别为10、20、30、40、50（mg·kg^{-1}）的碘盐中各取1g，分别放入多孔点滴磁板的孔中，压实后，各加入2滴检测试剂，制成标准色板。

（2）测定碘盐的含碘浓度：分别从自制精盐，自制碘盐和市售碘盐中各取1g，分别放入多孔点滴磁板的孔中，压实后，各加入2滴检测试剂，显色后约30s，用目视比色法确定这三种盐的含碘浓度。

5. 影响碘盐稳定性的因素

取三支干燥试管，各加入1g碘盐，在第一支试管中加入1滴2mol·L^{-1} HAc溶液；在第二支试管中加入1滴2mol·L^{-1} HAc溶液和1滴2mol·L^{-1} $H_2C_2O_4$溶液，第三支试管中加入1滴蒸馏水。三支试管都用酒精灯加热至干，取出样品，按实验内容中4.（2）方法测定碘盐的含碘量。根据实验结果说明影响碘盐稳定性的因素。

五、预习内容

1. 重结晶的目的、原理和一般方法。
2. 写出食盐质量检验的相关反应方程式。

六、思考题

1. 碘剂为什么不直接加入浓缩液中，而是加入精盐结晶中？
2. 炒菜时，应先放、中间放、还是最后放入碘盐？为什么？
3. 粗食盐在重结晶过程能除去哪些杂质离子？

七、注释

[1] 系列标准碘盐：取5个100mL烧杯，各放入在500℃烘干2h的无碘精盐10g，分别加入标准碘溶液（含碘量$200mg \cdot L^{-1}$）0.5、1.0、1.5、2.0、2.5(mL)，搅匀后，放入干燥箱内100℃烘干2h。则该系列标准碘盐含碘量分别为10、20、30、40、50($mg \cdot kg^{-1}$)。

[2] 标准碘溶液（含碘量$200mg \cdot L^{-1}$）：称取KIO_3(A.R.)0.0338g，配成100mL标准溶液。

[3] 检测试剂：1%淀粉指示剂400mL，85% H_3PO_4 4mL，KCNS 7g，混合，溶解。

实验45 从茶叶中提取咖啡因

一、实验目的

1. 学习使用索氏提取器从茶叶中提取咖啡因的原理和操作方法。
2. 掌握用升华法提纯易升华物质的操作。

二、实验原理

茶叶中含有多种生物碱，其中以咖啡碱（又称咖啡因）为主，约占1%～5%，另外还含有11%～12%的丹宁酸（又名鞣酸），0.6%的色素、纤维素、蛋白质等。咖啡碱是弱碱性化合物，易溶于氯仿（12.5%）、水（2%）及乙醇（2%）等，在苯中的溶解度为1%（热苯中为5%）。丹宁酸易溶于水和乙醇，但不溶于苯。

咖啡碱是杂环化合物嘌呤的衍生物，它的化学名称是1,3,7-三甲基-2,6-二氧嘌呤，其结构式如下：

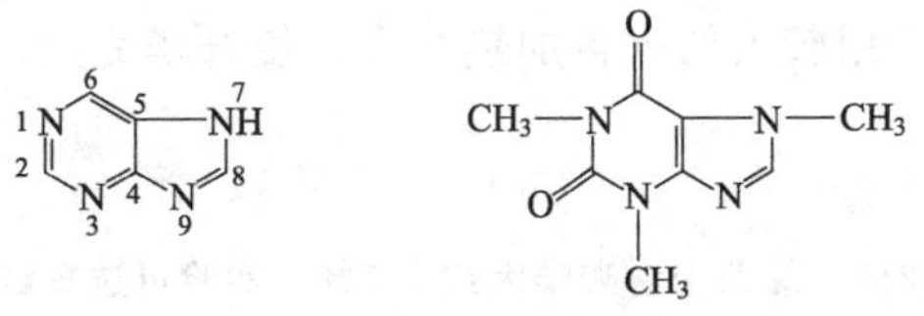

嘌呤　　咖啡因

含结晶水的咖啡因系无色针状晶体，味苦，能溶于水、乙醇、氯仿等。在100℃时即失去结晶水，并开始升华，120℃时升华相当显著，至178℃时升华很快。无水咖啡因熔点为234.5℃。

从茶叶中提取咖啡因，首先用适当的溶剂（如95%乙醇）在索氏（Soxhlet）提取器中连续抽提，然后将提取液浓缩而得到粗咖啡因。粗咖啡因中还含有其他一些生物碱和杂质，再利用咖啡因具有升华的性质，通过升华可进一步提纯得到纯咖啡因。

工业上咖啡因主要通过人工合成制得。它具有刺激心脏、兴奋大脑神经和利尿等作用，故可作为中枢神经兴奋药，它也是复方阿司匹林（A.P.C）等药物的组分之一。

三、实验用品

仪器与材料：索氏提取器、圆底烧瓶、球型冷凝管、直型冷凝管、蒸馏头、温度计、接液管、蒸发皿、玻璃漏斗、水浴锅、量筒、烧杯、滤纸、酒精灯。

试剂与药品：茶叶、95%乙醇、生石灰。

四、实验内容

称取10g茶叶[1]用滤纸包好[2]，放入索氏提取器中，在圆底烧瓶中加入80～100mL 95%乙醇，如图5-1装置仪器。水浴加热，连续回流提取约2～3h[3]，待冷凝液刚刚虹吸下去时，立即停止加热。稍冷后，改成蒸馏装置，把提取液中的大部分乙醇蒸出。趁热把瓶中的残液倒入蒸发皿中，拌入约3～4g生石灰粉[4]，搅成糊状。将蒸发皿放在一大小合适的

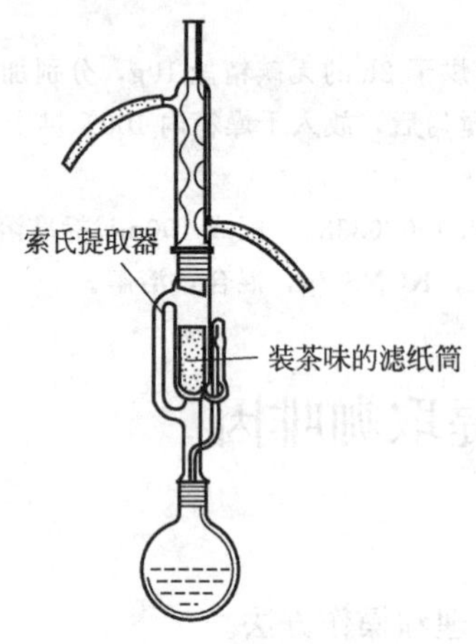

图 5-1 茶叶中取咖啡因装置图

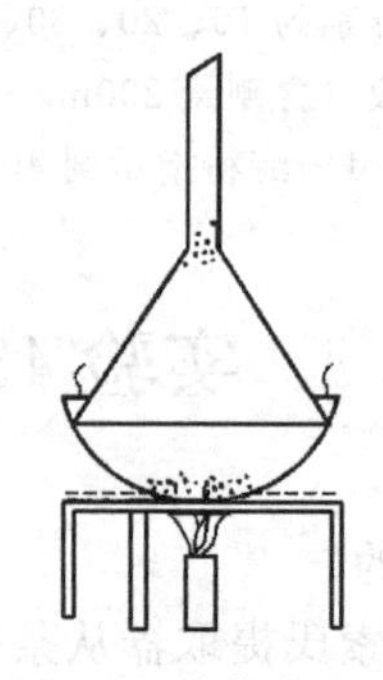
图 5-2 升华装置图

烧杯上，在蒸汽浴上蒸干，其间应不断搅拌，并压碎块状物。然后将蒸发皿放在石棉网上，用小火焙炒片刻，使水分全部除去[5]。冷却后，擦去沾在边上的粉末，以免升华时污染产物。

蒸发皿上盖一张刺有许多小孔且孔刺向上的滤纸，再在滤纸上罩一口径合适、颈部堵上棉花的玻璃漏斗，见图 5-2。用酒精灯隔着石棉网小心加热升华，适当控制温度[6]，尽可能使升华速度放慢，提高结晶的纯度。如发现有棕色烟雾时，即升华完毕，停止加热，让其自然冷却至 100℃左右，小心揭开漏斗，取下滤纸，仔细地将附在滤纸上及器皿周围的咖啡因结晶刮下。残渣经搅拌后，用较大的火再加热一次，使升华完全。合并两次升华收集的咖啡因。产品约 45～65mg。

五、注释

[1] 红茶中含咖啡因约 3.2%。绿茶中含咖啡因约 2.5%，实验可选择红茶。

[2] 茶叶的包法是将滤纸做成一个滤纸筒，其大小既要紧贴器壁又能方便取放。其高度不得超过虹吸管；装茶叶时要轻轻压实并不得漏出，以免堵塞虹吸管，上面盖一小圆形滤纸，纸上面折成凹形，以保证回流液均匀浸润被萃取物。

[3] 若圆底烧瓶中液体颜色变深，提取筒中的萃取液颜色变浅时即可停止提取。

[4] 生石灰起吸水和中和作用，以除去丹宁等酸性物质。

[5] 如留有少量水分，会在下一步升华开始时带来一些烟雾，污染器皿。检验水分是否除净，可用颈部堵上棉花的玻璃漏斗倒扣在蒸发皿上，小火加热，如果漏斗内出现水珠，示水分未除净，则用纸擦干漏斗内的水珠后，再继续焙炒片刻，直到漏斗内不出现水珠为止。

[6] 升华操作是实验成败的关键。在升华过程中始终都需要严格控制温度，温度太高会使被烘物冒烟炭化，将一些有色物带出，使产品不纯。进行第二次升华时加热温度也应严格控制，否则使被升华物大量冒烟，导致产品不纯和损失。

六、预习内容

1. 了解咖啡因的结构、提取原理和提取方法。
2. 温习索氏提取器的使用、升华和萃取等基本操作。

七、思考题

1. 除实验所示的方法外，还有什么方法可用来从茶叶中提取咖啡因？
2. 固体物质一般应具有什么条件，才能用升华方法进行提取？
3. 从茶叶中提取出的粗咖啡因有绿色光泽，为什么？
4. 在咖啡因结构中，哪个氮的碱性最强？试解释之。

实验 46 从废电池中回收锌皮制备硫酸锌

一、实验目的

1. 掌握由废锌皮制备硫酸锌的方法。
2. 熟悉控制 pH 值进行沉淀分离除杂的技术以及硫酸锌产品检验的方法。
3. 进一步提高化学实验的基本操作技能。

二、实验原理

电池中的锌皮既是电池的负极，又是电池的壳体。当电池报废后，锌皮一般仍大部分留存，将其回收利用，既能节约资源，又能减少对环境的污染。

锌是两性金属，能溶于酸或碱，在常温下，锌片和碱的反应极慢，而锌与酸的反应则快得多。因此，本实验采用稀硫酸溶解回收锌皮以制取硫酸锌。

$$Zn + H_2SO_4 = ZnSO_4 + H_2\uparrow$$

此时，锌皮中含有的少量杂质铁也同时溶解，生成硫酸亚铁：

$$Fe + H_2SO_4 = FeSO_4 + H_2\uparrow$$

因此，在所得的硫酸锌溶液中，需先用过氧化氢将 Fe^{2+} 氧化为 Fe^{3+}：

$$2FeSO_4 + H_2O_2 + H_2SO_4 = Fe_2(SO_4)_3 + 2H_2O$$

然后用氢氧化钠调节溶液的 pH＝8，使 Zn^{2+}、Fe^{3+} 生成氢氧化物沉淀：

$$ZnSO_4 + 2NaOH = Zn(OH)_2\downarrow + Na_2SO_4$$

$$Fe_2(SO_4)_3 + 6NaOH = 2Fe(OH)_3\downarrow + 3Na_2SO_4$$

再加入稀硫酸，控制溶液 pH＝4，此时氢氧化锌溶解而氢氧化铁不溶，可过滤除去氢氧化铁，最后将滤液酸化、蒸发浓缩、结晶，即得 $ZnSO_4 \cdot 7H_2O$。

三、实验用品

仪器与材料：蒸发皿、布氏漏斗、吸滤瓶、循环水泵、玻璃漏斗、漏斗架、酒精灯、三脚架、石棉网、火柴、剪刀、电子台秤、电子天平、称量瓶、锥形瓶、酸式滴定管、滴定管夹、移液管、容量瓶、洗耳球、烧杯、玻璃棒、量筒、洗瓶、滤纸、pH 试纸。

固体试剂：$ZnSO_4$(C. P.)、NaAc(A. R.)、NH_4F(A. R.)。

酸碱溶液：HCl($2mol \cdot L^{-1}$)、H_2SO_4($2mol \cdot L^{-1}$)、HNO_3($2mol \cdot L^{-1}$)、冰醋酸、NaOH($2mol \cdot L^{-1}$)。

盐溶液：KSCN($0.5mol \cdot L^{-1}$)、$AgNO_3$($0.1mol \cdot L^{-1}$)、$BaCl_2$($0.1mol \cdot L^{-1}$)。

其他试剂： EDTA 标准溶液（$0.05mol \cdot L^{-1}$）、二甲酚橙指示剂、H_2O_2(3%)。

四、实验内容

1. 锌皮的回收及处理

拆下废电池内的锌皮，锌皮表面可能粘有氯化锌、氯化铵、二氧化锰等杂质，应先用水刷洗除去。锌皮上还可能粘有石蜡、沥青等有机物，用水难以洗净，但它们不溶于酸，可在锌皮溶于酸后过滤除去。将锌皮剪成细条状，备用。

2. 锌皮的溶解

称取处理好的锌皮 5g，加入 $2mol \cdot L^{-1}$ H_2SO_4（比理论量多 25%），加热，待反应较快时，停止加热。不断搅拌，使锌皮溶解完全，过滤，滤液盛在烧杯中。

3. $Zn(OH)_2$ 的生成

往滤液中加入 3% H_2O_2 溶液 10 滴，不断搅拌，然后将滤液加热煮沸，并在不断搅拌

下滴加 $2mol \cdot L^{-1}$ NaOH 溶液，逐渐有大量白色 $Zn(OH)_2$ 沉淀生成。加水约 100mL，充分搅匀，在不断搅拌下，用 $2mol \cdot L^{-1}$ NaOH 调节溶液的 pH=8 为止，抽滤。用蒸馏水洗涤沉淀，直至滤液中不含 Cl^- 为止（如何检验?）。

4. $Zn(OH)_2$ 的溶解及除铁

将沉淀转移至烧杯中，另取 $2mol \cdot L^{-1}$ H_2SO_4 滴加到沉淀中，不断搅拌，当有溶液出现时，小火加热，并继续滴加硫酸，控制溶液的 pH=4［注意：后期加酸要缓慢，当溶液的 pH=4 时，即使还有少量白色沉淀未溶，也无需加酸，加热，搅拌，$Zn(OH)_2$ 沉淀自会溶解］。将溶液加热至沸，促使 Fe^{3+} 水解完全，生成 FeO(OH) 沉淀，趁热过滤，弃去沉淀。

5. 蒸发、结晶

在除铁后的滤液中，滴加 $2mol \cdot L^{-1}$ H_2SO_4，使溶液 pH=2，将其转入蒸发皿中，在水浴上蒸发、浓缩至液面上出现晶膜。自然冷却后，抽滤，将晶体放在两层滤纸间吸干，称量并计算产率。

6. 产品检验（自行设计）

(1) Zn^{2+} 的定量分析

用 EDTA 络合滴定法测定产品中 Zn^{2+} 的含量，由此计算出产品中硫酸锌的百分含量。

(2) 产品中 Cl^- 和 Fe^{3+} 的定性检验

要求：产品质量检验的实验现象与实验室提供的试剂（三级品）“标准”进行对比，根据比较结果，评定产品中 Cl^-、Fe^{3+} 的含量是否达到三级品试剂标准。

提示　Cl^- 的检验：在稀 HNO_3 存在下，加 $AgNO_3$ 的方法。

Fe^{3+} 的检验：在稀 HCl 存在下，加 KSCN 的方法。

五、预习内容

1. 计算溶解锌需要 $2mol \cdot L^{-1}$ H_2SO_4（比理论量多 25%）多少毫升?

2. 设计出产品检验的实验方案和步骤。

六、思考题

1. 本实验为什么要将 Zn^{2+} 和 Fe^{3+} 一同沉淀，然后再用硫酸溶解 $Zn(OH)_2$ 而与杂质 Fe^{3+} 分离? 为什么不直接用 NaOH 调节溶液 pH=4 将铁除去?

2. 沉淀 $Zn(OH)_2$ 时，为什么要控制 pH=8? 计算说明。

实验 47　分光光度法测定 $[Ti(H_2O)_6]^{3+}$、$[Cr(H_2O)_6]^{3+}$ 和 $[Cr(EDTA)]^-$ 的晶体场分裂能

一、实验目的

1. 加深对晶体场理论的了解。

2. 学习用分光光度法测定配合物的分裂能。

二、实验原理

过渡金属离子的 d 轨道在晶体场的影响下会发生能级分裂。金属离子的 d 轨道没有被电子充满时，处于低能量 d 轨道上的电子吸收了一定波长的可见光后，就跃迁到高能量的 d 轨道，这种 d-d 跃迁的能量差可以通过实验来测定。

对于八面体的 $[Ti(H_2O)_6]^{3+}$，因为配离子 $[Ti(H_2O)_6]^{3+}$ 的中心离子 $Ti^{3+}(3d^1)$ 仅有一个 3d 电子，因此在八面体场的影响下，Ti^{3+} 的 5 个简并 d 轨道分裂为能量较高的二重

简并的 e_g 轨道和能量较低的三重简并的 t_{2g} 轨道，e_g 轨道和 t_{2g} 轨道的能量差等于分裂能 Δ_o（下标 o 表示八面体）或以 $10D_q$ 表示。在基态时，Ti^{3+} 上的这个 3d 电子处于能级较低的 t_{2g} 轨道，当它吸收一定波长可见光的能量时，这个电子跃迁到 e_g 轨道。因此 3d 电子所吸收光子的能量应等于分裂能 Δ_o（$10D_q$）。如图 5-3 所示。

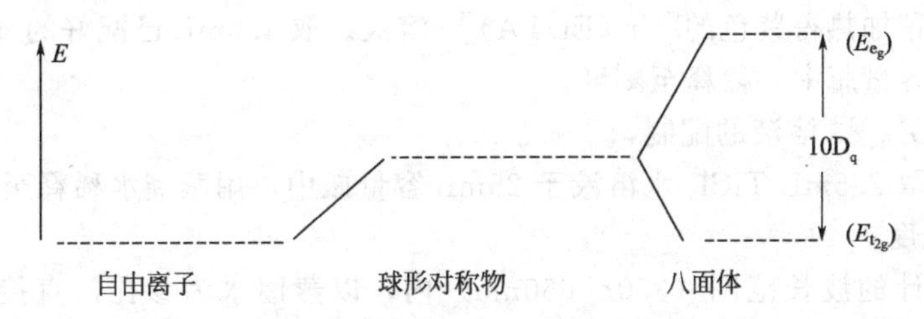

图 5-3 Ti^{3+} 中 d 轨道在八面体场中的能级分裂

根据：

$$E_{光} = E_{e_g} - E_{t_{2g}} = \Delta_o$$

$$E_{光} = h\nu = \frac{hc}{\lambda}$$

式中，h 为普朗克常量；c 为光速；$E_{光}$ 为可见光光能；ν 为频率；λ 为波长。

因为 h 和 c 都是常数，当 1mol 电子跃迁时，$hc=1$，所以：

$$\Delta_o = \frac{1}{\lambda} \times 10^7 (cm^{-1})$$

式中，λ 是 $[Ti(H_2O)_6]^{3+}$ 离子吸收峰对应的波长，nm。

对于八面体的 $[Cr(H_2O)_6]^{3+}$、$[Cr\text{-}(EDTA)]^-$ 配离子，中心离子 Cr^{3+} 的 d 轨道上有 3 个电子，除了受八面体场的影响外，还因电子的相互作用使 d 轨道产生如图 5-3 所示的能级分裂，所以这些配离子吸收了光能量后，就有三个相应的电子跃迁峰，其中电子从 $^4A_{2g}$ 到 $^4T_{2g}$ 所需的能量为分裂能（$10D_q$）。如图 5-4 所示。

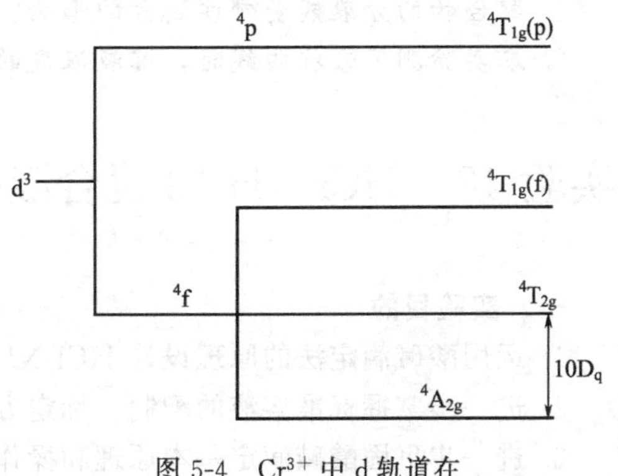

图 5-4 Cr^{3+} 中 d 轨道在八面体场中的能级分裂

本实验只要测定上述各种配离子在不同波长下的相应吸光度 A 值，作 A-λ 吸收曲线，则可用曲线中能量最低的吸收峰所对应的波长来计算 Δ_o 值。

对 $[Ti(H_2O)_6]^{3+}$，只有一个吸收峰，因此用此吸收峰所对应的波长来计算分裂能值；对 $[Cr(H_2O)_6]^{3+}$ 和 $[Cr\text{-}(EDTA)]^-$，应有三个吸收峰，但是某些配合物溶液在可见光区只出现两个或一个明显的吸收峰，这是由于荷移光谱的干扰，因此选用光谱中最大波长的吸收峰所对应的波长来分别计算上述配离子的晶体场分裂能值。

三、实验用品

仪器与材料：电子台秤、分光光度计、容量瓶（25mL）、烧杯（100mL）、吸量管（5mL）。

固体试剂：$KCr(SO_4)_2 \cdot 12H_2O$(A. R.)、$CrCl_3 \cdot 6H_2O$(A. R.)、EDTA 二钠盐（A. R.）。

盐溶液：$TiCl_3$(15%)。

四、实验内容

1. $[Cr(H_2O)_6]^{3+}$ 溶液的配制

称取 0.45g 的 $KCr(SO_4)_2 \cdot 12H_2O$ 于 100mL 烧杯中，用少量蒸馏水溶解，转移至 25mL 容量瓶中，用蒸馏水稀释至刻度，摇匀。

2. $[Cr\text{-}(EDTA)]^-$ 溶液的配制

称取 0.5g EDTA 二钠盐于 100mL 烧杯中，用 50mL 蒸馏水加热溶解，加入 0.5g 的 $CrCl_3 \cdot 6H_2O$，稍加热得紫色的 $[Cr\text{-}(EDTA)]^-$ 溶液。取 4.0mL 已配好的 $[Cr\text{-}(EDTA)]^-$ 溶液转入 25mL 容量瓶中，稀释至刻度。

3. $[Ti(H_2O)_6]^{3+}$ 溶液的配制

用吸量管移取 2.5mL $TiCl_3$ 水溶液于 25mL 容量瓶中，用蒸馏水稀释至刻度，摇匀。

4. 测定吸光度

在分光光度计的波长范围（350～650nm）内，以蒸馏水为参比，直接测得吸收光谱。采用手动记录时，每隔 10nm 分别测定上述溶液的吸光度（在最大吸收峰附近，波长间隔可适当减小）。

五、数据记录与处理

1. 设计表格，记录 $[Cr(H_2O)_6]^{3+}$、$[Cr\text{-}(EDTA)]^-$、$[Ti(H_2O)_6]^{3+}$ 在 350～650nm 波长范围内的吸光度。

2. 以波长为横坐标，吸光度为纵坐标，绘制 $[Cr(H_2O)_6]^{3+}$、$[Cr\text{-}(EDTA)]^-$、$[Ti(H_2O)_6]^{3+}$ 的吸收光谱图，再由吸收光谱图中的吸收峰所对应的波长，计算 $[Cr(H_2O)_6]^{3+}$、$[Cr\text{-}(EDTA)]^-$、$[Ti(H_2O)_6]^{3+}$ 配离子的晶体场分裂能并进行适当讨论。

六、预习内容

1. 晶体场理论基本要点。
2. 影响晶体场分裂能的主要因素。

七、思考题

1. 配合物的分裂能受哪些因素的影响？
2. 本实验测定吸收曲线时，溶液浓度的高低对测定分裂能的值有何影响？

实验 48　HCl-NH_4Cl 混合液中各组分含量的测定（设计实验）

一、实验目的

1. 运用酸碱滴定法的原理设计 HCl-NH_4Cl 各组分含量的测定的分析方案并具体实施。
2. 进一步掌握标准溶液的配制、标定方法，掌握指示剂及其他试剂的配制和使用方法。
3. 进一步巩固酸碱滴定基本原理和操作技能。

二、分析方案

1. 分析方法及原理；
2. 所需试剂和仪器；
3. 实验步骤；
4. 实验结果的计算式；
5. 实验中应注意的事项；
6. 参考文献。

实验结束后，要写出实验报告，其中除分析方案的内容外，还应包括下列内容：

1. 实验原始数据；
2. 实验结果；

3. 如果实际做法与分析方案不一致，应重新写明操作步骤，改动不多的可加以说明；
4. 对自己设计的分析方案的评价及问题的讨论。

实验 49　$NaCl$-$CaCl_2$ 混合液中各组分浓度的测定（设计实验）

一、实验目的

1. 运用滴定分析法的原理设计测定 $NaCl$-$CaCl_2$ 混合液中各组分含量的分析方案。
2. 巩固标准溶液的配制和标定方法。
3. 巩固指示剂及其他试剂的配制和使用方法。
4. 巩固滴定分析的基本操作原理和测定规程。

二、分析方案

1. 分析方法及原理；
2. 实验所需试剂和仪器；
3. 实验步骤；
4. 实验结果的计算式；
5. 实验中应注意的事项；
6. 参考文献。

实验结束后，要写出实验报告，其中除分析方案的内容外，还应包括下列内容：
1. 实验原始数据；
2. 实验结果；
3. 如果实际做法与分析方案不一致，应重新写明操作步骤，改动不多的可加以说明；
4. 对自己设计的分析方案的评价及问题的讨论。

实验 50　水的酸度、硬度及化学耗氧量的测定（综合实验）

一、实验目的

1. 熟悉水样的采集方法，掌握酸度计的使用方法。

2. 通过水的硬度测定进一步掌握络合滴定的原理、方法和特点，熟悉金属指示剂的工作原理及使用。

3. 了解测定水样化学耗氧量的意义，掌握 $KMnO_4$ 法测定水样中 COD 的原理和方法。

二、实验原理

Ca^{2+}、Mg^{2+} 是硬水中的主要杂质离子，它们以酸式盐、氯化物等形式存在，水中还有其他微量杂质离子，由于 Ca^{2+}、Mg^{2+} 含量远比其他离子高，所以通常用水中钙镁盐总量表示水的硬度。硬度有暂时硬度和永久硬度之分，水中 Ca^{2+}、Mg^{2+} 以酸式碳酸盐形式存在的称为暂时硬度，以硫酸盐、硝酸盐和氯化物形式存在的称为永久硬度。

测定水的硬度常采用络合滴定法，在 $pH \approx 10$ 的 NH_3-NH_4Cl 缓冲溶液中，以铬黑 T（EBT）为指示剂测定水中 Ca^{2+}、Mg^{2+} 总量。由于 $K_{CaY} > K_{MgY} > K_{Mg\text{-}EBT} > K_{Ca\text{-}EBT}$，EBT 先与部分 Mg^{2+} 络合为 Mg-EBT（酒红色）。当 EDTA 滴入时，先与游离 Ca^{2+}、Mg^{2+} 络合，终点时 EDTA 夺取 Mg-EBT 中的 Mg^{2+}，将 EBT 置换出来，溶液颜色由酒红色变为纯蓝色。测定水中钙硬时，另取等量水样，加 NaOH 调节溶液 pH 值为 12～13，使 Mg^{2+} 生成

$Mg(OH)_2$ 沉淀，加入钙指示剂，用 EDTA 标准溶液滴定至溶液颜色由酒红色变为纯蓝色即为终点。测定水中 Ca^{2+} 含量，已知 Ca^{2+}、Mg^{2+} 的总量及 Ca^{2+} 的含量，即可算出水中 Mg^{2+} 总含量。

若水样中存在 Fe^{3+}、Al^{3+} 等微量杂质时，可用三乙醇胺进行掩蔽[3]，Cu^{2+}、Pb^{2+}、Zn^{2+} 等重金属离子可用 Na_2S 或 KCN 掩蔽。

水的硬度常以氧化钙的量来表示。各国对水的硬度表示方法不同，我国沿用的硬度表示方法有两种：一种以度（°）表示，1 硬度单位表示十万份水中含 1 份 CaO（即每升水中含 10mg CaO），即 $1° = 10mg \cdot L^{-1}$ CaO；另一种以每升水中含有氧化钙的毫克表示（CaO $mg \cdot L^{-1}$）。

水的化学耗氧量（COD）是量度水体受还原性物质污染程度的综合性指标。是指 1L 水体中的还原性物质（无机的或有机的）在一定条件下，被强氧化剂氧化时所消耗的氧化剂的量换算成氧的质量（mg）。COD 越大，说明水中的耗氧物质越多，水质遭受的破坏越严重。在酸性（稀硫酸）介质中，加入一定量且过量的 $KMnO_4$ 溶液，加热煮沸 10min，使水体中的还原性物质充分作用后，剩余的 $KMnO_4$ 再与加入的已知量且过量的 $Na_2C_2O_4$ 溶液发生反应，剩余的 $C_2O_4^{2-}$ 再用 $KMnO_4$ 标准溶液回滴。反应式如下：

$$4MnO_4^-(\text{过量}) + 12H^+ + 5C = 4Mn^{2+} + 5CO_2\uparrow + 6H_2O$$

$$2MnO_4^-(\text{剩余}) + 5C_2O_4^{2-}(\text{过量}) + 16H^+ = 2Mn^{2+} + 10CO_2\uparrow + 8H_2O$$

$$5C_2O_4^{2-}(\text{剩余}) + 2MnO_4^- + 16H^+ = 2Mn^{2+} + 10CO_2\uparrow + 8H_2O$$

通过与水中还原性物质反应消耗 $KMnO_4$ 的物质的量，可计算出待测水的化学耗氧量。

三、实验仪器与试剂

仪器与材料：酸式滴定管（50mL），移液管（100mL、50mL、10mL），锥形瓶（250mL），量筒（10mL），烧杯（500mL、100mL、50mL），棕色试剂瓶（500mL），分析天平，台秤，pHS-3C 酸度计，电炉，石棉网，采样器，塑料桶。

试剂与药品：EDTA 标准溶液（$0.020mol \cdot L^{-1}$），铬黑 T 指示剂[1]（$5g \cdot L^{-1}$），钙指示剂，NH_3-NH_4Cl（pH≈10），NaOH 溶液（$40g \cdot L^{-1}$），H_2SO_4 溶液（$6mol \cdot L^{-1}$），$KMnO_4$ 标准溶液（$0.02mol \cdot L^{-1}$），$Na_2C_2O_4$ 标准溶液（$0.005mol \cdot L^{-1}$），磷酸标准缓冲溶液（pH=7.21）。

四、实验步骤

1. 水样的采集

对水样进行监测分析，首先要采集水样。采样的原则是所取水样必须具有代表性，能够真实地反映水体的质量。用桶或瓶等容器直接采集寸金公园湖水（容器沉至水下 0.3～0.5m 处采集），备用。

2. 水样酸度的测定

在一只洁净的 50mL 烧杯中加入 25mL 水样，观察水样的颜色。用 pHS-3C 型酸度计测定水样 pH 值。

3. 水的硬度测定

(1) 总硬度的测定

准确移取 100.0mL 水样[2] 于 250mL 锥形瓶中，加入 5mL NH_3-NH_4Cl 缓冲溶液（pH≈10），3～4 滴铬黑 T 指示剂，用 EDTA 标准溶液滴定至溶液由酒红色变为纯蓝色为终点，记录消耗 EDTA 标准溶液的体积为 V_1(mL)，平行测定 3 份，计算水的总硬度。

(2) 钙、镁硬度的测定

准确移取100.0mL水样于250mL锥形瓶中，加入5mL 40g·L^{-1} NaOH溶液，再加入少许钙指示剂，用EDTA标准溶液滴定至溶液由酒红色变为纯蓝色为终点，记录消耗EDTA标准溶液的体积为V_2(mL)，平行测定3份，按下式分别计算水中Ca^{2+}、Mg^{2+}的含量（以mg·L^{-1}表示）。

$$\rho_{Ca}=\frac{(c\overline{V}_2)_{EDTA}\times M_{CaO}\times 1000}{V_{水}}(mg \cdot L^{-1})$$

$$\rho_{Ca}=\frac{[c(\overline{V}_1-\overline{V}_2)]_{EDTA}\times M_{Mg}\times 1000}{V_{水}}(mg \cdot L^{-1})$$

要求水的总硬度和Ca^{2+}含量计算的相对平均偏差不大于0.3%。

4. 化学耗氧量的测定

(1) 0.02mol·L^{-1} $KMnO_4$溶液的配制

称取1.6g $KMnO_4$溶于500mL水中，盖上表面皿，加热至微沸状态1h，冷却后于室温下放置2～3天，或溶于500mL水中，在室温下放置1周，用微孔玻璃漏斗过滤，滤液储存于洁净的棕色试剂瓶中。

(2) 0.002mol·L^{-1} $KMnO_4$溶液的配制

移取50.00mL上述$KMnO_4$溶液于500mL棕色试剂瓶中，加水稀释至500mL，摇匀，备用。

(3) 0.005mol·L^{-1} $Na_2C_2O_4$标准溶液的配制

准确称取基准物$Na_2C_2O_4$ 0.16～0.18g于50mL烧杯中，加水溶解后，转移至250mL容量瓶中，定容后摇匀，计算$Na_2C_2O_4$标准溶液的浓度，备用。

(4) 化学耗氧量的测定

准确移取100.0mL水样于洁净250mL锥形瓶中，加入6mol·L^{-1} H_2SO_4溶液5mL，0.002mol·L^{-1} $KMnO_4$溶液10.00mL（V_1）和少许沸石（沸石要回收）。加热至沸（此时溶液红色不应褪去，若褪去，说明水污染严重，则应加大MnO_4^-用量），小火准确煮沸10min，取下锥形瓶，放置0.5～1min后，趁热（75～85℃）准确加入10.00mL $Na_2C_2O_4$标准溶液，充分摇匀，用0.002mol·L^{-1} $KMnO_4$滴定，当第一滴$KMnO_4$的红色完全褪去后再滴入下一滴，直至滴定的溶液呈微红色，半分钟不褪色即为终点，记录消耗的$KMnO_4$体积V_2，平行测定3份。

(5) 0.002mol·L^{-1} $KMnO_4$溶液的标定

在上述滴定至终点的试液中补加6mol·L^{-1} H_2SO_4溶液2mL，准确移入$Na_2C_2O_4$标准溶液10.00mL，摇匀（此时溶液无色），用0.002mol·L^{-1} $KMnO_4$溶液滴定至微红色且半分钟不褪色，记下消耗的$KMnO_4$体积V_3，平行测定3份。

根据加入已知过量$KMnO_4$体积V_1，滴定剩余$Na_2C_2O_4$消耗的$KMnO_4$体积V_2及标定时消耗$KMnO_4$体积V_3，用下式计算出水样的化学耗氧量：

$$COD=\left[(V_1+V_2)\times\frac{10.00}{V_3}-10.00\right]c_{Na_2C_2O_4}\times 16.0\times\frac{1000}{V_{水样}}(mg \cdot L^{-1})$$

五、预习内容

1. 水的硬度表示方法及测定原理，金属指示剂的工作原理。

2. $KMnO_4$溶液的配制和标定及滴定应注意事项。

3. 化学耗氧量的表示方法，测定化学耗氧量的意义及测定方法。

4. 酸度计的使用方法。

六、思考题

1. 什么叫水的硬度？水的硬度的表示方法是什么？如何计算水的硬度？

2. 为什么滴定水的总硬度时要控制溶液 pH≈10？滴定 Ca^{2+} 分量时要控制溶液 pH 值为 12～13？若 pH>13 对滴定结果有何影响？

3. 如果只有铬黑 T 指示剂，能否测定 Ca^{2+} 含量？如何测定？

4. 用 EDTA 法测定水的硬度时，哪些离子的存在有干扰？如何消除？

5. 在 $KMnO_4$ 滴定时，为什么第一滴 $KMnO_4$ 的红色完全褪去后再滴入下一滴，滴定时可采取什么措施以加快反应速率？

七、注释

[1] 铬黑 T 指示剂的配制：称取 0.5g 铬黑 T，加入 20mL 三乙醇胺，用水稀释至 100mL。铬黑 T 与 Mg^{2+} 显色的灵敏度高，与 Ca^{2+} 显色的灵敏度低，当水样中钙含量很高而镁含量很低时，可在水样中加入少许 Mg-EDTA，利用置换滴定法的原理来提高终点变色的敏锐性，或改用 K-B 指示剂。

[2] 若水样中含锰量超过 $1mg \cdot L^{-1}$，在碱性溶液中易氧化成高价，使指示剂变为灰白或浑浊的玫瑰色。可在水样中加入 0.5～2mL $10g \cdot L^{-1}$ 的盐酸羟胺，还原高价锰，消除干扰。

[3] 使用三乙醇胺掩蔽 Fe^{3+}、Al^{3+}，须在 pH<4 下加入，摇动后再调节 pH 至滴定酸度。若水样中含铁量超过 $10mg \cdot L^{-1}$ 时，掩蔽有困难，需用纯水稀释至含 Fe^{3+} 不超过 $7mg \cdot L^{-1}$。

注：根据电子转移等价：1mol $KMnO_4$ 等价于 5/4mol O_2。

八、附注

pHS-3C 酸度计的使用方法

1. 接通电源，按下电源开关，预热 30min。

2. 标定

① 在测量电极插座处拔去短路插头，插上 pH 复合电极；将 pH 复合电极安装在电极架上，拔下 pH 复合电极下端的保护套，并拉下电极上端的橡皮套。露出上端小孔。

② 按"pH/mV"按键，使仪器进入 pH 测量状态。

③ 按"温度"旋钮，使显示为溶液温度值（此时温度指示灯亮），然后按"确认"键，仪器确定温度后回到 pH 测量状态。

④ 把用蒸馏水清洗干净的电极插入 pH=6.86 的标准缓冲溶液中，待读数稳定后按"定位"键（此时 pH 指示灯慢闪烁，表明仪器处于定位标定状态）使读数与当时温度下标准缓冲溶液的 pH 值相同，然后按"确认"键，仪器进入 pH 测量状态，pH 指示灯停止闪烁。

⑤ 把用蒸馏水清洗干净的电极插入 pH=4.00（或 pH=9.18）的标准缓冲溶液中，待读数稳定后按"斜率"键（此时 pH 指示灯快闪烁，表明仪器处于斜率标定状态）使读数与当时温度下标准缓冲溶液的 pH 值相同，然后按"确认"键，仪器进入 pH 测量状态，pH 指示灯停止闪烁，标定完成。

注意：如果在标定过程中操作失误或按键按错使仪器测量不正常，可关闭电源，然后按住"确认"键再开启电源，使仪器恢复初始状态，然后重新标定。

3. 测定样品 pH 值

(1) 被测溶液与定位溶液温度相同时，测量步骤如下：

① 用蒸馏水清洗电极，再用被测溶液清洗一次；

② 把电极浸入被测溶液中，用玻璃棒搅拌使溶液均匀，仪器显示数字稳定后读数，即得到被测溶液的 pH 值。

(2) 被测溶液与定位溶液温度不同时，测量步骤如下：

① 用蒸馏水清洗电极，再用被测溶液清洗一次；

② 用温度计测出被测溶液的温度值。

③ 按"温度"键，使仪器显示为被测溶液的温度值，然后按"确认"键。

④ 把电极浸入被测溶液中，用玻璃棒搅拌使溶液均匀，仪器显示数字稳定后读数，即得到被测溶液的 pH 值。

注意：经过标定后，"定位"键和"斜率"键不能再按，如果触动此键，此时仪器 pH 指示灯闪烁，请不要按"确认"键，而是按"pH/mV"，使仪器重新进入 pH 测量即可，而无须再进行标定。

6 附　录

附录 1　不同温度下水的饱和蒸气压

kPa

T/℃	0	1	2	3	4	5	6	7	8	9
0	0.61129	0.65716	0.70605	0.75813	0.81359	0.87260	0.93537	1.0021	1.0730	1.1482
10	1.2281	1.3129	1.4027	1.4979	1.5988	1.7056	1.8185	1.9380	2.0644	2.1978
20	2.3388	2.4877	2.6447	2.8104	2.9850	3.1690	3.3629	3.5670	3.7818	4.0078
30	4.2455	4.4953	4.7578	5.0335	5.3229	5.6267	5.9453	6.2795	6.6298	6.9969
40	7.3814	7.7840	8.2054	8.6463	9.1075	9.5898	10.094	10.620	11.171	11.745
50	12.344	12.970	13.623	14.303	15.012	15.752	16.522	17.324	18.159	19.028
60	19.932	20.873	21.851	22.868	23.925	25.022	26.163	27.347	28.576	29.852
70	31.176	32.549	33.972	35.448	36.978	38.563	40.205	41.905	43.665	45.487
80	47.373	49.324	51.342	53.428	55.585	57.815	60.119	62.499	64.958	67.496
90	70.117	72.823	75.614	78.494	81.465	84.529	87.688	90.945	94.301	97.759
100	101.32	104.99	108.77	112.66	116.67	120.79	125.03	129.39	133.88	138.50
110	143.24	148.12	153.13	158.29	163.58	169.02	174.61	180.34	186.23	192.28
120	198.48	204.85	211.38	218.09	224.96	232.01	239.24	246.66	254.25	262.04
130	270.02	278.20	286.57	295.15	303.93	312.93	322.14	331.57	341.22	351.09
140	361.19	371.53	382.11	392.92	403.98	415.29	426.85	438.67	450.75	463.10
150	475.72	488.61	501.78	515.23	528.96	542.99	557.32	571.94	586.87	602.11
160	617.66	633.53	649.73	666.25	683.10	700.29	717.84	735.70	753.94	772.52
170	791.47	810.78	830.47	850.53	870.98	891.80	913.03	934.64	956.66	979.09
180	1001.9	1025.2	1048.9	1073.0	1097.5	1122.5	1147.9	1173.8	1200.1	1226.9
190	1254.2	1281.9	1310.1	1338.8	1368.0	1397.6	1427.8	1458.5	1489.7	1521.4
200	1553.6	1586.4	1619.7	1653.6	1688.0	1722.9	1758.4	1794.5	1831.1	1868.4
210	1906.2	1944.6	1983.6	2023.2	2063.4	2104.2	2145.7	2187.8	2230.5	2273.8
220	2317.8	2362.5	2407.8	2453.8	2500.5	2547.9	2595.9	2644.6	2694.1	2744.2
230	2795.1	2846.7	2899.0	2952.1	3005.9	3060.4	3115.7	3171.8	3228.6	3286.3
240	3344.7	3403.9	3463.9	3524.7	3586.3	3648.8	3712.1	3776.2	3841.2	3907.0
250	3973.6	4041.2	4109.6	4178.9	4249.1	4320.2	4392.2	4465.1	4539.0	4613.7
260	4689.4	4766.1	4843.7	4922.3	5001.8	5082.3	5163.8	5246.3	5329.8	5414.3
270	5499.9	5586.4	5674.0	5762.7	5852.4	5943.1	6035.0	6127.9	6221.9	6317.0
280	6413.2	6510.5	6608.9	6708.5	6809.2	6911.1	7014.1	7118.3	7223.7	7330.2
290	7438.0	7547.0	7657.2	7768.6	7881.3	7995.2	8110.3	8226.8	8344.5	8463.5
300	8583.8	8705.4	8828.3	8952.6	9078.2	9205.1	9333.4	9463.1	9594.2	9726.7
310	9860.5	9995.8	10133	10271	10410	10551	10694	10838	10984	11131
320	11279	11429	11581	11734	11889	12046	12204	12364	12525	12688
330	12852	13019	13187	13357	13528	13701	13876	14053	14232	14412
340	14594	14778	14964	15152	15342	15533	15727	15922	16120	16320

注：摘译自 Lide D R，Handbook of Chemistry and Physics，6-8～6-9，78th Ed. 1997～1998.

附录 2 一些化合物的溶解度

化合物	溶解度 /g·(100mL $H_2O)^{-1}$	T/℃
Ag_2O	0.0013	20
BaO	3.48	20
$BaO_2 \cdot 8H_2O$	0.168	
As_2O_3	3.7	20
As_2O_5	150	16
$LiOH$	12.8	20
$NaOH$	42	0
KOH	107	15
$Ca(OH)_2$	0.185	0
$Ba(OH)_2 \cdot 8H_2O$	5.6	15
$Ni(OH)_2$	0.013	
BaF_2	0.12	25
AlF_3	0.559	25
AgF	182	15.5
NH_4F	100	0
$(NH_4)_2SiF_6$	18.6	17
$LiCl$	63.7	0
$LiCl \cdot H_2O$	86.2	20
$NaCl$	35.7	0
$NaOCl \cdot 5H_2O$	29.3	0
KCl	23.8	20
$KCl \cdot MgCl_2 \cdot 6H_2O$	64.5	19
$MgCl_2 \cdot 6H_2O$	167	
$CaCl_2$	74.5	20
$CaCl_2 \cdot 6H_2O$	279	0
$BaCl_2$	37.5	26
$BaCl_2 \cdot 2H_2O$	58.7	100
$AlCl_3$	69.9	15
$SnCl_2$	83.9	0
$CuCl_2 \cdot 2H_2O$	110.4	0
$ZnCl_2$	432	25
$CdCl_2$	140	20
$CdCl_2 \cdot 2\frac{1}{2}H_2O$	168	20
$HgCl_2$	6.9	20
$[Cr(H_2O)_4Cl_2] \cdot 2H_2O$	58.5	25
$MnCl_2 \cdot 4H_2O$	151	8
$FeCl_2 \cdot 4H_2O$	160.1	10
$FeCl_3 \cdot 6H_2O$	91.9	20
$CoCl_3 \cdot 6H_2O$	76.7	0
$NiCl_2 \cdot 6H_2O$	254	20
NH_4Cl	29.7	0
$NaBr \cdot 2H_2O$	79.5	0
KBr	53.48	0
NH_4Br	97	25
HIO_3	286	0
NaI	184	25
$NaI \cdot 2H_2O$	317.9	0
KI	127.5	0
KIO_3	4.74	0
KIO_4	0.66	15
NH_4I	154.2	0
Na_2S	15.4	10
$Na_2S \cdot 9H_2O$	47.5	10
NH_4HS	128.1	0
$Na_2SO_3 \cdot 7H_2O$	32.8	0
$Na_2SO_4 \cdot 10H_2O$	11	0
	92.7	30
$NaHSO_4$	28.6	25
$Li_2SO_4 \cdot H_2O$	34.9	25
$KAl(SO_4)_2 \cdot 12H_2O$	5.9	20
	11.7	40
	17.0	50
$KCr(SO_4)_2 \cdot 12H_2O$	24.39	25
$BeSO_4 \cdot 4H_2O$	42.5	25
$MgSO_4 \cdot 7H_2O$	71	20
$CaSO_4 \cdot \frac{1}{2}H_2O$	0.3	20
$CaSO_4 \cdot 2H_2O$	0.241	
$Al_2(SO_4)_3$	31.3	0
$Al_2(SO_4)_3 \cdot 18H_2O$	86.9	0
$CuSO_4$	14.3	0
$CuSO_4 \cdot 5H_2O$	31.6	0
$[Cu(NH_3)_4]SO_4 \cdot H_2O$	18.5	21.5
Ag_2SO_4	0.57	0
$ZnSO_4 \cdot 7H_2O$	96.5	20
$3CdSO_4 \cdot 8H_2O$	113	0
$HgSO_4 \cdot 2H_2O$	0.003	18
$Cr_2(SO_4)_3 \cdot 18H_2O$	120	20
$CrSO_4 \cdot 7H_2O$	12.35	0

续表

化合物	溶解度 /g·(100mL H_2O)$^{-1}$	T/℃
$MnSO_4 \cdot 6H_2O$	147.4	
$MnSO_4 \cdot 7H_2O$	172	
$FeSO_4 \cdot H_2O$	50.9	70
	43.6	80
	37.3	90
$FeSO_4 \cdot 7H_2O$	15.65	0
	26.5	20
	40.2	40
	48.6	50
$Fe_2(SO_4)_3 \cdot 9H_2O$	440	
$CoSO_4 \cdot 7H_2O$	60.4	3
$NiSO_4 \cdot 6H_2O$	62.52	0
$NiSO_4 \cdot 7H_2O$	75.6	15.5
$(NH_4)_2SO_4$	70.6	0
$NH_4Al(SO_4)_2 \cdot 12H_2O$	15	20
$NH_4Cr(SO_4)_2 \cdot 12H_2O$	21.2	25
$(NH_4)_2SO_4 \cdot FeSO_4 \cdot 6H_2O$	26.9	20
$NH_4Fe(SO_4)_2 \cdot 12H_2O$	124.0	25
$Na_2S_2O_3 \cdot 5H_2O$	79.4	0
$NaNO_2$	81.5	15
KNO_2	281	0
	413	100
$LiNO_3 \cdot 3H_2O$	34.8	0
KNO_3	13.3	0
	247	100
$Mg(NO_3)_2 \cdot 6H_2O$	125	
$Ca(NO_3)_2 \cdot 4H_2O$	266	0
$Sr(NO_3)_2 \cdot 4H_2O$	60.43	0
$Ba(NO_3)_2 \cdot H_2O$	63	20
$Al(NO_3)_3 \cdot 9H_2O$	63.7	25
$Pb(NO_3)_2$	37.65	0
$Cu(NO_3)_2 \cdot 6H_2O$	243.7	0
$AgNO_3$	122	0
$Zn(NO_3)_2 \cdot 6H_2O$	184.3	20
$Cd(NO_3)_2 \cdot 4H_2O$	215	
$Mn(NO_3)_2 \cdot 4H_2O$	426.4	0
$Fe(NO_3)_2 \cdot 6H_2O$	83.5	20
$Fe(NO_3)_3 \cdot 6H_2O$	150	0
$Co(NO_3)_2 \cdot 6H_2O$	133.8	0
NH_4NO_3	118.3	0
Na_2CO_3	7.1	0
$Na_2CO_3 \cdot 10H_2O$	21.52	0
K_2CO_3	112	20

化合物	溶解度 /g·(100mL H_2O)$^{-1}$	T/℃
$K_2CO_3 \cdot 2H_2O$	146.9	
$(NH_4)_2CO_3 \cdot H_2O$	100	15
$NaHCO_3$	6.9	0
NH_4HCO_3	11.9	0
$Na_2C_2O_4$	3.7	20
$FeC_2O_4 \cdot 2H_2O$	0.022	
$(NH_4)_2C_2O_4 \cdot H_2O$	2.54	0
$NaC_2H_3O_2$	119	0
$NaC_2H_3O_2 \cdot 3H_2O$	76.2	0
$Pb(C_2H_3O_2)_2$	44.3	20
$Zn(C_2H_3O_2)_2 \cdot 2H_2O$	31.1	20
$NH_4C_2H_3O_2$	148	4
$KCNS$	177.2	0
NH_4CNS	128	0
KCN	50	
$K_4[Fe(CN)_6] \cdot 3H_2O$	14.5	0
$K_4[Fe(CN)_6]$	33	4
H_3PO_4	548	
$Na_3PO_4 \cdot 10H_2O$	8.8	
$(NH_4)_3PO_4 \cdot 3H_2O$	26.1	25
$NH_4MgPO_4 \cdot 6H_2O$	0.0231	0
$Na_4P_2O_7 \cdot 10H_2O$	5.41	0
$Na_2HPO_4 \cdot 7H_2O$	104	40
H_3BO_3	6.35	20
$Na_2B_4O_7 \cdot 10H_2O$	2.01	0
$(NH_4)_2B_4O_7 \cdot 4H_2O$	7.27	18
$NH_4B_5O_8 \cdot 4H_2O$	7.03	18
K_2CrO_4	62.9	20
Na_2CrO_4	87.3	20
$Na_2CrO_4 \cdot 10H_2O$	50	10
$CaCrO_4 \cdot 2H_2O$	16.3	20
$(NH_4)_2CrO_4$	40.5	30
$Na_2Cr_2O_7 \cdot 2H_2O$	238	0
$K_2Cr_2O_7$	4.9	0
$(NH_4)_2Cr_2O_7$	30.8	15
$H_2MoO_4 \cdot H_2O$	0.133	18
$Na_2MoO_4 \cdot 2H_2O$	56.2	0
$(NH_4)_6Mo_7O_{24} \cdot 4H_2O$	43	
$Na_2WO_4 \cdot 2H_2O$	41	0
$KMnO_4$	6.38	20
$Na_3AsO_4 \cdot 12H_2O$	38.9	15.5
$NH_4H_2AsO_4$	33.74	0
NH_4VO_3	0.52	15
$NaVO_3$	21.1	25

注：摘编自 W east R C，Handbook of Chemistry and Physics，B68～161，66th Ed. 1985～1986.

附录3 溶度积

化合物	溶度积(温度/℃)	化合物	溶度积(温度/℃)
铝		硫酸铅	$2.53\times10^{-8}(25)$
铝酸 $H_3AlO_3$①	$4\times10^{-13}(15)$	硫化铅①	$3.4\times10^{-28}(18)$
	$1.1\times10^{-15}(18)$	锂	
	$3.7\times10^{-15}(25)$	碳酸锂	$8.15\times10^{-4}(25)$
氢氧化铝	$1.9\times10^{-33}(18\sim20)$	镁	
钡		磷酸镁铵①	$2.5\times10^{-13}(25)$
碳酸钡	$2.58\times10^{-9}(25)$	碳酸镁	$6.82\times10^{-6}(25)$
铬酸钡	$1.17\times10^{-10}(25)$	氟化镁	$5.16\times10^{-11}(25)$
氟化钡	$1.84\times10^{-7}(25)$	氢氧化镁	$5.61\times10^{-12}(25)$
碘酸钡 $Ba(IO_3)_2\cdot2H_2O$	$1.67\times10^{-9}(25)$	二水合草酸镁	$4.83\times10^{-6}(25)$
碘酸钡	$4.01\times10^{-9}(25)$	锰	
草酸钡 $BaC_2O_4\cdot2H_2O$①	$1.2\times10^{-7}(18)$	氢氧化锰①	$4\times10^{-14}(18)$
硫酸钡①	$1.08\times10^{-10}(25)$	硫化锰①	$1.4\times10^{-15}(18)$
镉		汞	
草酸镉 $CdC_2O_4\cdot3H_2O$	$1.42\times10^{-8}(25)$	氢氧化汞①②	$3.0\times10^{-26}(18\sim25)$
氢氧化镉	$7.2\times10^{-15}(25)$	硫化汞(红)①	$4.0\times10^{-53}(18\sim25)$
硫化镉①	$3.6\times10^{-29}(18)$	硫化汞(黑)①	$1.6\times10^{-52}(18\sim25)$
钙		氯化亚汞	$1.43\times10^{-18}(25)$
碳酸钙	$3.36\times10^{-9}(25)$	碘化亚汞	$5.2\times10^{-29}(25)$
氟化钙	$3.45\times10^{-11}(25)$	溴化亚汞	$6.4\times10^{-23}(25)$
碘酸钙 $Ca(IO_3)_2\cdot6H_2O$	$7.10\times10^{-7}(25)$	镍	
碘酸钙	$6.47\times10^{-6}(25)$	硫化镍(Ⅱ)α-NiS①	$3.2\times10^{-19}(18\sim25)$
草酸钙	$2.32\times10^{-9}(25)$	β-NiS①	$1.0\times10^{-24}(18\sim25)$
草酸钙 $CaC_2O_4\cdot H_2O$①	$2.57\times10^{-9}(25)$	γ-NiS①	$2.0\times10^{-26}(18\sim25)$
硫酸钙	$4.93\times10^{-5}(25)$	银	
钴		溴化银	$5.35\times10^{-13}(25)$
硫化钴(Ⅱ)α-CoS①	$4.0\times10^{-21}(18\sim25)$	碳酸银	$8.46\times10^{-12}(25)$
β-CoS①	$2.0\times10^{-25}(18\sim25)$	氯化银	$1.77\times10^{-10}(25)$
铜		铬酸银①	$1.2\times10^{-12}(14.8)$
一水合碘酸铜	$6.94\times10^{-8}(25)$	铬酸银	$1.12\times10^{-12}(25)$
草酸铜	$4.43\times10^{-10}(25)$	重铬酸银①	$2\times10^{-7}(25)$
硫化铜①	$8.5\times10^{-45}(18)$	氢氧化银②	$1.52\times10^{-8}(20)$
溴化亚铜	$6.27\times10^{-9}(25)$	碘酸银	$3.17\times10^{-8}(25)$
氯化亚铜	$1.72\times10^{-7}(25)$	碘化银①	$0.32\times10^{-16}(13)$
碘化亚铜	$1.27\times10^{-12}(25)$	碘化银	$8.52\times10^{-17}(25)$
硫化亚铜①	$2\times10^{-47}(16\sim18)$	硫化银①	$1.6\times10^{-49}(18)$
硫氰酸亚铜	$1.77\times10^{-13}(25)$	溴酸银	$5.38\times10^{-5}(25)$
亚铁氰化铜①	$1.3\times10^{-16}(18\sim25)$	硫氰酸银①	$0.49\times10^{-12}(18)$
铁		硫氰酸银	$1.03\times10^{-12}(25)$
氢氧化铁	$2.79\times10^{-39}(25)$	锶	
氢氧化亚铁	$4.87\times10^{-17}(18)$	碳酸锶	$5.60\times10^{-10}(25)$
草酸亚铁	$2.1\times10^{-7}(25)$	氟化锶	$4.33\times10^{-9}(25)$
硫化亚铁①	$3.7\times10^{-19}(18)$	草酸锶①	$5.61\times10^{-8}(18)$
铅		硫酸锶①	$3.44\times10^{-7}(25)$
碳酸铅	$7.4\times10^{-14}(25)$	铬酸锶①	$2.2\times10^{-5}(18\sim25)$
铬酸铅①	$1.77\times10^{-14}(18)$	锌	
氟化铅	$3.3\times10^{-8}(25)$	氢氧化锌	$3\times10^{-17}(225)$
碘酸铅	$3.69\times10^{-13}(25)$	草酸锌 $ZnC_2O_4\cdot2H_2O$	$1.38\times10^{-9}(25)$
碘化铅	$9.8\times10^{-9}(25)$	硫化锌①	$1.2\times10^{-23}(18)$
草酸铅①	$2.74\times10^{-11}(18)$		

① 摘译自 Weast R c，Handbook of Chemistry and Physics，B-222，66th Ed，1985～1986.

② 为 $1/2Ag_2O(s)+1/2H_2O \longrightarrow Ag^++OH^-$ 和 $HgO+H_2O \longrightarrow Hg^{2+}+2OH^-$

注：本表主要摘译自 Lide D R，Handbook of Chemistry and Physics，8-106～8-109，78th Ed. 1997～1998.

附录 4 金属氢氧化物沉淀的 pH

氢氧化物	pH		
	沉淀开始生成(阳离子浓度 0.01mol·L^{-1})	沉淀完全(残留离子浓度<10^{-5}mol·L^{-1})	沉淀重新溶解
H_2WO_4	约 0	约 0	8～9
$Th(OH)_4$	0.5		
$Tl(OH)_3$	0.5	1.6	
$Sn(OH)_4$	0.5	1.0	13～15
$Ti(OH)_4$	0.5	2.0	
$Ce(OH)_4$	0.8	1.2	
$Sn(OH)_2$	2.1	4.7	10～13.5
$ZrO(OH)_2$	2.3	3.8	
$Fe(OH)_3$	2.3	4.1	14
HgO	2.4	5.0	11.5
$Al(OH)_3$	4.0	5.2	7.8～10.8
$Cr(OH)_3$	4.9	6.8	12～15
$Be(OH)_2$	6.2	8.8	
$Zn(OH)_2$	6.4	8.0	10.5～13
$Pb(OH)_2$	7.2	8.9	10～13
$Fe(OH)_2$	7.5	9.7	13.5
$Co(OH)_2$	7.6	9.2	14.1
$Ni(OH)_2$	7.7	9.5	
$Cd(OH)_2$	8.2	9.7	
Ag_2O	8.2	11.2	12.7
$Mn(OH)_2$	8.8	10.4	
$Mg(OH)_2$	10.4	12.4	10～13

附录 5 常用酸、碱的浓度

试剂名称	密度 /g·cm^{-3}	质量分数 /%	物质的量浓度 /mol·L^{-1}	试剂名称	密度 /g·cm^{-3}	质量分数 /%	物质的量浓度 /mol·L^{-1}
浓硫酸	1.84	98	18	氢溴酸	1.38	40	7
稀硫酸	1.1	9	2	氢碘酸	1.70	57	7.5
浓盐酸	1.19	38	12	冰醋酸	1.05	99	17.5
稀盐酸	1.0	7	2	稀乙酸	1.04	30	5
浓硝酸	1.4	68	16	稀乙酸	1.0	12	2
稀硝酸	1.2	32	6	浓氢氧化钠	1.44	约 41	约 14.4
稀硝酸	1.1	12	2	稀氢氧化钠	1.1	8	2
浓磷酸	1.7	85	14.7	浓氨水	0.91	约 28	14.8
稀磷酸	1.05	9	1	稀氨水	1.0	3.5	2
浓高氯酸	1.67	70	11.6	氢氧化钙溶液		0.15	
稀高氯酸	1.12	19	2	氢氧化钡溶液		2	约 0.1
浓氢氟酸	1.13	40	23				

注：摘自北京师范大学系无机化学教研室编．简明化学手册．北京：北京出版社，1980.

附录6 某些离子和化合物的颜色

一、离子

1. 无色离子

Na^+、K^+、NH_4^+、Mg^{2+}、Ca^{2+}、Sr^{2+}、Ba^{2+}、Al^{3+}、Sn^{2+}、Sn^{4+}、Pb^{2+}、Bi^{3+}、Ag^+、Zn^{2+}、Cd^{2+}、Hg_2^{2+}、Hg^{2+}等阳离子。

$B(OH)_4^-$、$B_4O_7^{2-}$、$C_2O_4^{2-}$、Ac^-、CO_3^{2-}、SiO_3^{2-}、NO_3^-、NO_2^-、PO_4^{3-}、AsO_3^{3-}、AsO_4^{3-}、$[SbCl_6]^{3-}$、$[SbCl_6]^-$、SO_3^{2-}、SO_4^{2-}、S^{2-}、$S_2O_3^{2-}$、F^-、Cl^-、ClO_3^-、Br^-、BrO_3^-、I^-、SCN^-、$[CuCl_2]^-$、TiO^{2+}、VO_3^-、VO_4^{3-}、MoO_4^{2-}、WO_4^{2-} 等阴离子。

2. 有色离子

$[Cu(H_2O)_4]^{2+}$	$[CuCl_4]^{2-}$	$[Cu(NH_3)_4]^{2+}$	$[Ti(H_2O)_6]^{3+}$	$[TiCl(H_2O)_5]^{2+}$	$[TiO(H_2O_2)]^{2+}$	$[V(H_2O)_6]^{2+}$	$[V(H_2O)_6]^{3+}$
浅蓝色	黄色	深蓝色	紫色	绿色	橘黄色	紫色	绿色

VO^{2+}	VO_2^+	$[VO_2(O_2)_2]^{3-}$	$[V(O_2)]^{3+}$	$[Cr(H_2O)_6]^{2+}$	$[Cr(H_2O)_6]^{3+}$	$[Cr(H_2O)_5Cl]^{2+}$	$[Cr(H_2O)_4Cl_2]^+$
蓝色	浅黄色	黄色	深红色	蓝色	紫色	浅绿色	暗绿色

$[Cr(NH_3)_2(H_2O)_4]^{3+}$	$[Cr(NH_3)_3(H_2O)_3]^{3+}$	$[Cr(NH_3)_4(H_2O)_2]^{3+}$	$[Cr(NH_3)_5(H_2O)]^{2+}$	$[Cr(NH_3)_6]^{3+}$
紫红色	浅红色	橙红色	橙黄色	黄色

CrO_2^-	CrO_4^{2-}	$Cr_2O_7^{2-}$	$[Mn(H_2O)_6]^{2+}$	MnO_4^{2-}	MnO_4^-
绿色	黄色	橙色	肉色	绿色	紫红色

$[Fe(H_2O)_6]^{2+}$	$[Fe(H_2O)_6]^{3+}$	$[Fe(CN)_6]^{4-}$	$[Fe(CN)_6]^{3-}$	$[Fe(NCS)_n]^{3-n}$
淡绿色	淡紫色	黄色	浅橘黄色	血红色

$[Co(H_2O)_6]^{2+}$	$[Co(NH_3)_6]^{2+}$	$[Co(NH_3)_6]^{3+}$	$[CoCl(NH_3)_5]^{2+}$	$[Co(NH_3)_5(H_2O)]^{3+}$
粉红色	黄色	橙黄色	红紫色	粉红色

$[Co(NH_3)_4CO_3]^+$	$[Co(CN)_6]^{3-}$	$[Co(SCN)_4]^{2-}$	$[Ni(H_2O)_6]^{2+}$	$[Ni(NH_3)_6]^{2+}$	I_3^-
紫红色	紫色	蓝色	亮绿色	蓝色	浅棕黄色

二、化合物

1. 氧化物

CuO	Cu_2O	Ag_2O	ZnO	CdO	Hg_2O	HgO	TiO_2	VO	V_2O_3	VO_2	V_2O_5
黑色	暗红色	暗棕色	白色	棕红色	黑褐色	红色或黄色	白色	亮灰色	黑色	深蓝色	红棕色

Cr_2O_3	CrO_3	MnO_2	MoO_2	WO_2	FeO	Fe_2O_3	Fe_3O_4	CoO	Co_2O_3	NiO	Ni_2O_3	PbO	Pb_3O_4
绿色	红色	棕褐色	铅灰色	棕红色	黑色	砖红色	黑色	灰绿色	黑色	暗绿色	黑色	黄色	红色

2. 氢氧化物

$Zn(OH)_2$	$Pb(OH)_2$	$Mg(OH)_2$	$Sn(OH)_2$	$Sn(OH)_4$	$Mn(OH)_2$	$Fe(OH)_2$	$Fe(OH)_3$	$Cd(OH)_2$
白色	白色	白色	白色	白色	白色	白色或苍绿色	红棕色	白色

$Al(OH)_3$	$Bi(OH)_3$	$Sb(OH)_3$	$Cu(OH)_2$	$Cu(OH)$	$Ni(OH)_2$	$Ni(OH)_3$	$Co(OH)_2$	$Co(OH)_3$	$Cr(OH)_3$
白色	白色	白色	浅蓝色	黄色	浅绿色	黑色	粉红色	褐棕色	灰绿色

3. 氯化物

$AgCl$	Hg_2Cl_2	$PbCl_2$	$CuCl$	$CuCl_2$	$CuCl_2 \cdot 2H_2O$	$Hg(NH_2)Cl$	$CoCl_2$	$CoCl_2 \cdot H_2O$
白色	白色	白色	白色	棕色	蓝色	白色	蓝色	蓝紫色

$CoCl_2 \cdot 2H_2O$	$CoCl_2 \cdot 6H_2O$	$FeCl_3 \cdot 6H_2O$	$TiCl_3 \cdot 6H_2O$	$TiCl_2$
紫红色	粉红色	黄棕色	紫色或绿色	黑色

4. 溴化物

$AgBr$	$AsBr$	$CuBr_2$
淡黄色	浅黄色	黑紫色

5. 碘化物

AgI	Hg_2I_2	HgI_2	PbI_2	CuI	SbI_3	BiI_3	TiI_4
黄色	黄绿色	红色	黄色	白色	红黄色	绿黑色	暗棕色

6. 卤酸盐

$Ba(IO_3)_2$	$AgIO_3$	$KClO_4$	$AgBrO_3$
白色	白色	白色	白色

7. 硫化物

Ag_2S	HgS	PbS	CuS	Cu_2S	FeS	Fe_2S_3	CoS	NiS	Bi_2S_3
灰黑色	红色或黑色	黑色	黑色	黑色	棕黑色	黑色	黑色	黑色	黑褐色

SnS	SnS_2	CdS	Sb_2S_3	Sb_2S_5	MnS	ZnS	As_2S_3
褐色	金黄色	黄色	橙色	橙红色	肉色	白色	黄色

8. 硫酸盐

Ag_2SO_4	Hg_2SO_4	$PbSO_4$	$CaSO_4 \cdot 2H_2O$	$SrSO_4$	$BaSO_4$	$[Fe(NO)]SO_4$	$CoSO_4 \cdot 7H_2O$	$Cr_2(SO_4)_3$
白色	白色	白色	白色	白色	白色	深棕色	红色	紫色或红色

$Cu_2(OH)_2SO_4$	$CuSO_4 \cdot 5H_2O$	$Cr_2(SO_4)_3 \cdot 6H_2O$	$Cr_2(SO_4)_3 \cdot 18H_2O$	$KCr(SO_4)_2 \cdot 12H_2O$
浅蓝色	蓝色	绿色	蓝紫色	紫色

9. 碳酸盐

Ag_2CO_3	$CaCO_3$	$SrCO_3$	$BaCO_3$	$MnCO_3$	$CdCO_3$	$Zn_2(OH)_2CO_3$
白色	白色	白色	白色	白色	白色	白色

$BiOHCO_3$	$Hg_2(OH)_2CO_3$	$Co_2(OH)_2CO_3$	$Cu_2(OH)_2CO_3$	$Ni_2(OH)_2CO_3$
白色	红褐色	红色	暗绿色	浅绿色

10. 磷酸盐

$Ca_3(PO_4)_2$	$CaHPO_3$	$Ba_3(PO_4)_2$	$FePO_4$	Ag_3PO_4	NH_4MgPO_4
白色	白色	白色	浅黄色	黄色	白色

11. 铬酸盐

Ag_2CrO_4	$PbCrO_4$	$BaCrO_4$	$FeCrO_4 \cdot 5H_2O$
砖红色	黄色	黄色	黄色

12. 硅酸盐

$BaSiO_3$	$CuSiO_3$	$CoSiO_3$	$Fe_2(SiO_3)_3$	$MnSiO_3$	$NiSiO_3$	$ZnSiO_3$
白色	蓝色	紫色	棕红色	肉色	翠绿色	白色

13. 草酸盐

CaC_2O_4	$Ag_2C_2O_4$	$FeC_2O_4 \cdot 2H_2O$
白色	白色	黄色

14. 类卤化合物

AgCN	$Ni(CN)_2$	$Cu(CN)_2$	CuCN	AgSCN	$Cu(CSN)_2$
白色	浅绿色	浅棕黄色	白色	白色	黑绿色

15. 其他含氧酸盐

NH_4MgAsO_4	Ag_3AsO_4	$Ag_2S_2O_3$	$BaSO_3$	$SrSO_3$
白色	红褐色	白色	白色	白色

16. 其他化合物

$Fe_4^{III}[Fe_3^{II}(CN)_6]_3 \cdot xH_2O$	$Cu_2[Fe(CN)_6]$	$Ag_3[Fe(CN)_6]$	$Zn_3[Fe(CN)_6]_2$
蓝色	红褐色	橙色	黄褐色

$Co_2[Fe(CN)_6]$	$Ag_4[Fe(CN)_6]$	$Zn_2[Fe(CN)_6]$	$K_3[Co(NO_2)_6]$	$K_2Na[Co(NO_2)_6]$	$(NH_4)_2Na[Co(NO_2)_6]$
绿色	白色	白色	黄色	黄色	黄色

$K_2[PtCl_6]$	$KHC_4H_4O_6$	$Na[Sb(OH)_6]$	$Na_2[Fe(CN)_5NO] \cdot 2H_2O$	$NaAc \cdot Zn(Ac)_2 \cdot 3[UO_2(Ac)_2 \cdot 9H_2O]$
黄色	白色	白色	红色	黄色

$\left[O\langle{}^{Hg}_{Hg}\rangle\overset{+}{N}H_2\right]\bar{I}$	$\left[{}^{I-Hg}_{I-Hg}\rangle\overset{+}{N}H_2\right]\bar{I}$	$(NH_4)_2MoS_4$
红棕色	深褐色或红棕色	血红色

附录7 某些试剂溶液的配制

试 剂	浓度/$mol \cdot L^{-1}$	配制方法
三氯化铋 $BiCl_3$	0.1	溶解 31.6g $BiCl_3$ 于 330mL 6$mol \cdot L^{-1}$ HCl 中,加水稀至1L
三氯化锑 $SbCl_3$	0.1	溶解 22.8g $SbCl_3$ 于 330mL 6$mol \cdot L^{-1}$ HCl 中,加水稀至1L
氯化亚锡 $SnCl_2$	0.1	溶解 22.6g $SnCl_2 \cdot 2H_2O$ 于 330mL 6$mol \cdot L^{-1}$ HCl 中,加水稀释至1L,加入数粒纯锡,以防氧化
硝酸汞 $Hg(NO_3)_2$	0.1	溶解 33.4g $Hg(NO_3)_2 \cdot \frac{1}{2}H_2O$ 于 0.6$mol \cdot L^{-1}$ HNO_3 中,加水稀释至1L
硝酸亚汞 $HgNO_3 \cdot H_2O$	0.1	溶解 56.1g $HgNO_3 \cdot H_2O$ 于 0.6$mol \cdot L^{-1}$ HNO_3 中,加水稀释至1L,并加入少许金属汞
碳酸铵$(NH_4)_2CO_3$	1	96g 研细的$(NH_4)_2CO_3$ 溶于 1L 2$mol \cdot L^{-1}$氨水
硫酸铵$(NH_4)_2SO_4$	饱和	50g $(NH_4)_2SO_4$ 溶于 100mL 热水,冷却后过滤
硫酸亚铁 $FeSO_4$	0.5	溶解 69.5g $FeSO_4 \cdot 7H_2O$ 于适量水中,加入 5mL 18$mol \cdot L^{-1}$ H_2SO_4,再用水稀释至1L,置入小铁钉数枚
六羟基锑酸钠 $Na[Sb(OH)_6]$	0.1	溶解 12.2g 锑粉于 50mL 浓 HNO_3 中微热,使锑粉全部作用成白色粉末,用倾析法洗涤数次,再加入 50mL 6$mol \cdot L^{-1}$ NaOH,使之溶解,稀释至1L
六硝基钴酸钠 $Na_3[Co(NO_2)_6]$		溶解 230g $NaNO_2$ 于 500mL H_2O 中,加入 165mL 6$mol \cdot L^{-1}$ HAc 和 30g $Co(NO_3)_2 \cdot 6H_2O$ 放置 24h,取其清液,稀释至1L,并保存在棕色瓶中。此溶液应呈橙色,若变成红色,表示已分解,应重新配制
硫化钠 Na_2S	2	溶解 240g $Na_2S \cdot 9H_2O$ 和 40g NaOH 于水中,稀释至1L
仲钼酸铵 $(NH_4)_6Mo_7O_{24} \cdot 4H_2O$	0.1	溶解 124g $(NH_4)_6Mo_7O_{24} \cdot 4H_2O$ 于 1L 水中,将所得溶液倒入 1L 6$mol \cdot L^{-1}$ HNO_3 中,放置 24h,取其澄清液
硫化铵$(NH_4)_2S$	3	取一定量氨水,将其均分为两份,往其中一份通硫化氢至饱和,然后与另一份氨水混合
铁氰化钾 $K_3[Fe(CN)_6]$		取铁氰化钾 0.7～1g 溶解于水,稀释至 100mL(使用前临时配制)
铬黑T		将铬黑T和烘干的 NaCl 按 1∶100 的比例研细,混合均匀,储于棕色瓶中
二苯胺		将 1g 二苯胺在搅拌下溶于 100mL 密度为 1.84$g \cdot cm^{-3}$ 的硫酸或 100mL 密度为 1.70$g \cdot cm^{-3}$ 的磷酸中(该溶液可保存较长时间)
镍试剂		溶解 10g 镍试剂(二乙酰二肟)于 1L 95%的酒精中
镁试剂		溶解 0.01g 镁试剂于 1L 1$mol \cdot L^{-1}$ NaOH 溶液中
铝试剂		1g 铝试剂溶于 1L 水中
镁铵试剂		将 100g $MgCl_2 \cdot 6H_2O$ 和 100g NH_4Cl 溶于水中,加 50mL 浓氨水,用水稀释至1L
奈氏试剂		溶解 115g HgI_2 和 80g KI 于水中,稀释至 500mL,加入 500mL 6$mol \cdot L^{-1}$ NaOH 溶液,静置后,取其清液,保存在棕色瓶中
五氰氧氮合铁(Ⅲ)酸钠 $Na_2[Fe(CN)_5NO]$		10g 钠亚硝酰铁氰酸钠溶解于 100mL 水中。保存于棕色瓶内,如果溶液变绿则不能用
格里斯试剂		(1)在加热下溶解 0.5g 对氨基苯磺酸于 50mL 30% HAc 中,储于暗处保存; (2)将 0.4g α-萘胺与 100mL 水混合煮沸,在从蓝色渣滓中倾出的无色溶液中加入 6mL 80% HAc 使用前将(1)、(2)两液等体积混合
打萨宗(二苯缩氨硫脲)		溶解 0.1g 打萨宗于 1L CCl_4 或 $CHCl_3$ 中

续表

试　剂	浓度/mol·L^{-1}	配制方法
甲基红		每升60%乙醇中溶解2g
甲基橙	0.1%	每升水中溶解1g
酚　酞		每升90%乙醇中溶解1g
溴甲酚蓝(溴甲酚绿)		0.1g该指示剂与2.9mL 0.05mol·L^{-1} NaOH一起搅匀,用水稀释至250mL;或每升20%乙醇中溶解1g该指示剂
石　蕊		2g石蕊溶于50mL水中,静置一昼夜后过滤。在溴液中加30mL 95%乙醇,再加水稀释至100mL
氯　水		在水中通入氯气直至饱和,该溶液使用时临时配制
溴　水		在水中滴入液溴至饱和
碘　水	0.01%	溶解1.3g碘和5g KI于尽可能少量的水中,加水稀释至1L
品红溶液		0.1%的水溶液
淀粉溶液	0.2%	将0.2g淀粉和少量冷水调成糊状,倒入100mL沸水中,煮沸后冷却即可
NH_3-NH_4Cl 缓冲溶液		20g NH_4Cl溶于适量水中,加入100mL氨水(密度为0.9g·cm^{-3}),混合后稀释至1L,即为pH=10的缓冲溶液

附录8　危险药品的分类、性质和管理

一、危险药品是指受光、热、空气、水或撞击等外界因素的影响，可能引起燃烧、爆炸的药品，或具有强腐蚀性、剧毒性的药品。常用危险药品按危害性可分为以下几类来管理。

常用危险药品分类

类　别		举　例	性　质	注 意 事 项
1. 爆炸品		硝酸铵、苦味酸、三硝基甲苯	遇高热摩擦、撞击等,引起剧烈反应,放出大量气体和热量,产生猛烈爆炸	存放于阴凉、低处。轻拿、轻放
2. 易燃品	易燃液体	丙酮、乙醚、甲醇、乙醇、苯等有机溶剂	沸点低、易挥发,遇火则燃烧,甚至引起爆炸	存放阴凉处,远离热源。使用时注意通风,不得有明火
	易燃固体	赤磷、硫、萘、硝化纤维	燃点低、受热、摩擦、撞击或遇氧化剂,可引起剧烈连续燃烧、爆炸	存放阴凉处,远离热源。使用时注意通风,不得有明火
	易燃气体	氢气、乙炔、甲烷	因撞击、受热引起燃烧。与空气按一定比例混合,则会爆炸	使用时注意通风,如使用钢瓶气,不得在实验室存放
	遇水易燃品	钠、钾	遇水剧烈反应,产生可燃气体并放出热量,此反应热会引起燃烧	保存于煤油中,切勿与水接触
	自燃物品	黄磷	在适当温度下被空气氧化、放热,达到燃点而引起自燃	保存于水中
3. 氧化剂		硝酸钾、氯酸钾、过氧化氢、过氧化钠、高锰酸钾	具有强氧化性,遇酸、受热,与有机物、易燃品、还原剂等混合时,因反应引起燃烧或爆炸	不得与易燃品、爆炸品、还原剂等一起存放
4. 剧毒品		氰化钾、三氧化二砷、升汞、氰化钠、六六六	剧毒,少量侵入人体(误食或接触伤口)引使中毒,甚至死亡	专人、专柜保管,现用现领,用后的剩余物,不论是固体或液体都应交回保管人,并应设有使用登记制度
5. 腐蚀性药品		强酸、氟化氢、强碱、溴、酚	具有强腐蚀性,触及物品造成腐蚀、破坏,触及人体皮肤,引起化学烧伤	不要与氧化剂、易燃品、爆炸品放在一起

二、中华人民共和国公安部1993年发布并实施了中华人民共和国安全行业标准GA58—93。将剧毒药品分为A，B两级。

剧毒物品急性毒性分级标准

级别	口服剧毒物品的半致死量/mg·kg^{-1}	皮肤接触剧毒物品的半致死量/mg·kg^{-1}	吸入剧毒物品粉尘、烟雾的半致死浓度/mL·L^{-1}	吸入剧毒物品液体的蒸气或气体的半致死的浓度/mL·L^{-1}
A	≤5	40	≤0.5	≤1000
B	5～50	40～200	0.5～2	≤3000(A级除外)

A级无机剧毒药品品名表

品 名	别 名	品 名	别 名	品 名	别 名
氰化钠	山奈钠	氰化锌		亚砷酸钾	
氰化钡		氰化铅		硒酸钠	
氰化钴钾	钴氰化钾	氰化金钾		亚硒酸钾	
氰化铜	氰化高铜	氢氰酸		氰氧化汞	氰氧化汞
五羰基铁	羰基铁	五氧化二砷	砷(酸)酐	氰化汞	氰化高汞
叠氮酸		硒酸砷		氰化亚铜	
磷化钠		氧氯化硒	氯化亚硒酰，二氯氧化硒	氰化氢(液化的)	无水氢氰酸
磷化铝		氧化镉(粉状)		亚硝酸钠	偏亚砷酸钠
氯(液化的)	液氯	叠氮(化)钠		三氧化砷	氯化亚砷
硒化氢		氟化氢(无水)	无水氢氟酸	亚硒酸钠	
四氧化二氮(液化的)	二氧化氮	磷化钾		氯化汞	氯化高汞，二氯化汞
二氟化氧		磷化铝农药		羰基镍	四羰基镍，四碳酰镍
四氟化硫		磷化氢	磷化三氢，膦	叠氮(化)钡	
五氟化磷		锑化氢	锑化三氢	黄磷	白磷
六氟化钨		二氧化硫(液化的)	亚硫酸酐	磷化镁	二磷化三镁
溴化羰	溴光气	三氟化氯		氟	
氰化钾		四氟化硅	氟化硅	砷化氢	砷化三氢，胂
氰化钴		六氟化硒		一氧化氮	
氰化镍	氰化亚镍	氯化溴		二氧化氯	
氰化银		氰(液化的)		三氟化磷	
氰化镉		氰化钙		五氟化氯	
氰化铈		氰化镍钴		六氟化碲	
氰化溴	溴化氰	氰化镍钾	氰化钾镍	氯化氰	氰化氯，氯甲腈
三氧化二砷	白砒、砒霜、亚砷(酸)酐	氰化银钾	银氰化钾	氰化汞钾	氰化钾汞，汞氰化钾

三、化学实验室毒品管理规定

1. 实验室使用毒品和剧毒品（无论A类或B类毒品）应预先计算使用量，按用量到毒品库领取，尽量做到用多少领多少，使用后剩余毒品应送回毒品库统一管理，毒品库对领出和退回毒品要详细登记。

2. 实验室在领用毒品和剧毒品后，由两位教师（教辅人员）共同负责保证领用毒品的安全管理，实验室建立毒品使用账目。账目包括：药品名称，领用名称，领用日期，领用量，使用日期，使用量，剩余量，使用人签名，两位管理人签名。

3. 实验室使用毒品时，如剩余量较少且近期仍需使用需存放在实验室内，此药品必须放于实验室毒品保险柜内，钥匙由两位管理教师掌管，保险柜上锁和开启均须两人同时在场。实验室配制有毒药品溶液时也应按用量配制，该溶液的使用、归还和存放也必须履行使用账目登记制度。

附录9 常用指示剂的配制

（一）酸碱指示剂（18～25℃）

指示剂名称	变色pH范围	颜色变化	溶液配制方法
甲基紫(第一变色范围)	0.13～0.5	黄～绿	1g·L^{-1}或0.5g·L^{-1}的水溶液
甲酚红(第一变色范围)	0.2～1.8	红～黄	0.04g指示剂溶于100mL 20%乙醇
甲基紫(第二变色范围)	1.0～1.5	绿～蓝	1g·L^{-1}水溶液
百里酚蓝(麝香草酚蓝)(第一变色范围)	1.2～2.8	红～黄	1g指示剂溶于100mL 20%乙醇
甲基紫(第三变色范围)	2.0～3.0	蓝～紫	1g·L^{-1}水溶液
甲基橙	3.1～4.0	红～黄	1g·L^{-1}水溶液
溴酚蓝	3.0～4.6	黄～蓝	1g指示剂溶于100mL 20%乙醇
刚果红	3.0～5.2	蓝紫～红	1g·L^{-1}水溶液
溴甲酚绿	3.8～5.4	黄～蓝	0.1g指示剂溶于100mL 20%乙醇
甲基红	4.4～6.2	红～黄	0.1g或0.2g指示剂溶于100mL 60%乙醇
溴酚红	5.0～6.8	黄～红	0.1g或0.04g指示剂溶于100mL 20%乙醇
溴百里酚蓝	6.0～7.6	黄～蓝	0.05g指示剂溶于100mL 20%乙醇
中性红	6.8～8.0	红～亮蓝	0.1g指示剂溶于100mL 60%乙醇
酚红	6.8～8.0	黄～红	0.1g指示剂溶于100mL 20%乙醇
甲酚红	7.2～8.8	亮黄～紫红	0.1g指示剂溶于100mL 50%乙醇
百里酚蓝(麝香草酚蓝)(第二变色范围)	8.0～9.0	黄～红	1g指示剂溶于100mL 20%乙醇
酚酞	8.0～9.6	无色～紫红	0.1g指示剂溶于100mL 60%乙醇
百里酚酞	9.4～10.6	无色～蓝	0.1g指示剂溶于100mL 90%乙醇

（二）酸碱混合指示剂

酸碱指示剂的组成	变色点pH	颜色		备注
		酸色	碱色	
三份1g·L^{-1}溴甲酚绿乙醇溶液 一份1g·L^{-1}甲基红乙醇溶液	5.1	酒红	绿	
一份2g·L^{-1}甲基红乙醇溶液 一份1g·L^{-1}亚甲基蓝乙醇溶液	5.4	红紫	绿	pH 5.2 红绿 pH 5.4 暗蓝 pH 5.6 绿
一份1g·L^{-1}溴甲酚绿钠盐水溶液 一份1g·L^{-1}氯酚红钠盐水溶液	6.1	黄绿	蓝紫	pH 5.4 蓝绿 pH 5.8 蓝 pH 6.2 蓝紫
一份1g·L^{-1}中性红乙醇溶液 一份1g·L^{-1}亚甲基蓝乙醇溶液	7.0	蓝紫	绿	pH 7.0 蓝紫
一份1g·L^{-1}溴百里酚蓝钠盐水溶液 一份1g·L^{-1}酚红钠盐水溶液	7.5	黄	绿	pH 7.2 暗绿 pH 7.4 淡紫 pH 7.6 蓝紫
一份1g·L^{-1}甲酚红钠盐水溶液 三份1g·L^{-1}百里酚蓝钠盐水溶液	8.3	黄	紫	pH 8.2 玫瑰色 pH 8.4 紫色

（三）氧化还原指示剂

指示剂名称	$\varphi^{\ominus'}$/V [H^+]=1mol·L^{-1}	颜色变化		溶液配制方法
		氧化态	还原态	
二苯胺	0.76	紫	无色	10g·L^{-1}的浓H_2SO_4溶液
二苯胺磺酸钠	0.85	紫红	无色	5g·L^{-1}水溶液
N-邻苯氨基苯甲酸	1.08	紫红	无色	0.1g指示剂加20mL 50g·L^{-1}的Na_2CO_3溶液，用水稀释至100mL
邻二氮菲-Fe(Ⅱ)	1.06	浅蓝	红	1.485g邻二氮菲加0.965g $FeSO_4$，溶解，稀释至100mL(0.025mol·L^{-1}水溶液)
5-硝基邻二氮菲-Fe(Ⅱ)	1.25	浅蓝	紫红	1.608g 5-硝基邻二氮菲加入0.965g $FeSO_4$，溶解，稀释至100mL(0.025mol·L^{-1}水溶液)

（四）金属离子指示剂

指示剂名称	解离平衡和颜色变化	溶液配制方法
铬黑 T (EBT)	$H_2In^- \xrightleftharpoons{pK_{a_2}=6.3} HIn^{2-} \xrightleftharpoons{pK_{a_3}=11.55} In^{3-}$ 紫红　蓝　橙	5g·L^{-1}水溶液(稳定性较差)，可配成指示剂与NaCl之比为1∶100的固体粉末
二甲酚橙 (XO)	$H_3In^{4-} \xrightleftharpoons{pK_a=6.3} H_2In^{5-}$ 黄　红	2g·L^{-1}水溶液
K-B指示剂	$H_2In \xrightleftharpoons{pK_{a_1}=9.4} HIn^- \xrightleftharpoons{pK_{a_2}=13} In^{2-}$ 红　蓝　紫红	0.2g酸性铬蓝K与0.4g萘酚绿B溶于100mL水中(稳定性较差)，可配成指示剂与NaCl之比为1∶20的固体粉末
钙指示剂	$H_2In^{2-} \xrightleftharpoons{pK_{a_3}=9.4} HIn^{3-} \xrightleftharpoons{pK_{a_4}=13\sim14} In^{4-}$ 酒红　蓝　酒红	1g指示剂与100g NaCl研细混匀
磺基水杨酸	$H_2In^- \xrightleftharpoons{pK_{a_2}=2.7} HIn^{2-} \xrightleftharpoons{pK_{a_3}=13.1} In^{3-}$ (无色)	10g·L^{-1}水溶液
钙镁试剂	$H_2In^- \xrightleftharpoons{pK_{a_2}=8.1} HIn^{2-} \xrightleftharpoons{pK_{a_3}=12.4} In^{3-}$ 红　蓝　红橙	5g·L^{-1}水溶液
Cu-PAN (CuY-PAN溶液)	CuY+PAN+M ══ MY+Cu−PAN 浅绿　红色	将0.05mol·L^{-1} Cu^{2+}溶液10mL，加pH 5～6 HAc缓冲液5mL，1滴PAN(1g·L^{-1}乙醇溶液)，加热至60℃，用EDTA滴定至绿色，得到约0.025mol·L^{-1} CuY溶液。使用时取2～3mL于试液中，再加数滴PAN溶液

附录10 常用缓冲溶液的配制

缓冲溶液组成	pK_a	缓冲溶液pH值	缓冲溶液配制方法
氨基乙酸-HCl	2.35(pK_{a_1})	2.3	取氨基乙酸150g溶于500mL水中，加浓HCl 80mL，水稀释至1L
H_3PO_4-柠檬酸盐		2.5	取$Na_2HPO_4 \cdot 12H_2O$ 113g溶于200mL水中，加柠檬酸387g，水稀释至1L
一氯乙酸-NaOH	2.86	2.8	取一氯乙酸200g溶于200mL水中，加NaOH 40g，溶解后，水稀释至1L
邻苯二甲酸氢钾-HCl	2.95(pK_{a_1})	2.9	取邻苯二甲酸氢钾500g于500mL水中，加浓HCl 80mL，水稀释至1L
甲酸-NaOH	3.76	3.7	取95g甲酸和40g NaOH溶于500mL水中，溶解后，水稀释至1L
HAc-NaAc	4.74	4.7	取无水乙酸钠83g溶于水中，加冰醋酸60mL，水稀释至1L
六亚甲基四胺-HCl	5.15	5.4	取六亚甲基四胺40g溶于200mL水中，加浓HCl 10mL，水稀释至1L
Tris[三羟甲基氨基甲烷 $CNH_2(HOCH_3)_3$]-HCl	8.21	8.2	取Tris试剂25g溶于水中，加浓HCl 8mL，水稀释至1L
NH_3-NH_4Cl	9.26	9.2	取NH_4Cl 54g溶于200mL水中，加浓氨水63mL，水稀释至1L

附录11 常用化合物的相对分子质量（M_r）表

化合物	M_r	化合物	M_r
$AgCl$	143.32	$AgSCN$	165.95
$AgBr$	187.77	$AlK(SO_4)_2 \cdot 12H_2O$	474.38
AgI	234.77	Al_2O_3	101.96
$AgNO_3$	169.87	$Al_2(SO_4)_3$	342.15
As_2O_3	197.84	H_2O_2	34.01
$BaCO_3$	197.34	H_3PO_4	98.00
$BaCl_2 \cdot 2H_2O$	244.27	H_2S	34.08
$Ba(OH)_2$	171.36	H_2SO_3	82.07
$BaSO_4$	233.39	H_2SO_4	98.08
$Bi(NO_3)_3 \cdot 5H_2O$	485.07	KBr	119.00
$CaCl_2$	110.99	$KBrO_3$	167.00
$CaCO_3$	100.09	KCl	74.55
$CaC_2O_4 \cdot H_2O$	146.11	$KClO_3$	122.55
CaO	56.08	KCN	65.12
$CaSO_4$	136.14	K_2CO_3	138.21
$Cd(NO_3)_2 \cdot 4H_2O$	308.48	K_2CrO_4	194.19
CH_3COOH	60.05	$K_2Cr_2O_7$	294.18
CH_2O(甲醛)	30.03	$K_3Fe(CN)_6$	329.25
$C_4H_8N_2O_2$(丁二酮肟)	116.12	$K_4Fe(CN)_6$	368.35
$(CH_2)_6N_4$(六亚甲基四胺)	140.19	$KHC_4H_4O_6$(酒石酸氢钾)	188.18
C_9H_7NO(8-羟基喹啉)	145.16	$KHC_8H_4O_4$(邻苯二甲酸氢钾)	204.22
$C_{12}H_8N_2 \cdot H_2O$(邻二氮菲)	198.22	KI	166.00
$C_6H_8O_6$(抗坏血酸)	176.12	KIO_3	214.00
$C_6H_{12}O_6$(葡萄糖)	180.16	$KMnO_4$	158.03
$CoCl_2 \cdot 6H_2O$	237.93	KNO_3	101.10
CuI	190.45	KOH	56.11
$Cu(NO_3)_2 \cdot 3H_2O$	241.60	$KSCN$	97.18
CuO	79.55	K_2SO_4	174.25
$CuSCN$	121.62	$K_2S_2O_7$	254.31
$CuSO_4 \cdot 5H_2O$	249.68	$MgCO_3$	84.32
$FeCl_3 \cdot 6H_2O$	270.30	$MgCl_2$	95.22
$Fe(NO_3)_3 \cdot 9H_2O$	404.00	$MgCl_2 \cdot 6H_2O$	203.31
FeO	71.85	$MgNH_4PO_4$	137.32
Fe_2O_3	159.69	MgO	40.30
Fe_3O_4	231.54	$Mg_2P_2O_7$	222.55
$FeSO_4 \cdot 7H_2O$	278.01	$MgSO_4 \cdot 7H_2O$	246.47
Hg_2Cl_2	472.09	MnO	70.94
$HgCl_2$	271.50	MnO_2	86.94
$HCOOH$	46.03	$MnSO_4$	151.00
$H_2C_2O_4 \cdot 2H_2O$(草酸)	126.07	$MnSO_4 \cdot 4H_2O$	223.06
$H_2C_4H_4O_4$(丁二酸、琥珀酸)	118.09	$Na_2B_4O_7 \cdot 10H_2O$(硼砂)	381.37
$H_2C_4H_4O_6$(酒石酸)	150.09	Na_2BiO_3	279.97
$H_3C_6H_5O_7 \cdot H_2O$(柠檬酸)	210.14	$NaC_2H_3O_2$(无水乙酸钠)	82.03

续表

化合物	M_r	化合物	M_r
HCl	36.46	$Na_3C_6H_5O_7$(柠檬酸钠)	258.07
$HClO_4$	100.46	$Na_2C_2O_4$(草酸钠)	134.00
HNO_3	63.01	Na_2CO_3	105.99
H_2O	18.02	$NaCl$	58.44
NaF	41.99	PbO	223.20
$NaHCO_3$	84.01	PbO_2	239.20
$Na_2H_2C_{10}H_{12}O_8N_2 \cdot 2H_2O$(乙二胺四乙酸二钠)	372.24	Pb_3O_4	685.60
		$Pb(CH_3COO)_2$	325.29
Na_2HPO_4	141.96	$Pb(CH_3COO)_2 \cdot 3H_2O$	379.34
$Na_2HPO_4 \cdot 12H_2O$	358.14	$PbCO_3$	267.21
$NaHSO_4$	120.06	PbC_2O_4	295.22
$NaNO_3$	85.00	$PbCl_2$	278.11
$NaNO_2$	69.00	$PbCrO_4$	323.19
Na_2O	61.98	PbI_2	461.01
Na_2O_2	77.98	$Pb(NO_3)_2$	331.21
$NaOH$	40.00	$Pb_3(PO)_2$	811.54
Na_3PO_4	163.94	PbS	239.27
Na_2S	78.05	$PbSO_4$	303.27
Na_2SO_3	126.04	SO_2	64.06
Na_2SO_4	142.04	SO_3	80.06
$Na_2S_2O_3 \cdot 5H_2O$	248.17	$SbCl_3$	228.15
NO	30.01	$SbCl_5$	299.05
NO_2	46.01	Sb_2O_3	291.60
NH_3	17.03	Sb_2S_3	339.81
$(NH_4)_2C_2O_4$	124.10	SiF_4	104.08
$(NH_4)_2C_2O_4 \cdot H_2O$	142.12	SiO_2	60.08
CH_3COONH_4	77.08	$SnCl_2$	189.60
NH_4Cl	53.49	$SnCl_2 \cdot 2H_2O$	225.63
$(NH_4)_2CO_3$	96.09	$SnCl_4$	260.50
NH_4HCO_3	79.06	$SnCl_4 \cdot 5H_2O$	350.58
$NHFe(SO_4)_2 \cdot 12H_2O$	482.18	SnO	134.69
$(NH)_2Fe(SO_4)_2 \cdot 6H_2O$	392.13	SnO_2	150.69
NH_4HF_2	57.04	$SrCrO_4$	203.62
NH_4NO_3	80.04	$Sr(NO_3)_2$	211.64
$(NH)_2S$	68.15	$Sr(NO_3)_2 \cdot 4H_2O$	283.69
$(NH_4)_2SO_4$	132.13	$SrSO_4$	183.68
$NH_2OH \cdot HCl$(盐酸羟胺)	69.49	$TiCl_3$	154.24
$(NH_4)_3PO_4 \cdot 6MoO_3$	1876.34	TiO_2	79.88
NH_4SCN	76.13	$Zn(CH_3COO)_2 \cdot 2H_2O$	219.50
$Ni(C_4H_7N_2O_2)_2$(丁二酮肟镍)	288.91	$ZnCO_3$	125.39
$NiCl_2 \cdot 6H_2O$	237.69	ZnC_2O_4	153.40
NiO	74.69	$ZnCl_2$	136.29
$Ni(NO_2)_2 \cdot 6H_2O$	290.79	$Zn(NO_3)_2$	189.39
NiS	90.76	$Zn(NO_3)_2 \cdot 6H_2O$	297.49
$NiSO_4 \cdot 7H_2O$	280.87	ZnO	81.39

附录 12 EDTA 的酸效应系数 $\lg\alpha_{Y(H)}$ 值

pH	$\lg\alpha_{Y(H)}$	pH	$\lg\alpha_{Y(H)}$	pH	$\lg\alpha_{Y(H)}$	pH	$\lg\alpha_{Y(H)}$	pH	$\lg\alpha_{Y(H)}$
0.0	23.64	2.5	11.90	5.0	6.45	7.5	2.78	10.0	0.45
0.1	23.06	2.6	11.62	5.1	6.26	7.6	2.68	10.1	0.39
0.2	22.47	2.7	11.35	5.2	6.07	7.7	2.57	10.2	0.33
0.3	21.89	2.8	11.09	5.3	5.88	7.8	2.47	10.3	0.28
0.4	21.32	2.9	10.84	5.4	5.69	7.9	2.37	10.4	0.24
0.5	20.75	3.0	10.60	5.5	5.51	8.0	2.27	10.5	0.20
0.6	20.18	3.1	10.37	5.6	5.33	8.1	2.17	10.6	0.16
0.7	19.62	3.2	10.14	5.7	5.15	8.2	2.07	10.7	0.13
0.8	19.08	3.3	9.92	5.8	4.98	8.3	1.97	10.8	0.11
0.9	18.54	3.4	9.70	5.9	4.81	8.4	1.87	10.9	0.09
1.0	18.01	3.5	9.48	6.0	4.65	8.5	1.77	11.0	0.07
1.1	17.49	3.6	9.27	6.1	4.49	8.6	1.67	11.1	0.06
1.2	16.98	3.7	9.06	6.2	4.34	8.7	1.57	11.2	0.05
1.3	16.49	3.8	8.85	6.3	4.20	8.8	1.48	11.3	0.04
1.4	16.02	3.9	8.65	6.4	4.06	8.9	1.38	11.4	0.03
1.5	15.55	4.0	8.44	6.5	3.92	9.0	1.28	11.5	0.02
1.6	15.11	4.1	8.24	6.6	3.79	9.1	1.19	11.6	0.02
1.7	14.68	4.2	8.04	6.7	3.67	9.2	1.10	11.7	0.02
1.8	14.27	4.3	7.84	6.8	3.55	9.3	1.01	11.8	0.01
1.9	13.88	4.4	7.64	6.9	3.43	9.4	0.92	11.9	0.01
2.0	13.51	4.5	7.44	7.0	3.32	9.5	0.83	12.0	0.01
2.1	13.16	4.6	7.24	7.1	3.21	9.6	0.75	12.1	0.01
2.2	12.82	4.7	7.04	7.2	3.10	9.7	0.67	12.2	0.005
2.3	12.50	4.8	6.84	7.3	2.99	9.8	0.59	13.0	0.0008
2.4	12.19	4.9	6.65	7.4	2.88	9.9	0.52	13.9	0.0001

附录 13 某些络合剂的酸效应系数 $\lg\alpha_{L(H)}$ 值

络合剂 \ pH	0	1	2	3	4	5	6	7	8	9	10	11
C_yDTA	23.77	19.79	15.91	12.54	9.95	7.87	6.07	4.75	3.71	2.70	1.71	0.18
EGTA	22.96	19.00	15.31	12.48	10.33	8.31	6.31	4.32	2.37	0.78	0.12	0.01
TTHA	35.28	29.30	23.43	18.25	14.16	10.83	7.98	5365	3.61	1.74	0.47	0.06
HEDTA	17.70	14.71	11.79	9.23	7.10	5.23	3.82	2.74	1.74	0.81	0.19	0.02
乙酰丙酸	9.0	8.0	7.0	6.0	5.0	4.0	3.0	2.0	1.04	0.30	0.04	0.00
酒石酸	7.0	5.0	3.1	1.4	0.4	0.05						
草酸盐	5.45	3.62	2.26	1.23	0.41	0.06	0.00					
柠檬酸	13.5	10.5	7.5	4.8	2.7	1.2	0.25					
氰化物	9.14	8.14	7.14	6.14	5.14	4.14	3.14	1.17	0.38	0.06	0.06	0.00
氨	9.4	8.4	7.4	6.4	5.4	4.4	3.4	2.4	1.4	0.5	0.1	
氟化物	3.17	2.17	1.16	0.37	0.06	0.00						

附录 14 部分金属离子的水解效应系数 $\lg\alpha_{M(OH)}$ 值

金属离子	pH													
	1	2	3	4	5	6	7	8	9	10	11	12	13	14
Al^{3+}					0.4	1.3	5.3	9.3	13.3	17.3	21.3	25.3	29.3	33.3
Bi^{3+}	0.1	0.5	1.4	2.4	3.4	4.4	5.4							
Ca^{2+}													0.3	1.0
Cd^{2+}									0.1	0.5	2.0	4.5	8.1	12.0
Co^{2+}								0.1	0.4	1.1	2.2	4.2	7.2	10.2
Cu^{2+}								0.2	0.8	1.7	2.7	3.7	4.7	5.7
Fe^{2+}									0.1	0.6	1.5	2.5	3.5	4.5
Fe^{3+}			0.4	1.8	3.7	5.7	7.7	9.7	11.7	13.7	15.7	17.7	19.7	21.7
Hg^{2+}			0.5	1.9	3.9	5.9	7.9	9.9	11.9	13.9	15.9	17.9	19.9	21.9
La^{3+}										0.3	1.0	1.9	2.9	3.9
Mg^{2+}											0.1	0.5	1.3	2.3
Mn^{2+}										0.1	0.5	1.4	2.4	3.4
Ni^{2+}									0.1	0.7	1.6			
Pb^{2+}							0.1	0.5	1.4	2.7	4.7	7.4	10.4	13.4
Th^{4+}				0.2	0.8	1.7	2.7	3.7	4.7	5.7	6.7	7.7	8.7	9.7
Zn^{2+}									0.2	2.4	5.4	8.5	11.8	15.5

附录 15 化学基础实验报告的书写格式

化学测定（分析）实验报告

实验名称：＿＿＿＿＿＿＿＿时间：＿＿＿＿同组人：＿＿＿＿室温：＿＿＿＿
大气压：＿＿＿＿

一、实验原理（简述）

二、数据记录与结果处理（步骤）

三、问题和讨论

四、实验习题（思考题）

化学制备（提纯）实验报告

实验名称：＿＿＿＿＿＿＿＿时间：＿＿＿＿同组人：＿＿＿＿室温：＿＿＿＿
大气压：＿＿＿＿

一、实验原理（简述）

二、简单流程（步骤）

三、实验过程主要现象

四、实验结果（产品外观、产品检验、产量、产率）

五、问题和讨论

六、实验习题（思考题）

物质性质实验报告

实验名称：________ 时间：________ 同组人：________ 室温：________

大气压：________

一、目的要求

二、实验内容

实验内容	实验现象	解释和反应(可用反应式)
1. 2.		

三、讨论及异常现象分析

四、小结

五、实验习题（思考题）

参 考 文 献

[1] 北京师范大学无机化学教研室等编．无机化学实验．第三版．北京：高等教育出版社，2001.

[2] 南京大学《无机及分析化学实验》编写组编．无机及分析化学实验．第三版．北京：高等教育出版社，1998.

[3] 大连理工大学无机化学教研室编著．无机化学实验．第二版．北京：高等教育出版社，2004.

[4] 武汉大学化学与分子科学学院实验中心编．无机化学实验．武汉：武汉大学出版社，2002.

[5] 浙江大学化学系组编．基础化学实验．北京：科学出版社，2005.

[6] 中山大学等校编．无机化学实验．第三版．北京：高等教育出版社，1992.

[7] 方宾，王伦主编．化学实验（上册）．北京：高等教育出版社，2003.

[8] 北京师范大学《化学实验规范》编写组编．化学实验规范．北京：北京师范大学出版社，1987.

[9] 朱霞石主编．大学化学实验·第二分册，基础化学实验．南京：南京大学出版社，2006.

[10] 刘巍主编．大学化学实验·第一分册，基础知识与仪器．南京：南京大学出版社，2006.

[11] 杨梅，梁信源，黄富嵘编．分析化学实验．上海：华东理工大学出版社，2005.

[12] 武汉大学化学与分子科学学院实验中心编．分析化学实验．武汉：武汉大学出版社，2003.

[13] 兰州大学、复旦大学有机化学教研室．有机化学实验．第二版．北京：高等教育出版社，1994.

[14] 北京大学有机化学教研室．有机化学实验．北京：北京大学出版社，1990.

[15] 李兆陇，阴金香，林天舒．有机化学实验．北京：清华大学出版社，2001.

[16] 郭书好．有机化学实验．第二版．武汉：华中科技大学出版社，2006.

[17] 罗一鸣，唐瑞仁．有机化学实验与指导．长沙：中南大学出版社，2005.

[18] 四川大学化工学院，浙江大学化学系编．分析化学实验．第三版．北京：高等教育出版社，2003.

[19] 武汉大学主编．分析化学实验．第二版．北京：高等教育出版社，1985..

[20] 成都科学技术大学分析化学教研组，浙江大学分析化学教研组编．分析化学实验．第二版．北京：高等教育出版社，1989.

[21] 南京大学无机及分析化学实验编写组编．无机及分析化学实验．第四版．北京：高等教育出版社，2006.

参考文献